典型天气过程分析

江燕如　王丽娟　钱代丽
郭志荣　徐菊艳　王黎娟　王　妍　编著

内容简介

本书旨在介绍我国主要天气过程的特征及相应的天气系统发生、发展机制。全书共分5章，讲述了温带气旋、寒潮、大型降水、热带气旋、强对流等重要天气系统与天气过程的分析方法。此外，每章选用近年发生在我国的各类典型天气过程进行实例分析。

本书可作为高等院校大气科学及相关专业的教材，也可作为基层气象台站从事预报、预测人员的参考书。

图书在版编目(CIP)数据

典型天气过程分析 / 江燕如等编著. -- 北京 ：气象出版社，2016.7(2019.6重印)

ISBN 978-7-5029-6373-6

Ⅰ.①典… Ⅱ.①江… Ⅲ.①天气过程-天气分析 Ⅳ.①P458

中国版本图书馆CIP数据核字(2016)第170578号

DIANXING TIANQI GUOCHENG FENXI

典型天气过程分析

出版发行：气象出版社

地　　址：北京市海淀区中关村南大街46号　　**邮政编码**：100081

电　　话：010-68407112(总编室)　010-68408042(发行部)

网　　址：http://www.qxcbs.com　　**E-mail**：qxcbs@cma.gov.cn

责任编辑：黄海燕　　**终　　审**：邵俊年

责任校对：王丽梅　　**责任技编**：赵相宁

封面设计：博雅思企划

印　　刷：三河市百盛印装有限公司

开　　本：720 mm×960 mm　1/16　　**印　　张**：13.5

字　　数：273千字　　**彩　　插**：6

版　　次：2016年7月第1版　　**印　　次**：2019年6月第3次印刷

定　　价：42.00元

前 言

“典型天气过程分析”是大气科学专业的专业主干课程之一，其目的是通过本课程的学习使学生掌握天气分析的基本知识和基本方法，巩固和加深对天气学原理的理解，学会应用所学知识及技能解决和处理实际问题，初步建立以天气学方法为主的天气分析预报思路，提高对主要天气过程演变规律的分析和总结能力。

本书在南京信息工程大学使用多年广受好评的《天气学分析》教材及讲义的基础上，参考相关院校和中国气象局气象干部培训学院的教材和讲义，对内容进行了更新整编。本书共分5章，主要介绍温带气旋、寒潮、大型降水、热带气旋、强对流等我国重要天气系统和天气过程的分析方法。在每章安排了课堂分析示例和课外练习，且均选用近年来的典型天气过程个例。在注重天气学分析的基础上，适当引入多源资料分析，以期透过不同视角引导学生初步构建各类典型天气过程演变规律的分析思路。

本书作者均来自南京信息工程大学大气科学学院现代天气分析与预报教学团队，具有多年从事“天气学分析基础”“典型天气过程分析”“天气学原理”“中国天气”“中尺度天气学”“短期天气综合分析与预报”等课程的执教经历。本书第1章由钱代丽、王妍编写，第2章由徐菊艳编写，第3章由郭志荣、王黎娟编写，第4章和第5章由王丽娟、江燕如编写。

本书在编写过程中得到了很多同事、朋友的支持和帮助，在此谨向他们表示感谢。同时，感谢南京信息工程大学教务处、大气科学学院给予的大力支持和帮助；感谢气象出版社黄海燕编辑一直以来的关心和辛勤付出。本教材得到了中国气象局和南京信息工程大学局校共建教材建设项目、江苏高校品牌专业建设工程一期项目（PPZY2015A016）、江苏高校优势学科建设工程资助项目（PAPD）、2015年江苏省高等教育教改研究立项课题（2015 JSJG032）及大气科学与环境气象实验实习教材建设项目的共同资助，在此表示衷心的感谢。

由于编者水平有限，书中难免有疏漏和不当之处，敬请专家、同行和读者给予批评指正。

编著者

2016年1月于南京

目　　录

第 1 章　温带气旋分析

温带气旋是活跃在中纬度地区的低压系统，温带地区的降水大部分与气旋活动多少有关。亚洲、北美洲东部是北半球温带气旋活动最多的地区。东亚气旋的活动区域，从 20°N 以北的中国内陆延伸到西太平洋辽阔海域，一年四季均有发生，活动所涉及的范围很大，影响面广，对内陆及海上天气影响甚大。

东亚地区的温带气旋主要发生在两个地区：一个位于 40°～55°N，习惯称这一地区发生的气旋为北方气旋；另一个位于 25°～35°N，习惯上称这些地区的气旋为南方气旋。统计分析 1953—2007 年东亚地区南方气旋和北方气旋的时间分布特征表明：南、北方气旋活动频数存在明显的年际和年代际变化，伴随着一次全球性的年代际气候跃变，20 世纪 80 年代初期，北方气旋活动频数呈显著下降趋势，超过 0.01 的显著性检验，而南方气旋数量表现为显著递增趋势，超过 0.001 的显著性检验(图 1.1)。

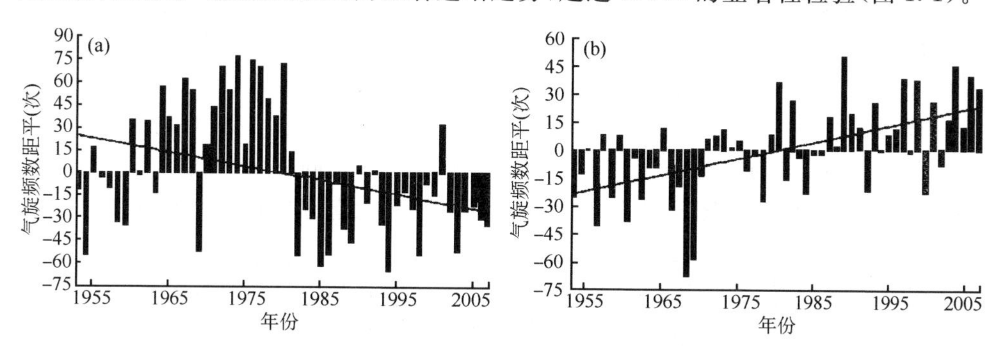

图 1.1　1953—2007 年东亚地区北方气旋(a)和南方气旋(b)年频数距平变化(王艳玲等，2011)
(图中斜线代表线性趋势)

从月际分布可知，春季(特别是 5 月)北方气旋活动频繁，其活动频数存在着明显的两个高值中心，分别位于蒙古国中部和我国东北北部；夏季(特别是 8 月)南方气旋活动频繁，其活动范围主要集中在我国东部沿海及日本南部海面。南、北气旋活动频数的季节变化与大气环流的变化密切相关。由于东亚地区冬季受强盛的蒙古、西伯利亚冷高压的稳定控制，因而南、北方气旋活动均偏弱。

气旋主要生命周期为 1～7 天，其中又以 1～4 天的气旋最多。长生命史(大于 10 天)的气旋多出现在夏季，气旋可从我国近海一直移动到阿留申群岛附近消亡。东亚气旋入海后，当大气海洋条件适合时，可以爆发性增长，气旋爆发性增长的主要区域在朝鲜半岛及以东洋面和日本以东洋面，在我国近海气旋爆发的比例较小，出现在夏季的长生命史气旋中仅27.6%为爆发性气旋。

本章将分别介绍北方气旋和南方气旋的发生、发展过程和天气统计特征及其预报，并对一次北方气旋和一次南方气旋实例进行实习。

1.1　北方气旋的特征及其发生、发展过程

1.1.1　北方气旋的气候特征

北方气旋包括蒙古气旋(多生成于蒙古中部和东部)、东北气旋(又称东北低压，多系蒙古气旋或河套、华北及渤海等地的气旋移到东北地区而改称)、黄河气旋(生成于河套及黄河下游地区)、黄海气旋(生成于黄海或由内陆移来的气旋)等。

由图1.2北方气旋多年平均(1953—2007年)年频数的地理分布可见，北方气旋活动主要集中在蒙古—我国东北地区，该区也是北半球气旋活动最频繁的地区之一，区域呈西南—东北走向。由于受高空槽前西南气流的影响，大陆气旋一般向东—东北方向移动，大多数在海上消亡，因此，在中高纬度西北海域也出现了一相对较弱的频数集中区。主要活动区(蒙古—我国东北)的中心有两个：一个在蒙古国境内，中心位于(101°E，44°N)，中心最大频数为72；一个在我国东北北部地区，中心位于(126°E，50°N)，中心最大频数为36，习惯上分别称为"蒙古气旋"和"东北气旋"(或东北低压)。与南方气旋活动主要集中在海上及沿海地区不同，北方气旋活动主要集中在内陆。从年频数分布图上看，北方气旋的活动频数比南方气旋要大得多。

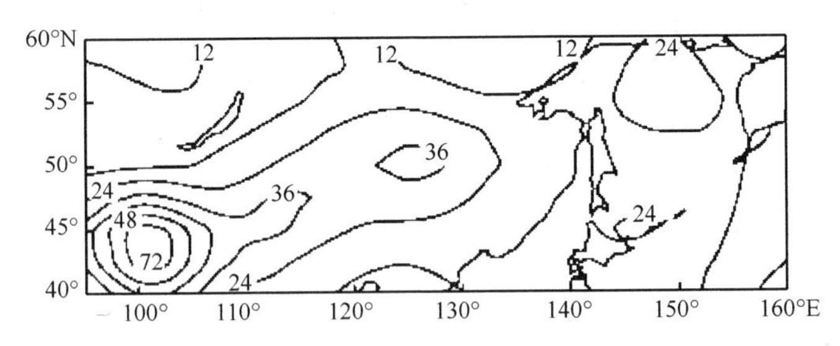

图1.2　北方气旋多年平均(1953—2007年)年频数的地理分布(王艳玲等，2011)

北方气旋是活跃在中纬度地区重要的低气压系统，一年四季均可发生。分析图1.3可以看出，整个春季的平均频数最大，冬季最少。就春季月平均情况来看，频数约为35。另外，图中月际变化也很明显，其中5月的活动频数最大，2月最小，频数相差较大，且月际变化呈现明显的双峰型，主峰出现在5月，次峰在9月。气旋峰值的出现与大气环流的季节变化息息相关。分析表明，造成北方气旋活动频数峰值出现

在 5 月的原因在于:春季 3—4 月,中高纬冷空气势力逐渐减弱,暖空气开始活跃北上,冷暖交汇,形成了温带气旋活动的有利条件,随着冷暖空气的频繁交绥,到了 5 月,平均频数达到了最大值。

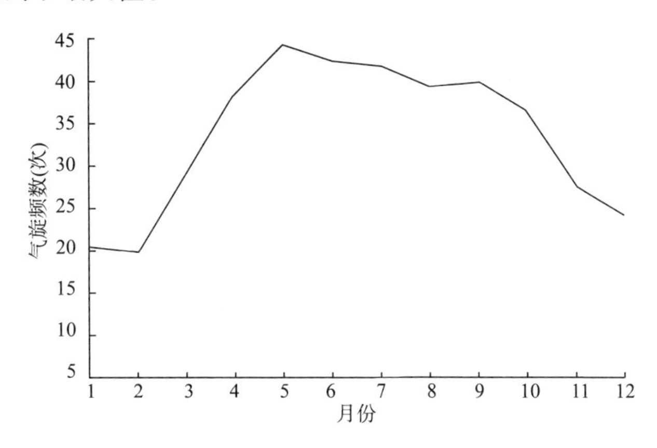

图 1.3　北方气旋活动频数的逐月变化(王艳玲等,2011)

图 1.4 给出了 3—5 月和春季北方气旋活动频数的平均分布。分析表明,高频中心的位置与北方气旋年频数分布相似,40°～55°N 沿西南—东北走向有一明显的高频数集中区,一直沿区域轴线伸展到阿留申群岛地区,其中蒙古—我国东北为此区气旋频数最集中的地区。该区主要中心有两个,一个在蒙古国境内,一个在我国东北地区。从逐月分布可知,3 月蒙古气旋位于蒙古国中部,中心为(101°E,44°N),东北气旋位于我国东北北部,中心为(127°E,50°N),为两个主要活动中心,3 月为春季的开始,也是大陆气压逐渐由高压转变成低压的最初过渡期,因此两大中心于 3 月开始形成,然后逐渐增强。4 月和 5 月,两大中心位置少动,但频数明显增加,5 月达到了最强,且蒙古国主中心的东部还出现了一个次中心,其强度仅稍逊于我国东北中心,不可忽视。从春季气旋总频数分布图可以看出,两个主中心一个次中心沿西南—东北向呈带状分布一直延伸到阿留申群岛地区,且无论在各月还是整个春季的分布图上,蒙古气旋中心频数均大于东北低压。

气旋的强度变化是造成各地天气气候差异的重要因素,春季我国北方地区的天气不仅与北方气旋活动频数的多少有关,而且与北方气旋强度的大小也密不可分。从月际变化(表 1.1)可以看出,春季北方气旋的平均强度逐月增强,中心气压平均值 3 月最高,5 月最低,最高值比最低值高出近 10 hPa,即气旋中心气压平均值逐月递减,气旋逐月加深,整个春季北方气旋活动的平均强度为 1003.4 hPa。这是由于随着季节的逐步更替,冬季较强的蒙古高压逐渐减弱,大陆内部逐渐向低压系统转变,而春季是高、低压系统转换的过渡季节,因此受此环境场的影响,3—5 月出现的北方气旋的平均气压也向低值转变。

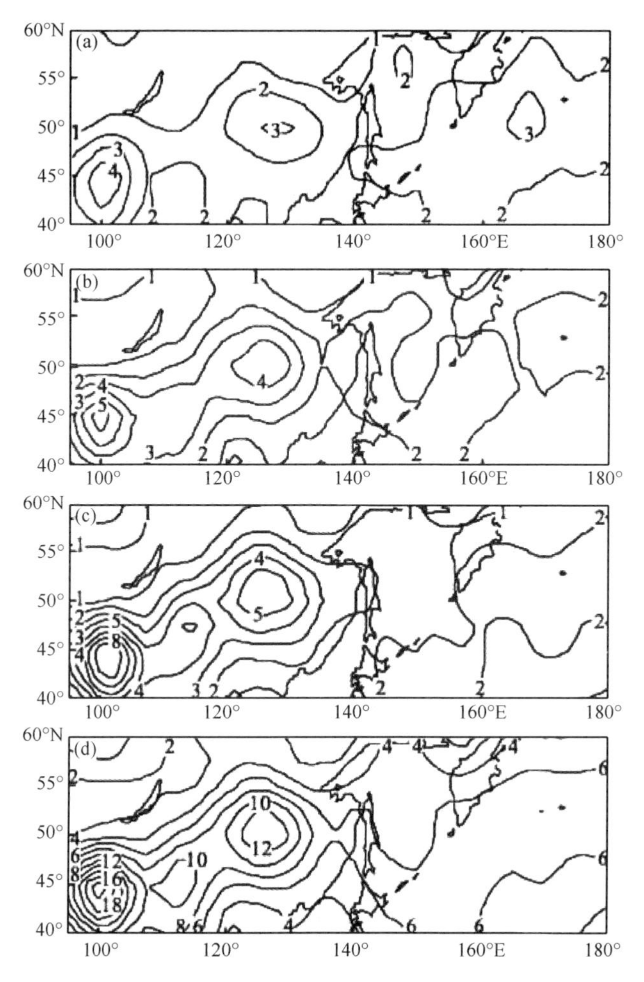

图 1.4　3 月(a)、4 月(b)、5 月(c)和春季(d)北方气旋活动频数地域分布(王艳玲等,2011)

表 1.1　1948—2002 年春季北方气旋活动的平均频数与平均强度(王艳玲等,2005)

时间	平均频数	平均强度(hPa)
3 月	17.3	1008.9
4 月	24.7	1002.0
5 月	31.5	999.1
春季	74.0	1003.4

北方气旋引起的天气主要是大风和降水。例如当蒙古气旋强烈发展时,在气旋暖区中,由于南(东)高、北(西)低的气压场影响,常造成偏南大风。而当北方气旋冷锋过境后,则常出现偏北大风,冷锋影响时有时还带来降水天气。一般来说,黄河气

旋的降水概率远大于蒙古气旋。我国北方春季沙尘暴天气现象与春季蒙古气旋有着密切的关系。沙尘暴发生区域基本上与大风区相对应，主要分布在蒙古气旋中心附近或气旋外围的偏南象限，甚至可以产生在距离气旋中心较远的位置。春季蒙古气旋带来的大风、垂直上升运动较为明显，为沙尘暴的发生提供了有利的动力条件（王新敏，2007）。

1.1.2　蒙古气旋的发生过程

蒙古气旋是东亚地区出现频率最高、影响范围最大、产生天气种类最多的气旋，对我国北方及西太平洋地区具有重要的影响。蒙古气旋绝大多数是在蒙古生成的，只有少量的从50°N以北移入。

蒙古气旋是斜压性很强的极锋上的波动，其生成频数与极锋锋区的活动密切相关。

1.1.2.1　蒙古气旋生成的地面形势

(1)暖区新生气旋

这类蒙古气旋发生的次数最多。当中亚或西伯利亚气旋移到蒙古西北或西部时，受萨彦岭和阿尔泰山等山脉影响，其强度往往会减弱，甚至填塞，如图1.5a所示。一部分过山后，在蒙古中部重新发展，形成蒙古气旋；有的则移向中西伯利亚，当其移至贝加尔湖地区后，其中心部分常和南边的暖区脱离而向东北方向移去。冷锋南段受到地形阻挡移动缓慢，在其前方暖区内形成一个新的低压中心（地形影响是重要因素），如图1.5b所示。其西边的冷空气进入低压形成冷锋，同时，东移的高空槽前暖平流的作用下形成暖锋，于是形成蒙古气旋，如图1.5c所示。

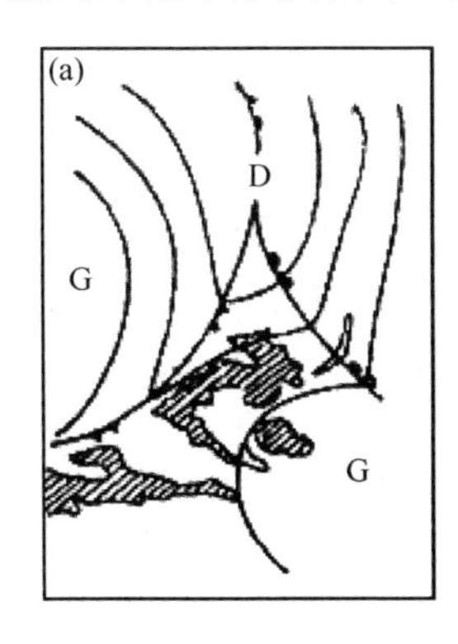

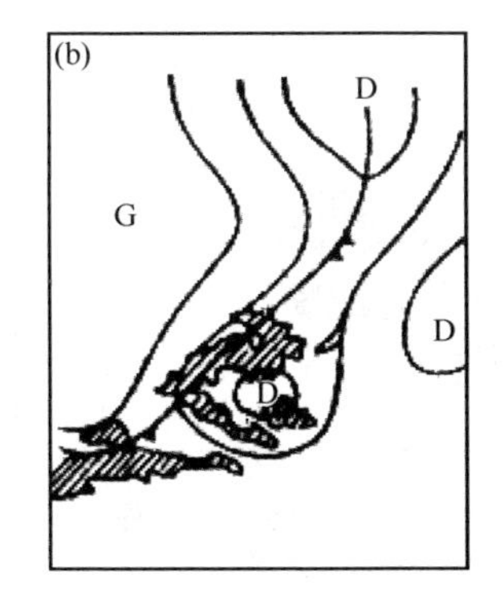

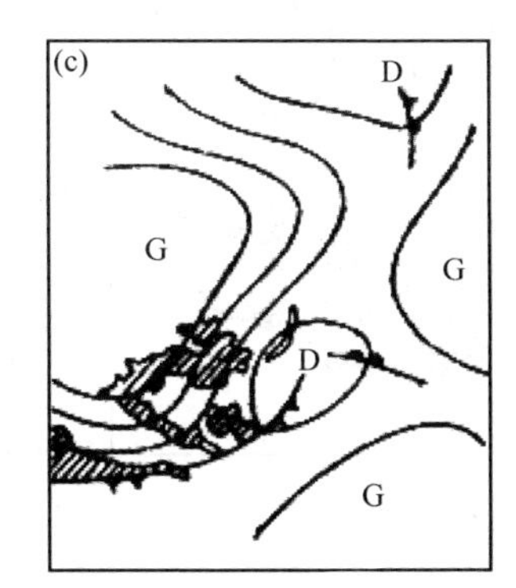

图1.5　暖区新生气旋过程示意图

(2)冷锋进入倒槽生成气旋

从中亚移来或在新疆北部发展起来伸向蒙古西部的暖性倒槽,当其发展较强时,往往在倒槽北部形成一个低压,当有冷空气侵入其后部时,可生成气旋(开始时不一定有暖锋),见图1.6。

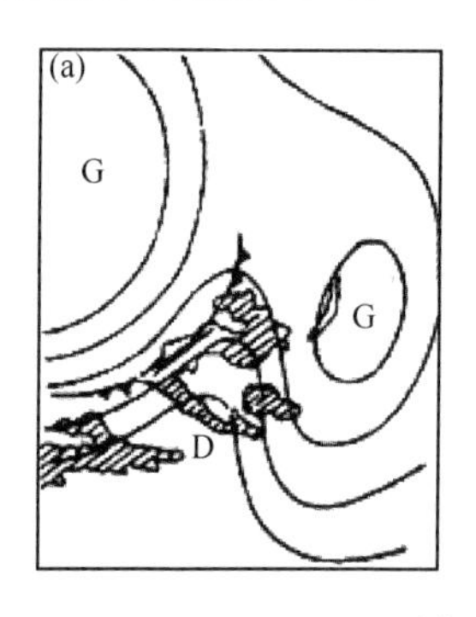

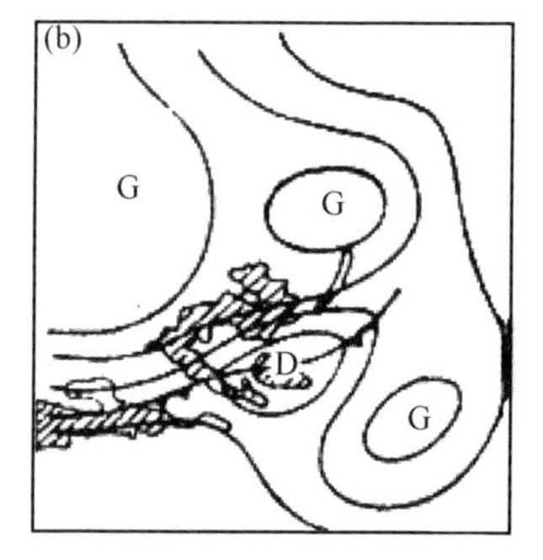

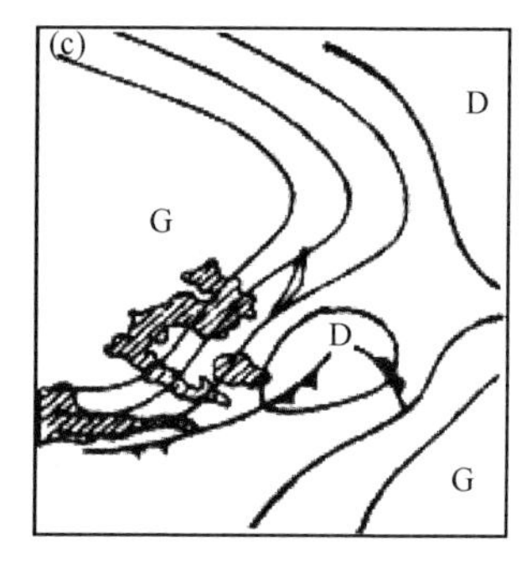

图1.6　冷锋进入倒槽生成气旋过程示意图

(3)蒙古副气旋

当冷空气自西北或西向东南或东北移动进入萨彦岭时,形成钳状,一部分冷空气先侵入蒙古且与暖性低压结合产生气旋并迅速东移。这时冷空气主体仍停留在蒙古和俄罗斯边界一带,之后随着冷空气向东移动,在其前方的相对低压区里产生气旋,并获得发展,即称为蒙古副气旋。当有副气旋生成时,前一个蒙古气旋便很快东移填塞,而大多数副气旋发生后能发展。一般情况下,这两个气旋产生相隔时间不超过24小时,前一个气旋迅速减弱,后一个气旋发展。图1.7是蒙古副气旋生成过程示意图。

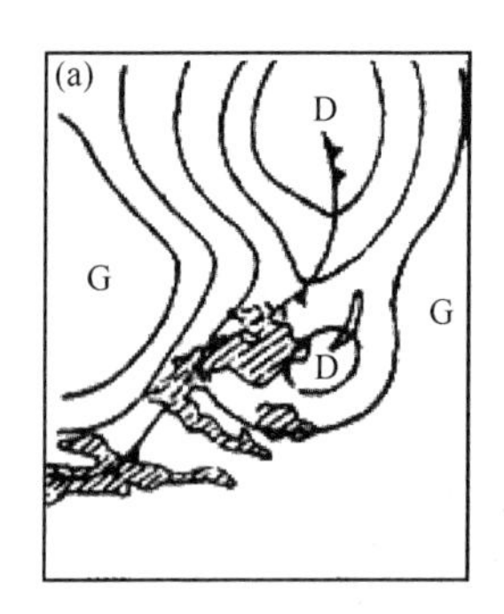

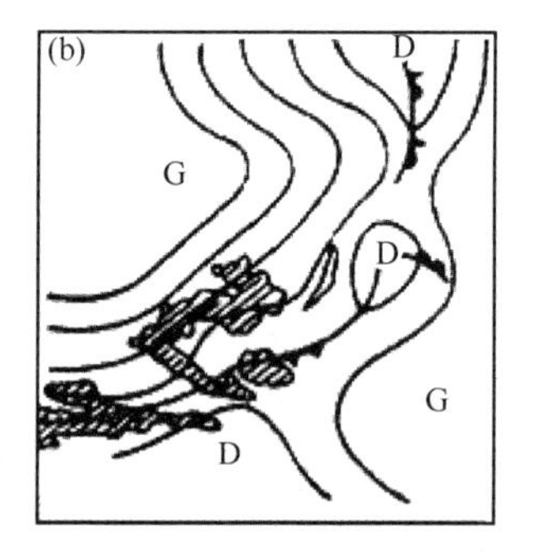

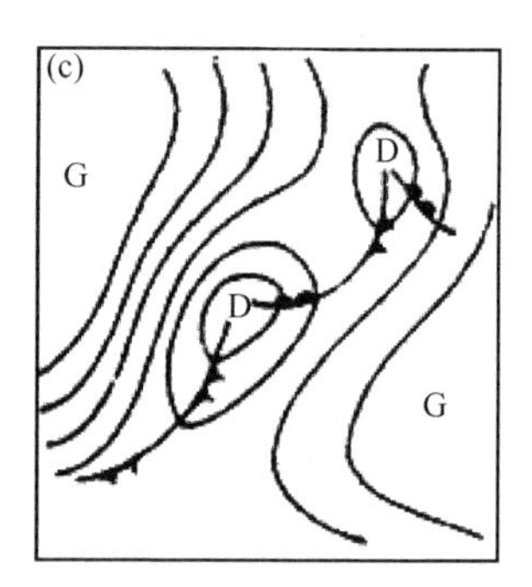

图1.7　蒙古副气旋生成过程示意图

1.1.2.2 蒙古气旋生成的高空形势

Ⅰ型：温压场位相相反，槽后冷平流较强。当高空槽接近蒙古西部山地时，在迎风坡减弱，背风坡加深，等高线遂成疏散形势(图1.8)。由于山脉的阻挡，冷空气在迎风面堆积，而在等厚度线上表现为明显的温度槽和温度脊。春季新疆、蒙古地区下垫面的非绝热加热作用使温度脊更为强烈。在这种形势下，蒙古中部地面先出现热低压或倒槽或相对暖低压区。当上空疏散槽上的正涡度平流区叠加其上时，暖低压即获得动力性发展。与此同时，低压前后上空的暖、冷平流都很强，一方面促使暖锋锋生，另一方面推动山地西部的冷锋越过山地进入蒙古中部，于是蒙古气旋形成，高空低槽也获得发展。

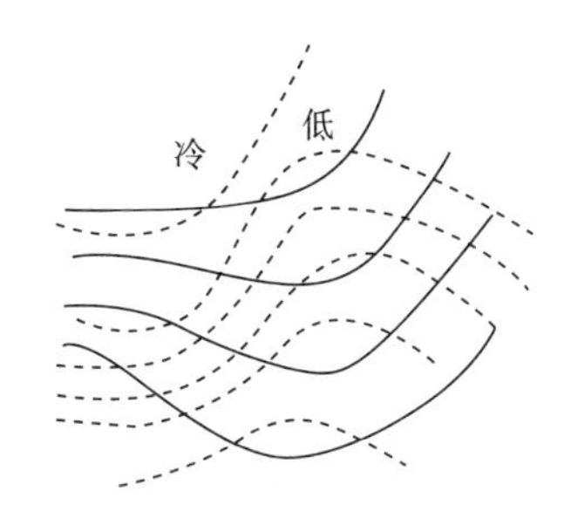

图1.8 蒙古气旋发生的高空温压场
(图中实线为500 hPa等高线，虚线为等厚度线)

Ⅱ型：在500 hPa上，北疆和蒙古西部有暖高压脊，当低槽沿西北气流移至萨彦岭附近时，脊前有锋区形成，在锋区的出口处锋生，生成气旋，锋区进一步加强时气旋亦发展。

Ⅲ型：在前一次冷空气影响后，蒙古地区为较强的冷高压控制，由于300 hPa及以下各气层均为高压脊控制，导致这一地区空气柱质量的辐散，地面强烈减压，高压迅速减弱，出现小低压，当其上游地区又有低槽移来时，蒙古地区便生成气旋，随着冷平流和锋区的加强，低槽加深，气旋发展。

1.1.2.3 地形对蒙古气旋的影响

蒙古气旋之所以频繁出现在蒙古地区，主要由于地形的影响，蒙古西部的阿尔泰山—萨彦岭对蒙古气旋的发生和发展具有至关重要的影响，因而蒙古气旋也常被称为背风坡气旋，阿尔泰山—萨彦岭的山地地形对蒙古气旋的影响主要有以下几个方面。

(1)背风坡效应

蒙古气旋常常出现在阿尔泰山—萨彦岭背风坡，可以利用位涡守恒原理进行解释：当气流沿山脉爬升时，空气柱压缩，而气流下坡时，气柱拉伸，根据位涡守恒原理，气柱拉伸时，气柱高度增大，只有涡度增长才能保持位涡(单位气柱的绝对涡度)守恒，同时，气柱拉伸造成地面减压、低层辐合，从而有利于气旋在背风坡形成。

(2)地形对冷空气的阻滞

阿尔泰山—萨彦岭影响蒙古气旋的一个重要方式是对冷空气的阻滞。这一作用使冷空气翻越山地的过程分为两个不同的阶段，第一阶段表现为低层冷空气受到山地阻滞，东移基本停滞；第二阶段表现为冷空气积累到一定程度后的突然爆发。这期间蒙古气旋的发展也表现为不同的特征。第一阶段蒙古气旋表现为缓慢发展过程，其机制为：典型的中纬度斜压扰动是高空急流与槽后西北气流配合，急流出口区左侧的辐散与地面冷锋后的冷平流下沉区配合，气流的高层辐散被冷平流抵消，不会造成明显的地面减压，且高、低层系统以一致的相速度移动，这一配置将始终保持；当地面冷锋遇到山地被地形阻塞时，高层继续向前移动，原有的耦合被打破，由于失去低层冷平流的制约，急流左前方的辐散将导致山地背风坡大气质量减小，从而形成强上升运动、低层辐合和正涡度产生。由于此时对流层低层背风坡常有暖平流出现，因而有利于气旋产生。其时间尺度为冷锋形成阻滞到冷空气最终越过山地这一时段，一般为6～12小时。该阶段是大气从地转平衡破坏到平衡重新建立的过程，能量转换为动能向位能的转换。第二阶段为蒙古气旋快速发展过程，表现为冷空气堆积到一定程度之后的突然爆发，此时斜压不稳定成为导致气旋发展的主要因素，能量转换为位能向动能的转换，是蒙古气旋发展的主要阶段。阿尔泰山—萨彦岭对冷空气阻滞还能产生另一个结果，即在冷空气阻滞阶段，山地上空的等熵面将变得更为陡立，从而使斜压不稳定能量得到积累，使冷空气爆发之前，气旋发展更为缓慢，而爆发之后，气旋发展更为剧烈。

(3)地形强迫绕流

阿尔泰山—萨彦岭南侧形成明显的峡谷地形，并将导致低层气流绕流形成峡谷急流。该急流对蒙古气旋发展的意义在于：它能够输送绕流产生的具有气旋性涡度的空气到达背风坡，同时能够输送冷空气到达背风坡，从而使背风坡气旋增强。

(4)高低层强迫的相互作用

影响蒙古气旋发展的关键因素是斜压作用，前文提到，高空急流出口区的辐散(与背风坡低压的叠置)往往成为低层斜压不稳定发展的"信号区"。而同样能够成为高空强迫信号的还有高空位涡的大值区。大气的位涡源位于极地平流层，并随着低槽(涡)的发展产生向南、向下的传播，形成所谓的对流顶折叠，是中纬度气旋发展的重要动力因子之一。高位涡区与低槽(涡)的配置是其位于槽(涡)的底部区域。对于典型的中纬度波动，由于低值系统随高度向后倾斜，因此对流层高层的高位涡区同样不能与地面气旋形成叠置，制约了地面气旋的发展以及位涡对气旋发展的贡献。而当地形对冷空气产生阻滞并有背风坡气旋形成时，低值系统随高度的后倾受到削弱，导致高空位涡下传区(对流顶折叠区)能够与地面背风坡气旋形成叠置，进而导致地面气旋的旺盛发展。这一机制是高层位涡影响蒙古气旋发展的主要方式。就高层位涡对蒙古气旋发展的影响而言，最为显著的方式是中高纬高空槽的加深、南伸，在蒙古地区形成切断低涡，伴随着高层位涡的下传和南压，叠置在萨彦岭背风坡上空，诱发气旋形成并发展，之后，斜压作用进一步参与，导致蒙古气旋进一步发展。

1.1.3 东北气旋的发生过程

出现于我国东北地区的气旋称为东北气旋。东北气旋多数从外地移来，其来源有三类：第一类是蒙古气旋移入东北地区，这类占东北气旋的大部分；第二类是形成于黄河下游的气旋，当高空槽经向度较大时，在槽前偏南气流的引导下，北上进入东北地区；第三类是在东北地区就地形成的气旋，这类气旋出现不多，强度也不大，无多大发展和移动。在个别情况下，副热带急流与温带急流合并，高空急流经向度很大，南方气旋也会进入东北地区。

1.1.4 黄河气旋的发生过程

黄河气旋介于蒙古气旋和江淮气旋之间，形成于黄河流域。其生成形势与江淮气旋类似，大致可以分为两种类型。一类是在40°～45°N高空有一东西向锋区，在锋区上有小槽自新疆移到河套北部地区，导致准静止锋上产生小的黄河气旋，这类气旋一般发展不大。另一类是在地面上由西南地区有一倒槽伸向河套、华北地区，此时若有较强的冷锋东移，且高空有低槽（或低涡）配合，当冷锋进入倒槽后，一般可产生黄河气旋。若我国东部及海上为副热带高压所控制，则气旋更易生成。东移的黄河气旋一般不易发展，当其向东北方向移动进入东北时，可以得到发展。

黄河气旋一年四季均可出现，以夏季最多，黄河气旋是夏季降水的重要系统，当其发展时可带来大风和暴雨，它是影响我国华北和东北地区的重要天气系统。在其他季节，一般只形成零星的降水，主要是大风天气。

1.1.5 2009年3月10—13日一次北方气旋过程分析

2009年3月10—13日，出现了一次蒙古气旋影响过程，受其影响，11—13日，内蒙古、华北北部、东北地区先后出现雨雪、大风、降温，东北中北部普遍有中到大雪，局部暴雪，内蒙古西部、甘肃还出现扬沙、浮尘天气。

1.1.5.1 对流层中层系统演变

2009年3月10日，在80°E以东的中高纬500 hPa（图1.9a～c）为宽广的高空低槽区，有闭合低压中心分别位于中西伯利亚和我国东北东部，巴尔喀什湖东北侧有切断低涡，低槽后乌拉尔山附近高压脊逐渐东移加强，槽后冷平流使得槽东移加深，低槽气旋性曲率及经向度逐渐加大，高空锋区位于贝加尔湖以西—新疆北部，蒙古—我国内蒙古、华北大部处于高空槽前，高空槽前正涡度平流使得地面减压，有利于地面气旋的发展。高空槽发展东移，到11日20时，高空500 hPa锋区已至内蒙古中西部地区。此后低槽继续东移加强，12 日，与南支槽同位相叠加，12 日 20 时该槽位于内蒙古—河套地区—四川盆地—孟加拉湾一线，直至 13 日晚东移出境。

1.1.5.2 对流层低层系统演变

700 hPa 上(图略)形势与 500 hPa 相仿，不再赘述。主要影响槽呈后倾垂直结构。需要注意的是，11 日 20 时 700 hPa 影响槽前西南低空急流建立，强劲的西南风直达华北、东北地区。

850 hPa 上(图略)，10 日 08 时，蒙新高地和内蒙古大部处于暖脊控制下，暖平流加强，有利于地面气旋发展，11 日 08 时，850 hPa 蒙古高原背风坡有闭合低涡，低层暖脊控制蒙古中部并加强向东北伸展，冷空气侵入低涡后部，气旋生成。此后低槽(低涡)东移加强，南支槽前位于华南地区 12～16 m/s 的西南低空急流逐渐北抬，12 日，随着 500 hPa 低槽南、北两支合并加深，低空偏南风急流北上至华北、东北地区。

地面图(图 1.9d～f)上，3 月 10 日 08 时，贝加尔湖地区为锋面气旋控制，气旋中心位于贝加尔湖以北，巴尔喀什湖—蒙新高地—我国东部为变性冷高压控制。此后

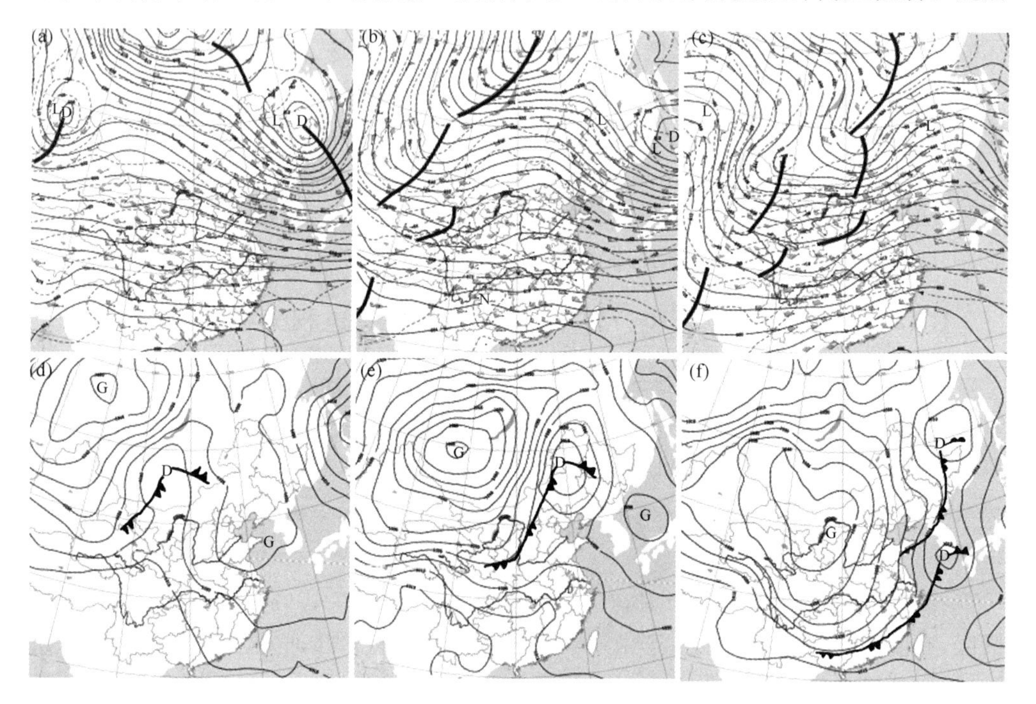

图 1.9　2009 年 3 月 10—13 日 500 hPa 图(a～c)和地面图(d～f)

(a)10 日 08 时；(b)11 日 08 时；(c)12 日 08 时；(d)11 日 08 时；(e)12 日 08 时；(f)13 日 08 时

(图中虚线为等温线，实线为等高线和等压线，双实线为槽线)

蒙新高地背风坡处的低压获得迅速发展，10 日 20 时已有明显的环流中心，11 日 08 时已发展演变为蒙古气旋(1010 hPa)，其中心不断加深至 1006 hPa(11 日 17 时)，与此同时原锋面气旋迅速东移填塞。13 日凌晨气旋中心东移出东北，我国大部为气旋后冷高压控制。

1.1.5.3　气旋发生、发展的有利因子

(1)地面气压场分布

地面气压场分布是制约地面气压变化各种因子的综合反映。气旋总是发生在特定的气压场形势下。如前所述，过程初期有气旋波从西伯利亚移至贝加尔湖地区，在其暖区蒙新高地背风坡处暖性低压迅速发展，10 日 20 时已有明显的低涡环流中心，之后冷锋进入暖低压，气旋波即形成并东移发展(图 1.10)。

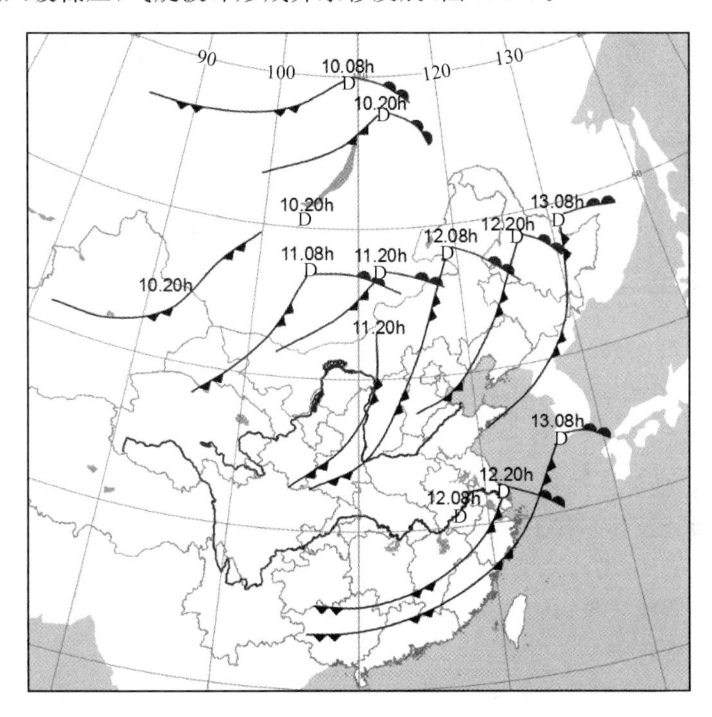

图 1.10　地面锋面气旋动态图

(2)高空槽的发展

10—12 日 500 hPa 西伯利亚有冷槽向东南移向贝加尔湖地区，西北槽位于我国新疆地区，且其等高线略呈疏散状，两者对应的冷温度槽位相均落后于高度槽，槽后宽广的冷平流、正热成风涡度平流及蒙新高地地形影响促使其进一步发展，获得发展

的高空槽前具有足够的正涡度平流(图 1.11)。与此对应的低层 850 hPa、925 hPa 蒙古中东部为暖脊控制,具有较强的暖平流,暖平流使高空等压面升高,温压场不平衡,在气压梯度力作用下,必产生水平辐散,为保持质量连续,会产生上升运动(图略),有利于地面减压,气旋发展(图 1.11)。

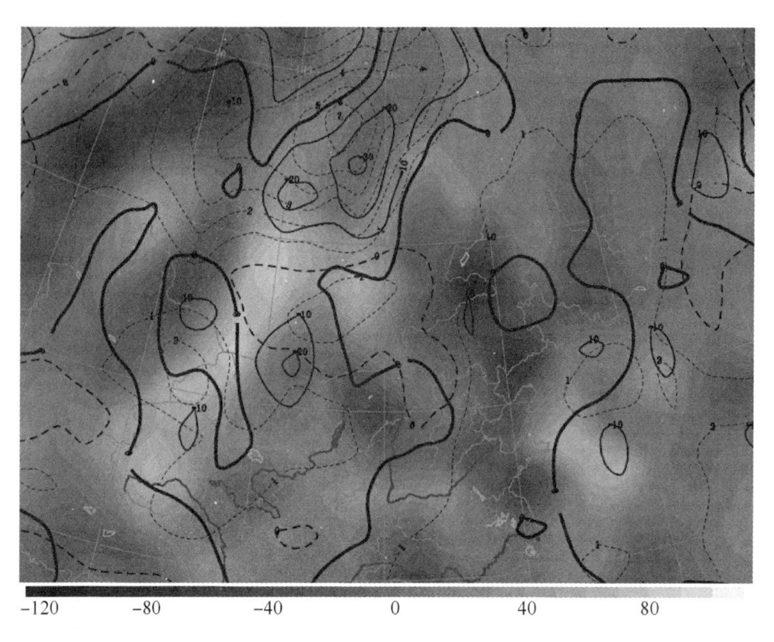

图 1.11　2009 年 3 月 11 日 08 时 300 hPa 涡度平流(阴影)、850 hPa 温度平流(实线)和地面三小时变压(虚线)

随着西南低空急流不断加强北上引导暖湿气流直达气旋前部,与气旋后部南下的冷空气汇合,使锋区加强。同时,强盛的西南低空急流提供了充足的水汽条件,使得气旋中心附近及其东部出现较大范围的雨雪天气。

分析卫星云图(图略),蒙新高地西部—新疆有一条东北—西南向的冷锋云带,其前方暖区中有盾状云带,11 日 08 时形成凸起的“人”字云形,气旋已形成,槽前辐散状卷云表明气旋将进一步发展。

显然,高空槽前正涡度平流、槽前(后)暖(冷)平流是温带气旋发生、发展的必要条件,不仅对于气旋的发生、发展起非常重要的作用,而且会使地面气旋在前移的同时发展加强。蒙新高地地形的背风坡效应也是气旋生成和发展的重要因子。

1.2 南方气旋的特征及其发生、发展过程

南方气旋包括江淮气旋(主要发生在长江中下游、淮河流域和湘赣地区)、东海气旋(主要活动于东海地区,有的是江淮气旋东移入海后而改称的,有的是在东海地区生成的)和黄淮气旋(主要发生在黄淮一带),如图1.12所示。其中,江淮气旋为影响我国最主要的温带气旋。下面介绍江淮气旋的气候特征及南方气旋的发展过程。

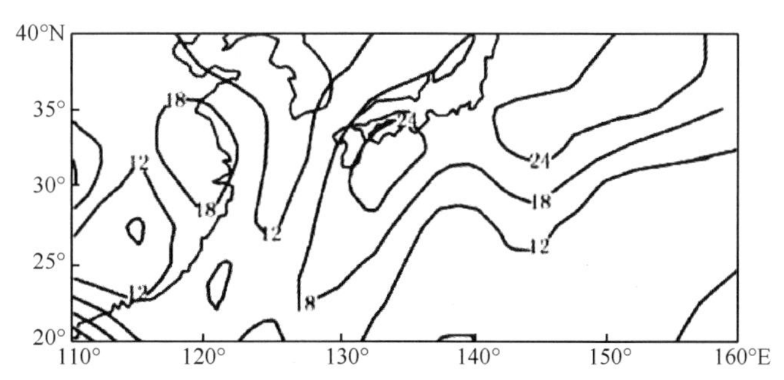

图1.12 南方气旋多年平均(1953—2007年)年频数的地理分布(王艳玲等,2011)

1.2.1 江淮气旋的气候特征

根据1961—2009年共49年的资料统计(图1.13a),江淮气旋共出现了719次,49年年平均出现约为14.7次,变化总体呈现下降的趋势,这与南方气旋整体数量显著递增的特征有所不同。从其月际变化来看(图1.13b),江淮气旋在4—6月最为活跃,出现最大值共计321次,占总数的43.8%,其中4月为江淮气旋出现最多的月份,共出现了108次,10—12月为江淮气旋出现次数较少的月份,共出现了113次,占总数的15.4%。49年中江淮气旋在10月共出现了20次,12月出现了19次。

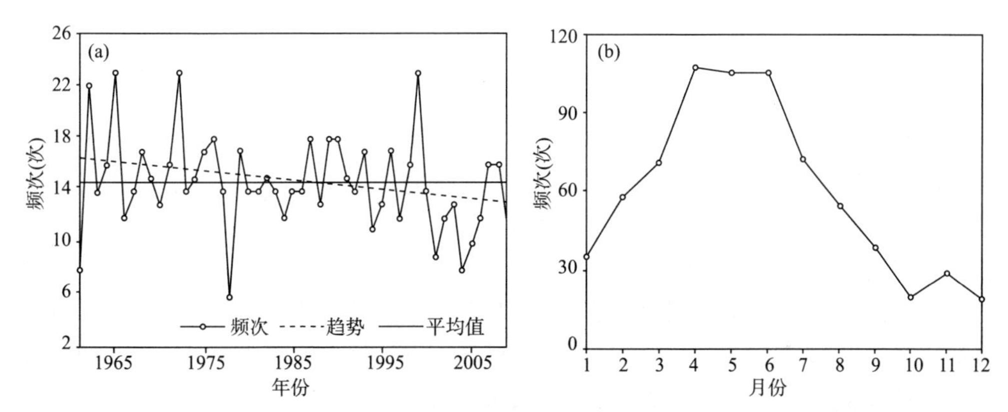

图1.13 1961—2009年江淮气旋出现频次的年际变化(a)和月际变化(b)(魏建苏等,2013)

江淮气旋绝大多数是在陆地上生成的，也有少数在洋面上生成。受下垫面摩擦作用的影响，江淮气旋在陆地上经常是减弱的，而到洋面上是发展的，在海上，江淮气旋容易产生海上大风等天气现象。1981—2009 年（图 1.14a），气旋的年平均强度整体呈增强（中心气压下降）趋势，2000 年以后增强显著，2009 年生成的江淮气旋最强，平均中心强度为 999.2 hPa。其中 20 世纪 80 年代、90 年代和 21 世纪初的 10 年中分别有 27、40 和 32 个江淮气旋没有发展，共占 29 年总数的 24.2%。根据统计的结果，这些未发展的江淮气旋生成时间较短，生成时的强度较弱，且多在陆地上未移至海上就已经填塞消亡。

江淮气旋的发生源地不仅受大气环流季节变化的影响，还与地形特点、下垫面的性质相关。1981—2009 年，江淮气旋主要集中在 3 个区域（图 1.14b）：苏皖浙交界处及淮河上游，大别山东北侧、黄山北麓的苏皖平原，鄱阳湖及其以北，共占出现总次数的 24.8%。江淮气旋的生成源地随着季节也有明显的变化，春季江淮气旋多在大别山、淮河上游及苏皖浙交界处附近、鄱阳湖生成，夏季江淮气旋生成源地主要集中在大别山、淮河上游及苏皖浙交界处附近，秋季江淮气旋多易在大别山地区及黄山北麓的苏皖平原一带形成，冬季江淮气旋多在黄山北麓的苏皖平原一带形成。

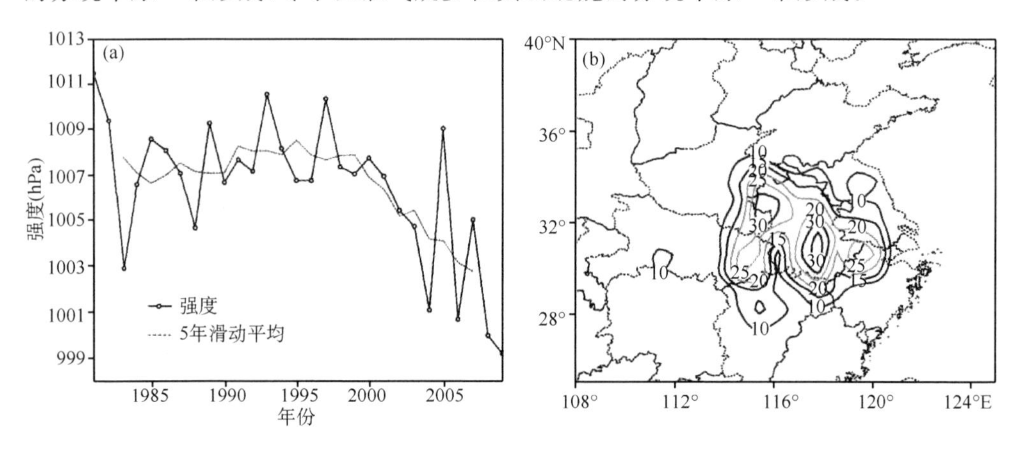

图 1.14　1981—2009 年江淮气旋平均中心强度（a）和生成频次的空间分布（b）（魏建苏等，2013）

江淮气旋的平均移动路径主要有两条：一条是北路东移路径，主要由淮河上游经洪泽湖从盐城南部入海，过朝鲜半岛向东北方向进入日本海；另一条是南路东移路径，由洞庭湖出发经黄山北部、皖中平原到江苏南部沿海，从长江口向长崎、大阪一带移去。移动路径也会随季节变化。

多数江淮气旋可造成强降水，例如在江苏 58.7%的江淮气旋可造成暴雨，21%可造成大暴雨，2.7%可造成特大暴雨。发展气旋占气旋总数的 30%，有 70%的发展气旋可产生暴雨。气旋强烈发展时可造成大风天气。

1.2.2 南方气旋的发展过程

南方气旋的发展与南支槽、青藏高原槽、北支槽和南方地区的云系分布有关。其发展过程分为三类。

1.2.2.1 静止锋上的波动类气旋

波动类气旋是指西南低涡沿江淮切变线东移过程中地面静止锋上产生的气旋波。此类气旋发生过程类似于挪威学派提出的经典气旋发展模式。

2011年6月14—15日发生在长江中下游的江淮气旋就是个典型例子。6月初开始，梅雨形势逐渐建立。12—15日，高空500 hPa上高纬度地区为两槽一脊形势，青藏高原东侧扰动小槽发展东移，引导冷空气南下，槽前的正涡度平流有利于高层辐散，促使低层扰动加强（图1.15）。在200 hPa的高空，急流入口区右侧叠置于西风槽前，加强了高空辐散。西太平洋副热带高压脊线稳定在22°～24°N，偏南风源源不断地将暖湿气流向长江中下游输送，与北方来的冷空气在江淮流域交汇，梅雨锋稳定维持在长江中下游及以南地区，低涡活动频繁。

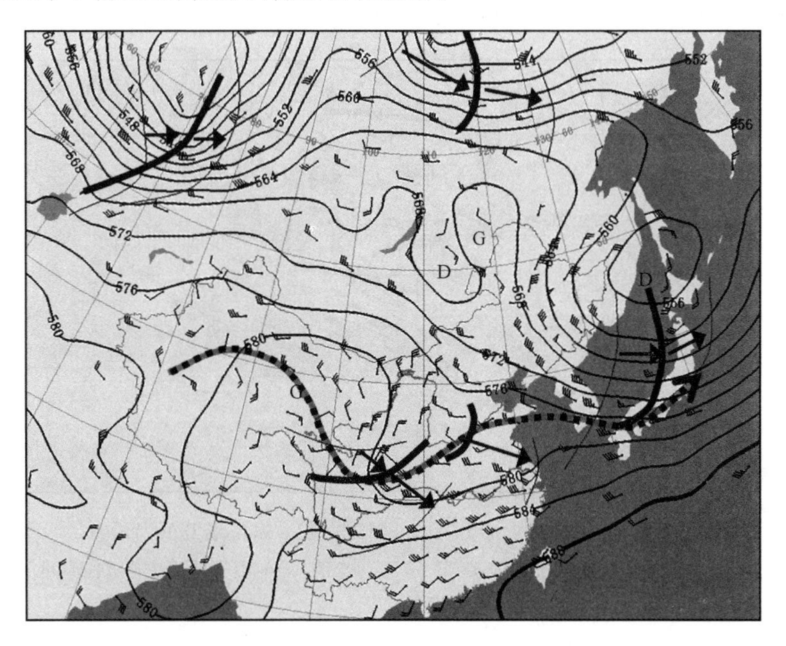

图1.15 2011年6月14日08时500 hPa形势和南支槽动态

（图中细曲线为槽或切变在13日08时和15日08时的位置，黑色箭头标示系统的移动方向，点线箭头为200 hPa急流轴）

这次气旋的具体发展过程有以下几个阶段。

(1)高原低槽东移加强

6 月 12 日 08 时，在 200 hPa 副热带急流上有一个低槽越过青藏高原东移，14 日晨移到河套南部上空时，地面气旋发生在这个低槽前部。500 hPa 上中高纬度地区为两槽一脊形势，乌拉尔山和鄂霍次克海分别为西风槽，贝加尔湖地区为宽阔的脊区，青藏高原东侧扰动小槽发展东移，引导冷空气南下，而西太平洋副热带高压(简称“副高”)脊线稳定在 22°～24°N，其西北侧的偏南暖湿气流与冷空气在江淮流域交汇，冷暖气流交汇为气旋的发生发展提供动力条件。东移的小槽到达华中—华东一带时再次加深，有利于气旋增强。

(2)西南涡产生后沿切变线东移

6 月上旬起，梅雨锋稳定维持在长江中下游及以南地区，低涡活动频繁。12 日 20 时，700 hPa 等压面上，在高原低槽前部产生一个暖性低涡，并在高空槽前辐散气流诱导下沿高原东侧的切变线东移并逐渐向下发展，低层气旋性曲率增大，14 日 08 时 850 hPa(图 1.16)出现闭合低压环流，气旋生成，14—15 日，低压中心沿切变线向东北方向移动，东移的过程中，500 hPa 扰动槽和 200 hPa 高空急流同步东移，江淮气旋上空始终为槽前和高空急流入口区右侧的辐散区，气旋不断发展加强。

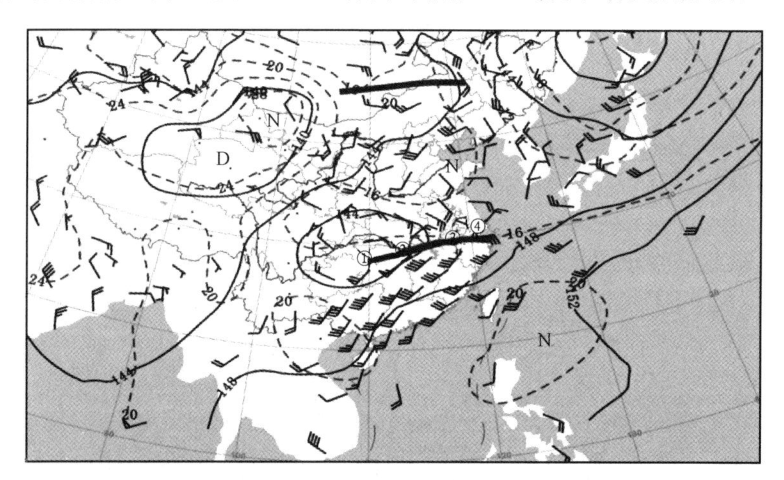

图 1.16　2011 年 6 月 14 日 08 时 850 hPa 温压场及低涡动态

(图中长江流域粗实线为 14 日 08 时切变线，①～④为低压中心 14 日 08 时—15 日 20 时历史位置，间隔 12 小时)

(3)高、低空西南急流建立

在本次过程中，对流层下部有一小高压经华北入海，并入副高。在海上，高压与西南涡之间出现东升西降的变高梯度，西南气流加强形成一支低空急流。这支西南急流向暴雨区大量地输送水汽和不稳定能量，暖平流输送则引起地面气压下降，西南倒槽发展，最终形成低压。14 日 14 时，急流中心最大风速达 20 m/s 以上，15 日 02 时，急流有所减弱，到 15 日 08 时再次加强，气旋南侧西南风急流以脉动形式输送水汽和不稳定能量，且低空急流左侧为辐合区，有利于气旋和上升运动的发展。紧邻气旋中心 200 hPa 亦为南风大值区，与高空急流对应。14 日 14 时至 15 日 08 时，850 hPa的南风大值区抬升到 600 hPa，200 hPa 南风加强，表明高空急流增强，有利于高层辐散加强。

(4)江淮静止锋上产生气旋波

气旋产生前，梅雨锋稳定维持在长江中下游及以南地区，低涡活动频繁。准静止锋上空，对流层下部维持着一条准东西向切变线。切变线的辐合流场有利于锋区加强、水汽集中和能量积累，产生上升运动和正涡度。所以，西南涡沿切变线东移时不断加强，由于局地锋生作用，对应地面静止锋的低空锋区逐渐加强并向高层发展，与高空副热带锋区相接，形成一支深厚的对流层锋区。14 日 08 时在地面静止锋上产生气旋波，14 时为气旋的新生少动阶段，气旋打转加强，14 日夜里至 15 日 08 时为气旋的发展东移阶段，该气旋沿切变线向东北方向移动，强度继续加强，15 日傍晚在江苏南部入海。本次江淮气旋从 14 日 08 时生成到 15 日 20 时入海，在陆地上持续时间达 36 h。

1.2.2.2　倒槽锋生气旋(焊接类气旋)

倒槽锋生气旋也叫作焊接类气旋，是指北支槽与西南涡结合，河西冷锋进入地面倒槽与暖锋相接产生的气旋。它发生在极锋上北支槽与南支槽合并东移的形势下，高空涡度平流、对流层下部的温度平流和潜热释放对气旋发展都有较大贡献，因此，气旋经常强烈发展。2009 年 4 月 18 日发生在我国中东部的气旋是此类气旋的典型例子。4 月 17 日，我国中高纬地区为多波动的纬向环流控制，青藏高原低槽活动频繁，在新疆北部和青藏高原东部分别有低槽快速东移，低空西南涡发生、发展并迅速东移，急流强盛，地面气旋和倒槽明显。17—20 日，中层南、北两支低槽在移动过程中逐渐加深，并在入海后合并，正涡度平流的补充使低层涡旋进一步发展，加上海陆间温度和下垫面粗糙度差异，使入海气旋爆发性发展。以下是这次气旋的具体发展过程。

(1)北支槽与南支槽合并

2009 年 4 月 17 日 500 hPa 等压面上，我国中高纬地区为多波动的纬向环流控制，青藏高原低槽活动频繁(图 1.17a)。17—18 日，黄淮、江淮附近高压脊逐渐东移入海，在巴尔喀什湖附近的北支小槽与青藏高原东部的南支槽分别快速东移。18 日 20 时(图 1.17b)，高原槽进入四川盆地后加深，19—20 日，南、北两支低槽在东移过程中同位相叠加发展(图 1.17c,d)。

(2)北支槽与西南涡结合

4 月 17 日 20 时(图 1.17a),对流层低层河套及其北部为一低槽,高原东部生成一个西南涡,高空槽前正涡度平流导致低层减压、西南气流加强,使原本位于盆地东部的弱低涡迅速发展并东移。19 日 20 时(图 1.17c),低涡与北支槽结合,槽后冷空气侵入低涡后部,低涡由初生时的暖性结构很快演变为冷性涡,北侧有气旋式切变生成。经验指出,北槽与南涡结合,是焊接类气旋发生、发展过程最典型的形式。

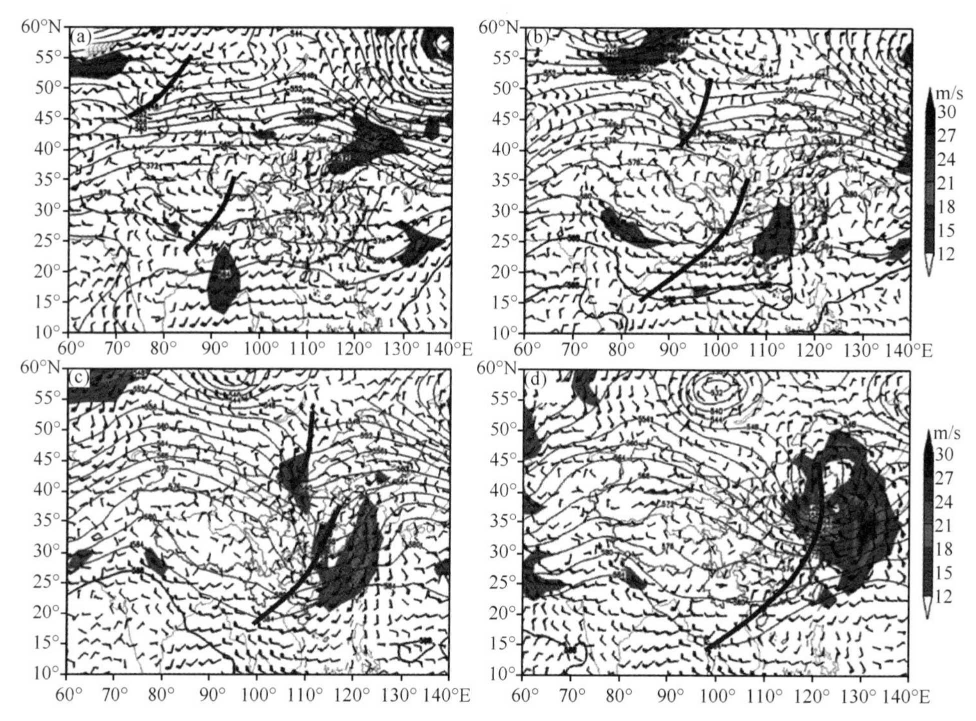

图 1.17　2009 年 4 月 17 日 20 时(a)、18 日 20 时(b)、19 日 20 时(c)、20 日 20 时(d) 500 hPa高度场和 850 hPa 风场(马学款等,2009)(图中粗线为 500 hPa 上南、北两支槽线,阴影表示风速≥12 m/s 的低空急流)

(3)低空西南急流建立

17—18 日,一小高压经华北进入东部海区,我国中东部地区处于反气旋西侧和低涡东南部,被偏南气流控制。随西南涡的东移发展,低涡右前方明显负变压使西南风增强,18 日 20 时达到急流强度,且急流核始终位于低涡的右前方并随低涡移动。高空西风急流在长江中下游一带的明显辐散(图 1.18a)亦有利于低层减压及辐合上升运动的发展和低空急流增强。高空西风急流与低空西南急流耦合是这次天气过程中暴雨产生和维持的重要机制。

19 日 08 时(图 1.18c),低涡中心快速移至湖北东北部一带,低空急流进一步加强，赣州站850 hPa风速达26 m/s，低涡环流呈明显"人"字形切变特征。暖区内低空急流的切变实际上意味着西南风急流和南风急流在这一带的强烈辐合，这两支急流的辐合恰恰给低层空气的抬升提供了动力，使上层潜在不稳定能量得到释放。

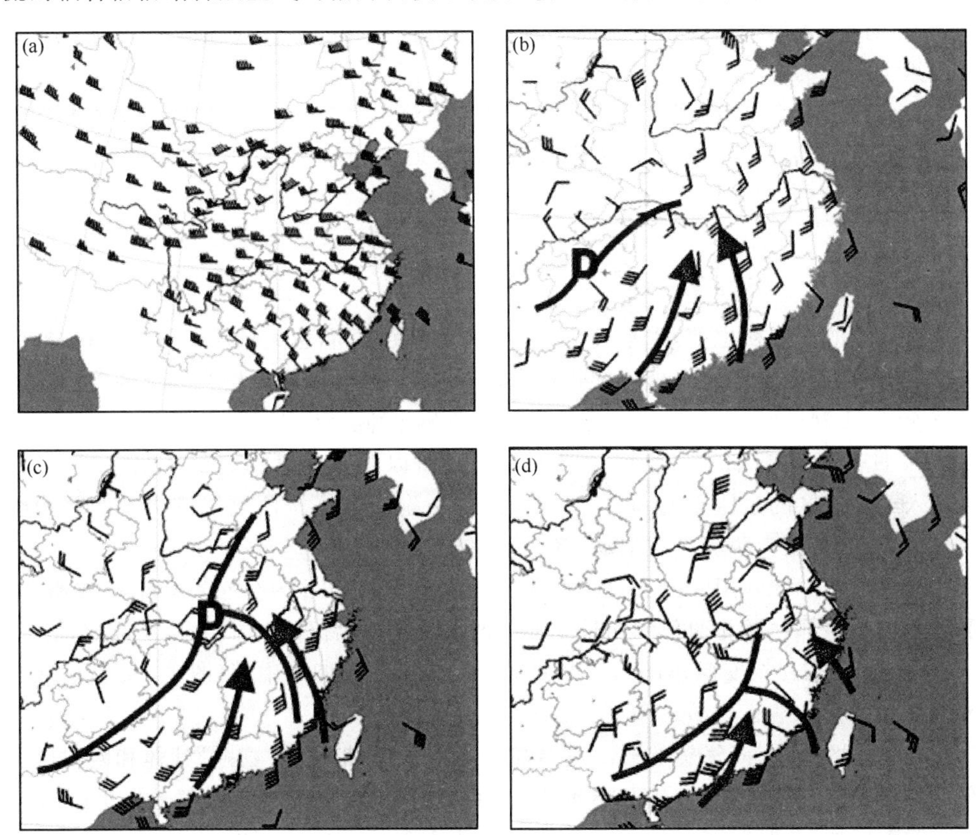

图1.18　2009年4月18日20时200 hPa(a)、850 hPa(b)和19日08时850 hPa(c)、19日20时925 hPa(d)风场(马学款等，2009)(图中D为低涡中心，曲线为槽线或切变线，箭头表示低空急流)

(4)河西冷锋进入西南侧倒槽后产生地面气旋

18日，高空槽移出青藏高原后，地面西南倒槽开始发展。北槽与南涡结合后，随槽后冷空气侵入低涡后部，河西冷锋南下进入倒槽后部，19日08时，冷锋与倒槽前部的暖锋相接，同时在倒槽顶部出现低压中心，气旋生成。

随着冷涡后部冷空气快速向东推进，暖区内由低空急流动力性辐合造成的准东西向强降水带，逐渐转为西南—东北向的锋面降水带，并开始随锋面快速移动。由于冷锋移动速度快，锋面坡度大，地面锋线附近暖空气被抬升引起的上升速度很大，故沿锋线生成多个串状排列的对流云团，产生分布不均的短时强降水，1小时雨强达

20～40 mm。20 日，高空南、北支槽入海后合并发展，正涡度平流的补充使低层涡旋进一步发展，加上海陆间温度和下垫面粗糙度差异，使入海气旋爆发性发展。20 日及 21 日，山东半岛及辽东半岛也出现了大到暴雨，一方面是受气旋北侧的暖切变影响，另一方面，入海气旋爆发性发展导致低空及边界层内的东南或偏南风急流也是重要因素。

在西南涡前部，西南风增大形成一支低空急流，这支急流在东移过程中不断加强北上，急流中心有规律地向东北方向移动(图 1.18b～d)。低空西南急流引导暖湿空气北上，与西南涡后部南下的冷空气汇合，使锋区加强。

1.2.2.3　高空槽前正涡度催生出的气旋

这类型的气旋初生前，水平气压梯度较弱，既无锋面，也无低压，后由于高空槽前正涡度逼近，随之在低层出现气旋式辐合，气旋内水平气压梯度增大而出现冷、暖锋。2008 年 8 月 24—25 日影响上海的东海气旋即为此种类型(图 1.19)。

24 日夜间至 25 日 08 时，对流层下部长江口以北是由日本海低压槽引导，经黄海灌入苏皖地区的东风冷流，而长江口以南是由副热带高压西侧气流引导的西南暖流，东风冷流与西南暖流相向运动，锋区不明显(图 1.19c)。

对流层中部 500 hPa 图上我国中低纬度在 90°～120°E 内分布着两个短波槽，分别位于河南中部到湖北西部和四川北部到西藏北部，冷锋锋区位于 32°N 以北，25 日 08 时，短波槽东移至安徽东部到江西北部和河南中部到四川中部(图 1.19a)，黄淮锋区南移至 30°N(图 1.19c)。

在地面图上，东海气旋的形成可追踪到 0812 号热带气旋“鹦鹉”残体和四川低压在川滇边界的合并过程。24 日 08 时，源于香港登陆的 0812 号热带气旋“鹦鹉”残体位于云南境内，此时在四川和湖南地区另有两个暖低压中心存在。14 时，“鹦鹉”残体与四川低压在川滇边界合并成为有两条闭合等压线的低压，其东伸倒槽与湖南低压合为一体。20 时，湖南低压到达湘鄂边界，25 日 02 时继续东移到皖南西部，并加强为 1007.5 hPa 的闭合低压。从气压场、风场、温度场、露点场、云雨带形状等特征判断，该闭合低压正是从暖低压中发展形成的温带锋面气旋。之后，气旋中心经苏浙、太湖，从浦东北部经长江口进入东海(图 1.19d)。

可见，东海气旋形成前长江口附近对流层下部既无锋面，也无低压，随 0812 号热带气旋“鹦鹉”残体和四川低压合并，长江口以北东风冷流和长江口以南西南暖流的相向运动，使得水平温度、水汽、气压梯度迅速增大而形成气旋式辐合，同时对流层中部短波槽前正涡度、冷平流逼近，增大了扰动，最后使得暖性低压演变为锋面气旋。

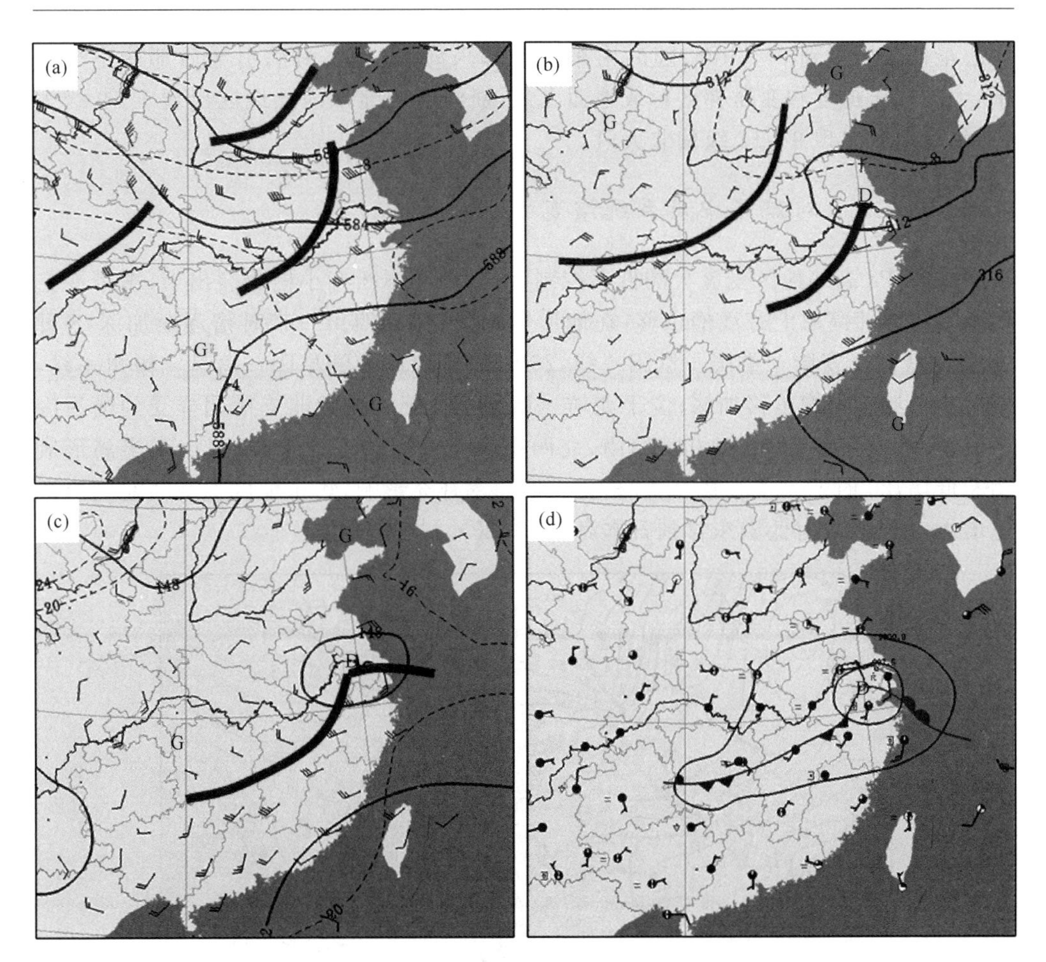

图1.19　2008年8月25日08时500 hPa(a)、700 hPa(b)、850 hPa(c)地面(d)天气图
(图中虚线为等温线,细实线为等高/压线,粗线为槽/切变线,G/D为高/低压中心)(陈永林等,2009)

1.2.3　2008年4月7—9日一次江淮气旋过程分析

2008年4月7—9日有一次江淮气旋影响过程,浙江省金华市气象台对此进行了详细分析(项素清,2009)。

4月7日华东地区处在入海高压后部,青藏高原以东四川盆地有低压生成,20时中心最低气压为995 hPa。低压移动缓慢,但倒槽东伸明显。4月8日中午在湖北一带有新的低压环流生成,20时该低压中心移到皖浙赣三省交界地带。受其影响,8日下午到夜里长江中下游广大地区先后出现强降水,部分地区伴有8～10级雷雨大风、强雷电、冰雹等强对流天气,降水量普遍为20～50 mm,最大达87 mm。受降水凝结潜热释放反馈作用影响,地面低压进一步发展加强,9日02时低压中心移到长江口,中心最低气压降到 998 hPa，随后由东海北部入海，气旋入海后引导后部冷空气南下，大的气压梯度和变压梯度形成地面大风，浙江省中北部内陆地区出现 7～9 级大风，沿海地区出现 9～11 级偏北大风。

1.2.3.1　对流层中层系统演变

500 hPa 高纬地区受庞大的低涡控制，低涡底部不断有小槽分裂出来，携带冷空气南下。中纬高原上有浅槽东移，在地形影响下，移到四川一带时槽逐渐加深，8 日 08 时槽线位于安康—重庆—贵阳一线，20 时该槽快速移到阜阳—南昌—赣州一线，槽后冷平流使得槽东移加深；位于潍坊—徐州—合肥一线的北支槽同样受到槽后冷平流影响，东移发展。9 日 08 时，南、北两槽移至沿海并逐渐合并，在山东半岛形成切断低涡，20 时低涡中心移至黄海，受后面曲率补充影响，华东地区上空西北气流风速增大，10 日 08 时低涡东移到日本海(图 1.20)。

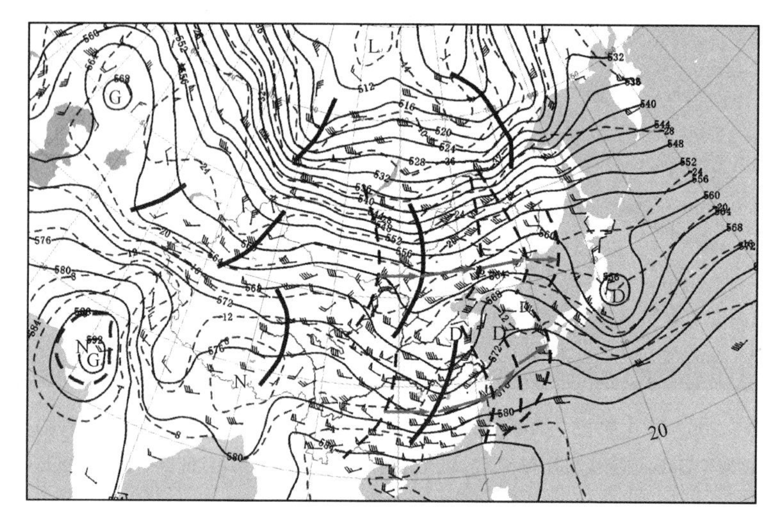

图 1.20　2008 年 4 月 8 日 20 时 500 hPa 温压场和 8 日 08 时至 10 日 08 时系统动态

(图中细虚线为等温线，细实线为等高线，粗实线为槽线，粗虚线为关键系统 8 日 08 时至 10 日 08 时位置，时间间隔 12 小时，箭头标示系统的移动方向)

1.2.3.2　对流层低层系统演变

700 hPa 上(图略)，7 日 08 时，华东沿海处在高压脊控制下，青藏高原东部有一高空槽，槽前对应非常宽广的暖脊，20 时在兰州附近生成一个西北涡，高空槽加深，槽前西南气流加强，最大风速达 22 m/s。8 日 08 时，西北涡快速移至河南上空，槽北段移到郑州—南昌附近，南段移动慢，仍在重庆—贵阳—百色一线。华东沿海的高压脊已经东撤到海上，衢州—赣州—百色有一支风速大于22 m/s的西南低空急流。20时低涡中心移到安徽北部，槽线位于阜阳—长沙—桂林，槽前西南气流强盛，最大风速达26 m/s。9日08时低涡移到苏北沿海，强度加强。高空槽移到华东沿海，槽后还有曲率补充，对应有冷平流。20时低涡东移南掉至黄海，槽后西北气流风速达20～24 m/s，锋区南压至浙江中北部。10日08时，低涡移到日本海，槽后风速减小到12 m/s。

850 hPa上(图1.21)，7日20时，河套及其北部有一个西北涡，四川盆地生成一个西南涡，高空槽前正涡度平流导致低层减压、西南气流加强，使原本位于盆地东部的弱低涡迅速发展并东移，伴随地面倒槽增强并明显东伸。8日白天，低空南支槽前形成西南急流，中心风速达20～24 m/s，南、北两涡逐渐合并，夜间冷平流增强，锋区南压至华中地区，冷空气侵入低涡后部，冷锋与倒槽前部的暖锋相接，同时在倒槽顶部出现低压中心，气旋生成。9日晨，伴随高空槽东移至沿海，地面气旋在江苏南部入海，由于大气在海上受到的摩擦力小，海面水汽供应充足，高空有暖温度脊配合，加上冬、春季海温比较高，对大气有非绝热加热作用，使上升运动加强，从而使气旋移到海上后变得更强。气旋入海后引导后部冷空气南下，形成西高东低形势，两者梯度在江浙一带叠加成密集的等压线，为当地带来强烈的大风天气。

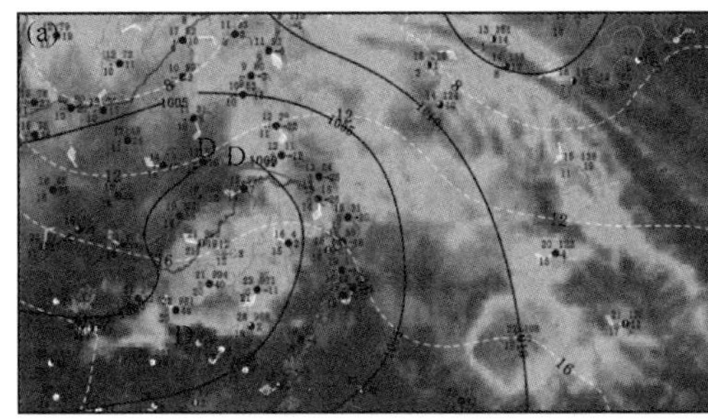

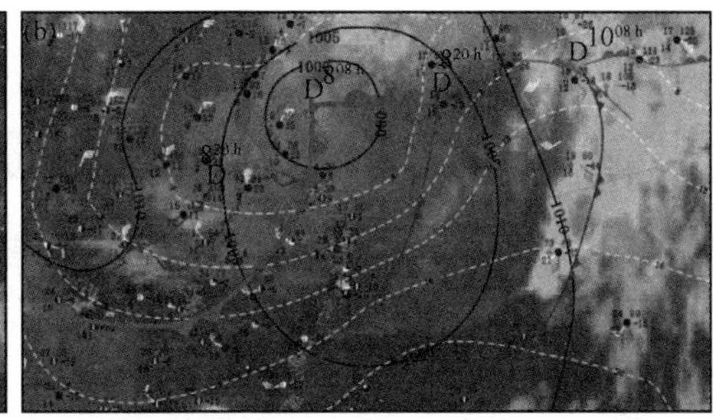

图1.21　8日20时(a)与9日08时(b)综合天气图(附彩图1.21)

(图中白色虚线与风矢为850 hPa等温线和风场，黑色实线为地面气压场，站点为地面填图)

此次过程中，高空槽前正涡度平流、强暖平流以及降水过程中释放的凝结潜热对气旋的发展起到了非常重要的作用。

由于温度槽落后于高度槽，8日08时850 hPa高空槽前的暖脊非常庞大，长江中下游流域受16℃的暖舌控制，出现明显的回暖。20时暖舌更强，湖南和浙江都出现了20℃的暖中心。暖平流使高空等压面升高，温压场不平衡，在气压梯度力作用下，必产生水平辐散，为保持质量连续，将产生上升运动，有利于地面气旋发展。

此外，8日，低空西南急流给长江中下游地区输送了大量的水汽，地面气旋的东部一直有强降水维持(图1.21)，降水过程中水汽凝结、释放大量潜热，部分抵消了绝热膨胀冷却作用，使气柱降温不致太快，高层减压变慢，因而使高层维持较强的辐散，低层减压增强，气旋得以更快地发展，同时上升运动也增强起来，地面气旋的发展又促进了降水。

1.3　温带气旋的预报

1.3.1　在天气图上判定温带气旋的发生、发展

(1)气旋发生的判定

东亚多新生气旋，因此，满足什么条件算作有新的气旋生成是一个很实际而又必须弄清的问题。一般是从三个方面来确定新生气旋的出现：

①气旋环流中心开始出现；

②有一条以上的闭合等压线；

③有暖锋和冷锋穿过气旋中心。

其中③是必需的，若满足③再外加①和②中的任一个均可视为温带气旋新生，但若只有①和②则并不能认为有温带气旋生成。

(2)气旋发展的判定

在天气图上，一般从以下几方面判定气旋的强度变化：

①气旋中心气压降低(注意应去除日变化的影响)；

②气旋性环流加强，范围扩大；

③与气旋相伴的正涡度中心强度加强；

④气旋云系发展，降水加强。

1.3.2　气旋发生、发展的因子

1.3.2.1　诊断分析

气旋的发生、发展一般可用地面形势预报方程，即

$$\frac{\partial H_0}{\partial t}=\frac{\partial \overline{H}}{\partial t}-\frac{R}{9.8}\ln\frac{p_0}{p}\times\left[-\overline{\mathbf{V}\cdot\nabla T}+(\Gamma_d-\Gamma)\omega+\frac{1}{c_p}\frac{\mathrm{d}\overline{Q}}{\mathrm{d}t}\right]\tag{1.1}$$

来诊断。由上式可知，地面(1000 hPa)的高度(H_0)变化由四项因子决定。方程右边第一项为平均层高度($\overline{H}$)变化项，其中包括涡度平流和热成风涡度平流两部分；第二项为平均冷暖平流(即厚度平流)项；第三项为垂直运动产生的温度绝热变化项；第四项为非绝热变化项。

(1)涡度平流及热成风涡度平流

利用天气图可以定性判断涡度平流。在自然坐标中相对涡度平流可表达为

$$-V \cdot \nabla \zeta = -V \frac{\partial \zeta}{\partial s} \tag{1.2}$$

式中,V 为水平风速,ζ 为涡度,s 为气流方向。由于

$$\zeta = \frac{V}{R_s} - \frac{\partial V}{\partial n} = K_s V - \frac{\partial V}{\partial n} \tag{1.3}$$

则

$$-V \frac{\partial \zeta}{\partial s} = -V\left(K_s \frac{\partial V}{\partial s} + V \frac{\partial K_s}{\partial s} - \frac{\partial^2 V}{\partial s \partial n}\right) \tag{1.4}$$

式中,R_s 为流线的曲率半径,K_s 为曲率,n 为流线法线坐标。在准地转假定下,$V = V_g = -\frac{9.8}{f}\frac{\partial H}{\partial n}$,代入式(1.4)便得

$$-V \cdot \frac{\partial \zeta}{\partial s} = -\left(\frac{9.8}{f}\right)^2 \frac{\partial H}{\partial n}\left(K_s \frac{\partial^2 H}{\partial s \partial n} + \frac{\partial H}{\partial n}\frac{\partial K_s}{\partial s} - \frac{\partial}{\partial s}\frac{\partial^2 H}{\partial n^2}\right) \tag{1.5}$$

①　　　②　　　③

散合项　曲率项　疏密项

由上式可见,涡度平流由三项决定。其中第一项最大,第二项次之,第三项作用较小,一般不考虑。所以在实际中涡度平流主要由散合项和曲率项决定。可以根据沿流线或等高线的曲率分布以及流线或等高线的疏散或汇合来定性判断涡度平流。例如,在图 1.22a 所示的情况下,根据曲率项可知,当流线的气旋式曲率沿流线减小,或反气旋式曲率沿流线加大时,则高空槽前脊后区(Ⅰ区)为正涡度平流区,而气旋式曲率沿流线增大,反气旋式曲率沿流线减小,则槽后脊前(Ⅱ区)为负涡度平流区。在图 1.22b 所示的情况下,当气旋式曲率等高线沿气流方向疏散(Ⅰ区)时,有正涡度平流,反之有负涡度平流(Ⅱ区)。反气旋式曲率沿气流方向等高线汇合(Ⅲ区)时,有正涡度平流,反之有负涡度平流(Ⅳ区)。

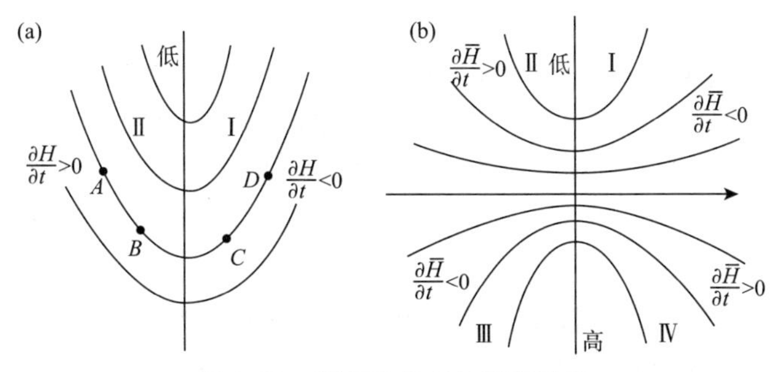

图 1.22　等高线分布与涡度平流

若把等温(厚度)线看作热成风流线,将式(1.5)中 V,ζ 及 H 分别改为 V_T(热成风),ζ_T(热成风涡度)和 h(厚度),则可用与定性判断涡度平流完全相同的办法,判断热成风涡度平流。

(2)温度平流

在天气图上定性判断温度平流很简单,将等高线近似看作流线,若流线与等温线相交,且流线由冷区指向暖区,则为冷平流,反之流线由暖区指向冷区,则为暖平流。而等高线与等温线平行区为平流零线所在。

(3)非绝热加热和绝热变化

非绝热加热主要包括乱流、辐射及蒸发和凝结等热力交换过程。如果只考虑湿绝热过程,则可将式(1.1)中的 Γ_d 改为 Γ_s(湿绝热递减率),而在非绝热变化中可以不考虑蒸发、凝结过程的影响。辐射热交换在下垫面附近最重要,在热源地区(即空气能获得热量的下垫面)$\mathrm{d}\bar{Q}/\mathrm{d}t>0$,冷源地区(即空气传给热量的下垫面)$\mathrm{d}\bar{Q}/\mathrm{d}t<0$。

对于绝热稳定大气($\Gamma_d-\Gamma>0$),下沉运动($\omega>0$)使地面气压下降($\partial H_0/\partial t<0$),对湿绝热稳定大气($\Gamma_s-\Gamma>0$),所产生的效应与上述相同。当 $\Gamma_s-\Gamma<0$ 时,则结论相反,即上升运动有利于地面气压下降。

1.3.2.2 定性分析

除了上述的物理量分析之外,还可以从以下几点分析气旋发生、发展的因子。

(1)气旋发生的定性分析

①地面气压场型式的分析

地面气压场型式是制约地面气压变化各种因子的综合反映,因此,气旋总是发生在特定的气压场形势下。由于我国南方和北方的地理条件以及由此带来的其他条件差别,导致气旋生成的气压场型式也不相同。

a. 北方气旋

第一种型式是在锢囚气旋暖区新生的气旋。这种过程初期有一气旋波从西伯利亚移至贝加尔湖迅速锢囚,这时,在它的暖区(蒙古)有暖性低压出现,冷锋进入暖低压,新的气旋波即形成。这种型式往往伴随一次高空槽的再生过程。过程初期,由于500 hPa低槽逐渐移近蒙古高原而减弱,温度槽接近气压槽。过程后期气压槽"跳"到山后,而冷温槽却因被阻于山前而落后,这样气旋和高空槽得到了一次再生过程。

第二种型式是冷锋进入暖倒槽。这类过程初期有一冷锋从西伯利亚东移,在锋前的蒙古西部或河西走廊至河套一带有暖倒槽向北伸展,冷锋进入暖倒槽后气旋波开始生成。这类过程多伴随高空短波槽东移。由于蒙古高原对急流区中短波阻滞作用较小,易于经蒙古东移而诱生出地面气旋波。

第三种型式和第一种型式接近,不同的是位于蒙古西部的只有一条冷锋,气旋中心位置在60°N以北,当冷空气从南北两面绕过阿尔泰山时,便在蒙古山地形成一相对低压区。以后冷空气主力越山进入低压,气旋波生成。

北方气旋三种型式中以第一二种最多,第三种较少。

b. 南方气旋

第一种型式是冷锋进入暖倒槽,这与北方气旋类似。暖倒槽是从云南和中南半岛向北伸展的。暖倒槽位于高空南支槽或康藏槽前,低空往往有西南涡东移,高原以北有一北支高空槽东移发展,当槽后冷平流及其伴随的冷锋进入暖倒槽时,气旋波出现。

第二种型式是倒槽锋生。当地面有西南倒槽伸向长江中下游,这时东海为入海高压,高压后部有降水区从西南向长江流域伸展,在500 hPa上有康藏槽,700 hPa多伴有西南涡东移。当高空槽到达110°E附近时,冷、暖锋在长江中下游的暖倒槽内生成。

第三种型式为静止锋上波动型。过程前期,江淮流域为一东西向的准静止锋,相应地有东西向雨带与之配合,静止锋转变为明显的冷、暖锋,气旋波形成。这种型式在南方气旋中并不多见。

②高空槽的分析

高空槽前正涡度平流、槽前(后)暖(冷)平流是温带气旋生成发展的必要条件。对于我国南方和北方来说,由于地理条件的差异,高空槽分析的重点也不相同。

北方气旋与贝加尔湖槽和西北槽的活动紧密相连,能够满足北方气旋生成条件的高空槽,一般要在本身的结构(等高线是否为辐散状)及其与冷温度槽的配置(位相差)都满足其发展条件时才有可能。当然,当其中一个条件较差时,另一个条件特别有利也可以诱生气旋。如等高线呈明显的辐散状,则槽后冷平流弱一些也可以。此外,在北支气旋产生前,槽前暖平流可以不一定很明显。

直接诱生南方气旋的高空槽多是青藏槽或南支槽,这种槽一般只要能够维持东移就有产生南方气旋的可能性。南方气旋生成前槽前的暖湿平流比槽后的冷平流在气旋产生中的作用更大。所以,850 hPa等压面附近的西南低空急流常被作为生成预报指标或统计因子。为了补充高空图的不足,地面图上高山观测站(如庐山、衡山、九仙山)的地面风也是十分有用的指标。

南、北支高空槽的配合是南方气旋生成分析中要考虑的重要因素。一般南支槽会带来充沛的水汽和潜热,遇有北支槽携带冷空气侵入南支扰动,多能诱生气旋。有时冷空气仅仅到达暖倒槽的外围,而暖倒槽中气旋已经形成。700 hPa和850 hPa上西南涡与北支高空槽配合东移,南方气旋生成的概率更高。

由于水汽所释放的潜热对南方气旋的贡献很大，所以，源自西南的雨区向东发展（范围和强度两方面）往往是其生成的先兆，“气旋是下雨下出来的”是我国预报员的宝贵经验。特别是大规模雨带中对流性暴雨区容易有初始扰动生成。

此外，三小时变压中心的分布也是分析气旋形成的有用指标。在锢囚气旋的暖区，或暖倒槽顶端出现明显的负三小时变压中心，是气旋将要生成的先兆，其生成位置大约位于这一中心的下风方。

③卫星云图的分析

气旋的生成发展过程在卫星云图上也有一定的规律，掌握其规律对分析预报气旋的形成和发展非常有用。

a. 北方气旋

北方气旋生成前后云系发展有两种主要型式。

第一种型式是冷锋云带与暖区云带合并产生气旋（图 1.23）。它对应地面锢囚气旋暖区新生气旋过程。生成前，在中亚或西伯利亚上空，有一条呈东北—西南走向的冷锋云带向东南移动。在这条锋面云带的暖区中，生成一条盾状的南北向云带，其北端常表现为卷云纤维状纹理，证明此云带主要由高云组成。在可见光云图上反映并不是很清楚，在红外云图上，是白色云带。以后冷锋云带东移减弱并分裂，其南段并入暖区的南北向云带中，形成凸起的“人”字云形，这时气旋形成（图 1.23b）。

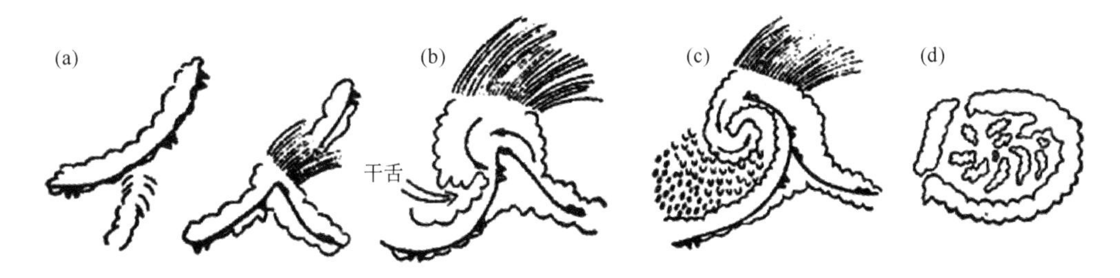

图 1.23　北方气旋生成发展第一种卫星云图模式图

(a)生成阶段；(b)发展阶段；(c)锢囚阶段；(d)消亡阶段

第二种型式是由逗点状或盾状云带发展成气旋（图 1.24）。此类气旋生成以前，并不存在一条锋面云带，而只有与东移的西北槽对应的逗点云系或盾状云带。这条逗点云系（或盾状云带）尾部在后期逐渐有冷锋与之相配合。当云带移入河套附近暖性倒槽内时，在地面图上表现为冷锋进入倒槽内导致气旋生成。

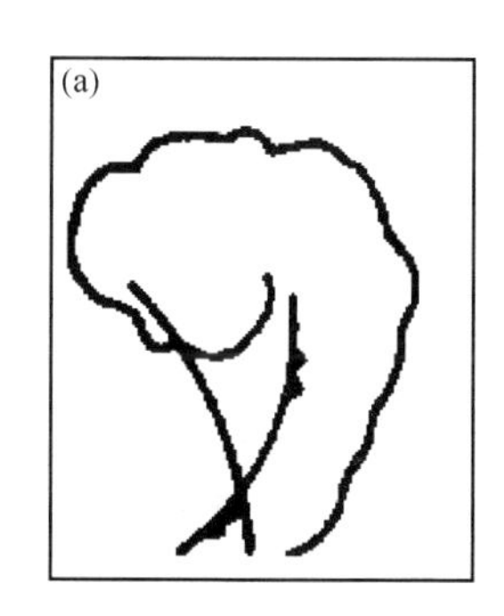

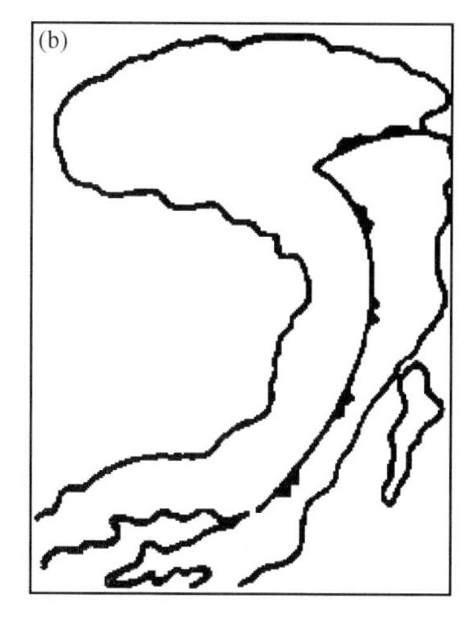

图 1.24　逗点状云系发展成气旋的卫星云图模式
(a)逗点状云系与锋(图中实线为高空槽线)；(b)气旋云系与锋

b. 南方气旋

春季，在江南或南岭地区往往有锋面静止。卫星云图上在相应的地区也是一条东西向的云带。当高空有槽或涡东移，其前部西南气流加强时，云带西段北移。此时，反映高空槽或涡东移的云系多是稠密云团，其南侧有时与南方准静止锋云系相接。云团的密蔽云区由中、低云组成，而在它的北侧到东北侧有向北到东北方向辐散的呈反气旋弯曲的卷云羽。出现这种辐散的卷云羽，表明空中气流向外辐散，羽的末端与 500 hPa 图上的西南气流所达到的最高纬度大体一致。当这种云系出现后，24 h内云团的范围继续扩大，气旋云系的特征更加明显。此时地面准静止锋北移，并且准静止锋上产生气旋。

这种带有辐散的卷云羽的稠密云团的来源，在多数个例中还可以追踪到云团出现前 24 h。即当青藏高原东部有中高云(以高云为主)组成的云涡东移时，24 h 前在卫星云图上就有这种云团出现，云涡尺度较小，形状不一，云貌大致有逗点状、螺旋状、半月形三种(图 1.25a～d)。它们都处在 500 hPa 槽前西南气流中，有时在高原北侧，有时在高原南侧。

以后，如气旋云系北端继续出现辐散卷云羽(图 1.25e，f，h)，同时云区有对流发展，即在云区内有白亮的积雨云，则将有气旋生成。但如果带辐散卷云羽的稠密云团中卷云羽的范围较小或不甚明显，且在卷云羽的北端或稍远的地方有近似东西向分布的横向波动云线出现(图 1.25g，i)，则气旋不能生成和发展。

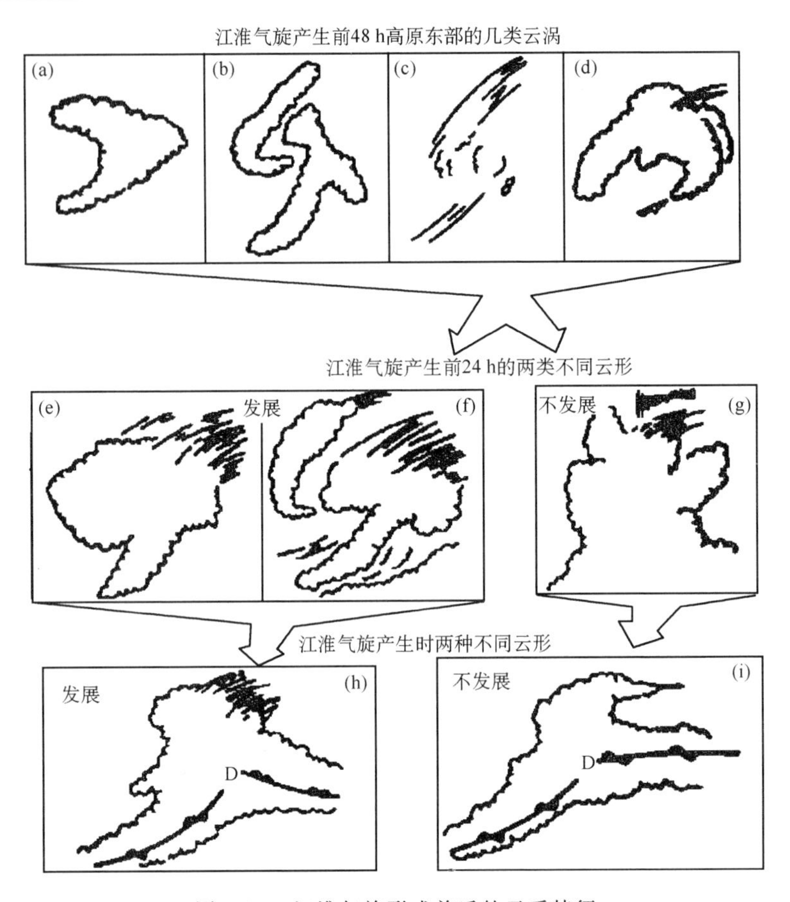

图 1.25 江淮气旋形成前后的云系特征

(2)气旋发展的定性分析

气旋生成后,能否进一步得到发展,比分析气旋生成容易一些。虽然制约气旋发展的基本因子和生成因子相同,但在日常天气图上分析的着重点却有很大差异。在地面图上着重分析以下几个方面。

①ΔP_3 的分布和变化

在气旋中心前部一般有负变压中心,当负变压中心加强且逐渐接近气旋中心,且零变压线位于中心后部(注意去除日变化时),反映气旋正在发展。反之如远离气旋中心,则反映气旋正在减弱。衰亡的锢囚气旋负变压区分布在气旋的外围。

②气旋中暖区的宽度和冷暖锋的强度变化

暖区宽窄反映气旋生命的不同阶段,冷暖锋的强度反映冷暖平流的强度。气旋暖区宽而冷暖平流又在增强的气旋,一般都能够得到发展。

③气旋与其他系统的关系

气旋周围气压系统分布与气旋发展有密切的关系。气旋前部有变性冷高压发展,则有利于气旋发展,但如有冷高压阻挡则不利于气旋发展;当气旋后部冷高压加强并南移,特别是有新的冷高压并入时,有利于气旋发展。反之,冷高压减弱东移时则不利于气旋发展。锋面南部副热带高压加强,偏南气流增强有利于气旋发展。

在气旋所在经度范围内,一般不可能同时有南、北两个气旋发展。所以当北方有气旋发展时,南方气旋不利于发展;反之,南方气旋发展,北方气旋将会减弱。

④分析中需要注意的问题

a. 高空图的分析

高空槽本身的结构变化。高空槽发展的同时,摩擦作用也同时加大。从能量观点看,要求斜压不稳定发展所释放的位能,必须超过摩擦减弱效应才能使气旋和高空槽发展。因此,高空槽后强而宽广的冷平流是使之进一步发展的必要条件,特别对北方气旋更为重要。

在分析高空槽上、下游系统以及南、北支系统的位置时,从能量频散观点可知,上游长波的发展会引起下游一个长波槽的发展,而对一个波长以内的低槽发展不利。同样,下游的长波槽也会抑制其上游一个长波内的槽发展。相反,上、下游半波高压脊的发展将有利于低槽的发展。

由于青藏高原的影响,西来低槽多是分裂的短波槽,它们主要有从高原以北东移的北支槽和高原以南东移的南支槽。这两支低槽的位相和移速的差异,对气旋发展有很大的影响。南、北两支槽由于移速差异同相叠加过程,往往引起一次强烈气旋发展;如南、北两支槽出现反相叠加则会使气旋消亡。

b. 卫星云图的分析

气旋的不同发展阶段具有不同的云形特征(图1.25c~g),根据云形特征判断气旋生命阶段,则很容易得出能否继续发展的结论。

分析气旋云系的亮度变化和云系前部辐散状卷云的变化。云系亮度反映云中凝结量多少和云的性质。对南方气旋来说,潜热特别是对流潜热具有重要的意义,有时即使高空槽不是很明显,气旋也能得到较大发展。这时高空槽反而成了气旋发展的结果,所以要着重分析它。

辐散状卷云反映高空锋区和急流的强度,它是气旋上空辐散气流的外流通道。这一通道一旦被截断,气旋便迅速消亡。

1.3.3 气旋移动的因子

在地面图上将相邻时次气旋中心相连接,并标以表示移向的矢尾,得到气旋的移向和移速。研究以往移向和移速的规律是判断未来变化的基础。在日常天气图上通常从以下几个方面分析。

(1)高空引导气流

温带气旋可以看作叠加在基本气流上的涡旋，所以一般气旋沿着平均气流移动。通常把500 hPa或700 hPa高度的风向和风速作为引导气流。气旋的移速为

$$C = V_R R$$

式中，R是气旋中心移速与引导气流速度的比值，称为引导系数。据统计，500 hPa上R约为0.7，700 hPa上R为0.8～0.9，气旋的移向一般偏向引导气流方向的左侧。V_R为引导气流的速度，一般以km/h为单位。

引导气流的计算方法是，将气旋中心上空或其附近引导层的实际风速或计算的地转风速代入上式即得引导速度，按该点风向修正即可作为引导方向。

使用引导气流时要考虑引导气流本身的变化，一般低槽发展将使引导速度的南、北分量增加。还要考虑系统本身的强度，气旋越强，引导系数则越小。

(2)周围系统的影响

气旋前部变性高压及高空高压脊的稳定与加强，能够影响气旋的移动速度和方向，同一条静止锋带上前一个气旋波的加强或减弱也会改变气旋的移动速度和方向。

(3)变压和变高的分布

地面$-\Delta P_3$中心和高空$-\Delta H_{24}$中心，能够预示气旋未来的方向，一般分析中多作为主要参考指标。

(4)地形的影响

气旋的移动可以看成在气旋前方有新的气旋生成以代替原有气旋的连续过程。蒙古至我国东北地区是地形的背风坡，山脉背风坡的降压中心往往位于气旋的东南部，因此，不少蒙古气旋离开高空引导方向而向东南移动。

综合研究过去一段时间内气旋的移动规律及其原因，考虑这些因子未来将发生的变化，是推断未来气旋移动的基本依据。

实习1　北方气旋个例分析

1. 实习目的和要求

(1)天气图分析

严格遵守天气图分析的各项技术规定，在保证分析准确率的基础上提高分析速度。

(2)天气形势分析

学习辨认高空和地面的主要影响系统，初步构建天气系统的空间结构概念，应用所学理论知识对环流形势的主要特征、主要影响系统的生消演变、与周围系统的相互

关系以及在天气过程中的作用等进行分析。

(3)实习报告

以文字形式概述天气过程,阐述过程的高低空形势、主要影响系统的生消演变等相关内容。

2. 实习内容和资料

(1)分析天气图共6张,包括2002年4月5日20时和4月6日08时500 hPa天气图、850 hPa天气图、地面天气图。

(2)结合参考图,独立分析本次蒙古气旋的发生、发展过程。

3. 实习参考图

参考图共6张,包括2002年4月4日08时500 hPa形势(图1.26),4月5日08时500 hPa形势(图1.27)、850 hPa形势(图1.28)、地面形势(图1.29)、FY-2E卫星红外云图(图1.30),4月5日20时FY-2E卫星红外云图(图1.31)。

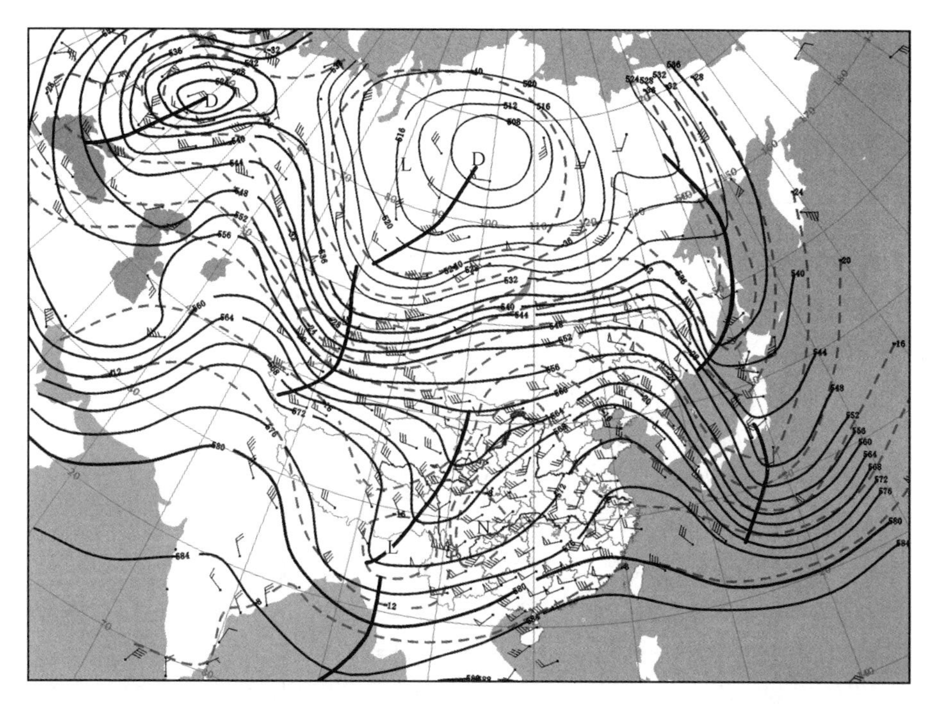

图1.26 2002年4月4日08时500 hPa形势(图中实线为等高线,虚线为等温线)

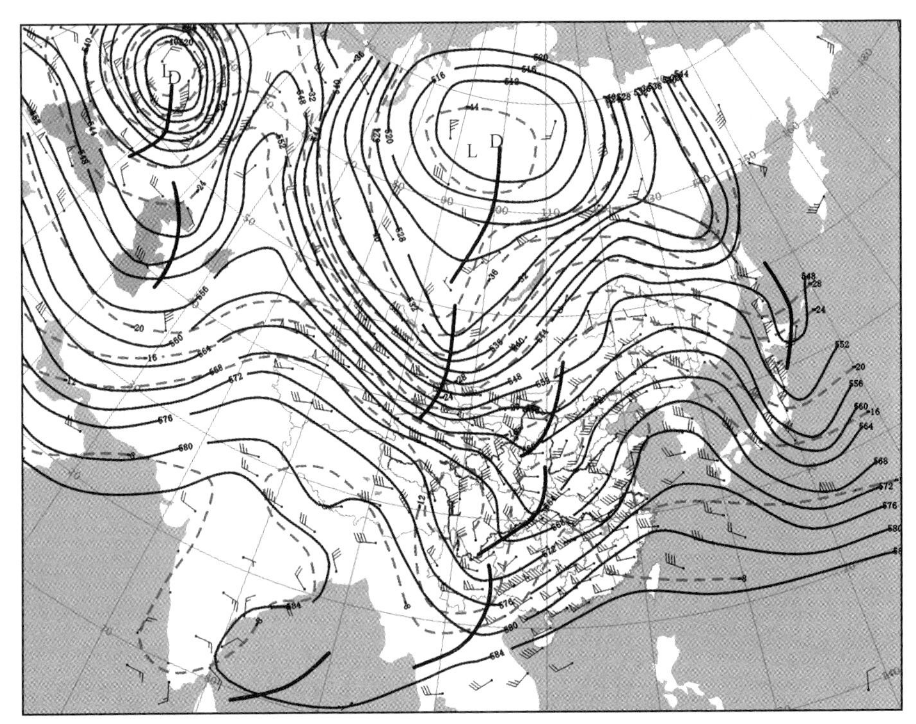

图 1.27　2002 年 4 月 5 日 08 时 500 hPa 形势(图中实线为等高线,虚线为等温线)

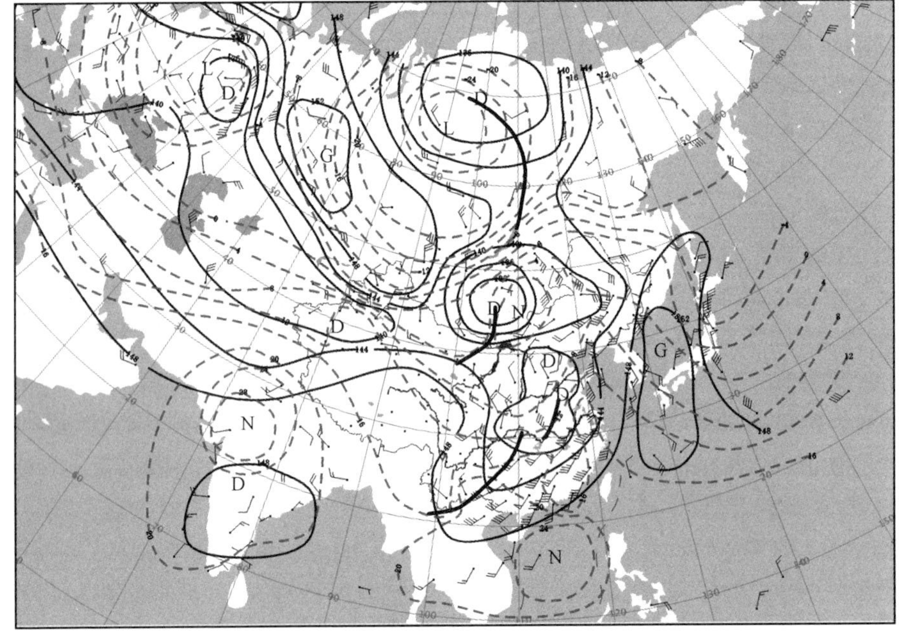

图 1.28　2002 年 4 月 5 日 08 时 850 hPa 形势(图中实线为等高线,虚线为等温线)

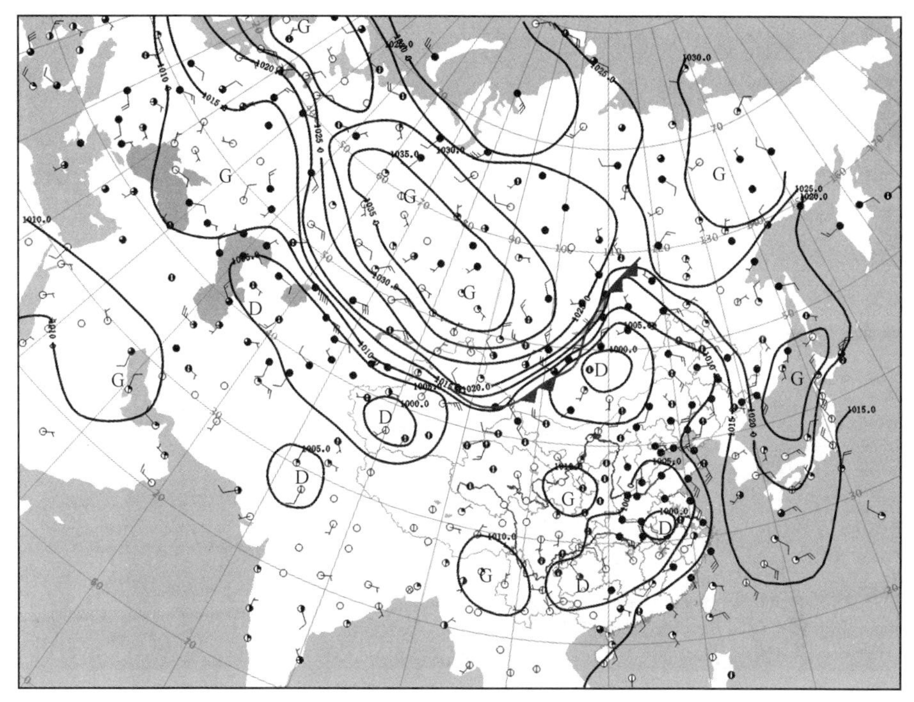

图1.29 2002年4月5日08时地面形势

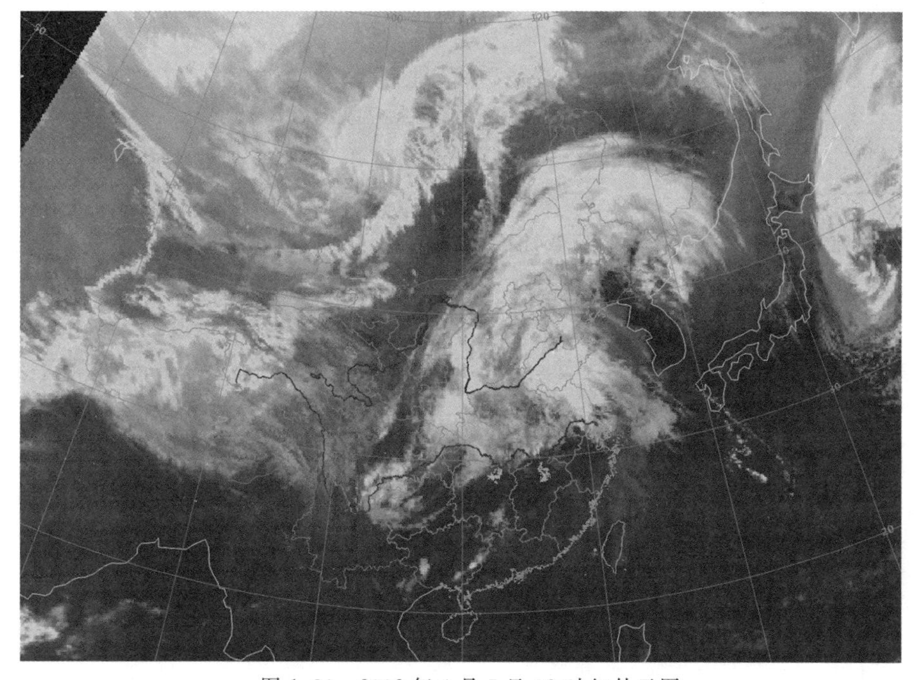

图1.30 2002年4月5日08时红外云图

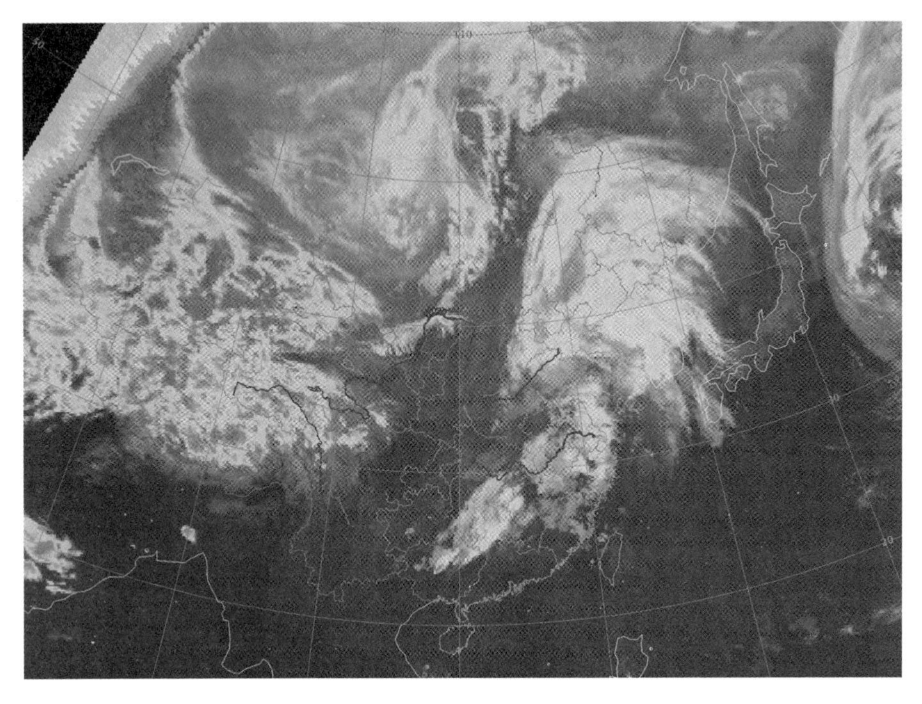

图 1.31　2002 年 4 月 5 日 20 时红外云图

4. 天气过程分析提示

这是一次随高空槽东移，地面冷锋进入暖区低压后，发展生成蒙古气旋的天气过程。本次过程伴随有大风、降温、沙尘暴、降雪等重要天气。

2002 年 4 月 4 日 08 时 500 hPa 环流形势(图 1.26)，东亚地区主要为两槽一脊型。高纬极涡呈单极型且重心偏东，强度较强，极涡的偏心结构使极锋锋区位置相对偏南，中纬度短波槽脊活动频繁，低纬南支槽偏强。来自西伯利亚的冷空气沿北支槽东移南下影响我国的西北地区，副高位于海上。

5 日 08 时，500 hPa 上北支槽东移追赶南支槽，动量下传，风速加大。南支槽东移减弱，而高原不断有新的小扰动移出(图 1.27)。850 hPa 上，冷平流加强，高空锋区已翻越萨彦岭和阿尔泰山(图 1.28)。地面暖区低压位于蒙古国东部，冷锋位于低压后部，介于乌拉尔山的地面冷高压与暖区低压之间(图 1.29)。

5 日 20 时—6 日 08 时，来自西伯利亚的冷空气不断进入蒙古东部，低槽发展；对应地面冷锋进入暖区低压，锋面气旋形成并发展、加强。

5. 思考题

(1)北支槽与南支槽在气旋发生、发展过程中是如何变化的?

(2)蒙古气旋在发生、发展过程中,高、低空系统是如何配置的?

(3)结合高空和地面形势预报方程说明蒙古气旋是如何发展的。

(4)结合高空和地面形势预报方程试预报 6 日 20 时地面气旋发展趋势。

实习 2　南方气旋个例分析

1. 实习目的和要求

(1)天气图分析

严格遵守各项技术规定,在保证分析质量的基础上提高分析速度。对主要天气系统(如高低压中心、锋面、槽线等)的分析要求基本正确。

(2)天气形势分析

初步学会概述环流形势的主要特征和辨认高空和地面的主要影响系统,建立三度空间结构的概念。并且应用所学过的理论知识对各主要影响系统的生消演变、相互之间的关系以及在天气过程中的作用进行分析。

2. 实习内容和资料

(1)分析 2007 年 3 月 3 日 20 时至 4 日 20 时地面图、500 hPa 高空图。

(2)在教师的指导下制作高空和地面主要影响系统的综合动态图 2 张。

①500 hPa 的影响槽及 850 hPa 的 $-\Delta H_{24}$ 中心和 $+\Delta T_{24}$ 中心。

②地面气旋中心、锋面、$+\Delta T_{24}$ 中心和 ΔP_3 中心。

(3)以文字形式概述本次过程的环流特征及主要系统的演变过程。

3. 实习参考图

本次实习参考图如图 1.32~1.34 所示。

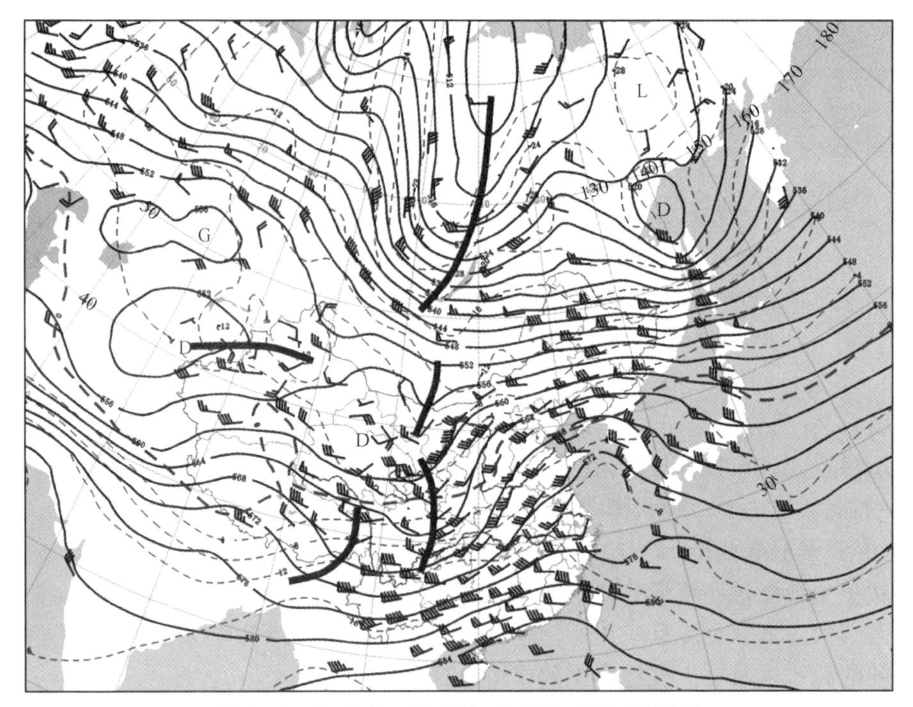

图 1.32　2007 年 3 月 3 日 08 时 500 hPa 天气图

（图中实线为等高线，虚线为等温线，粗实线为槽线）

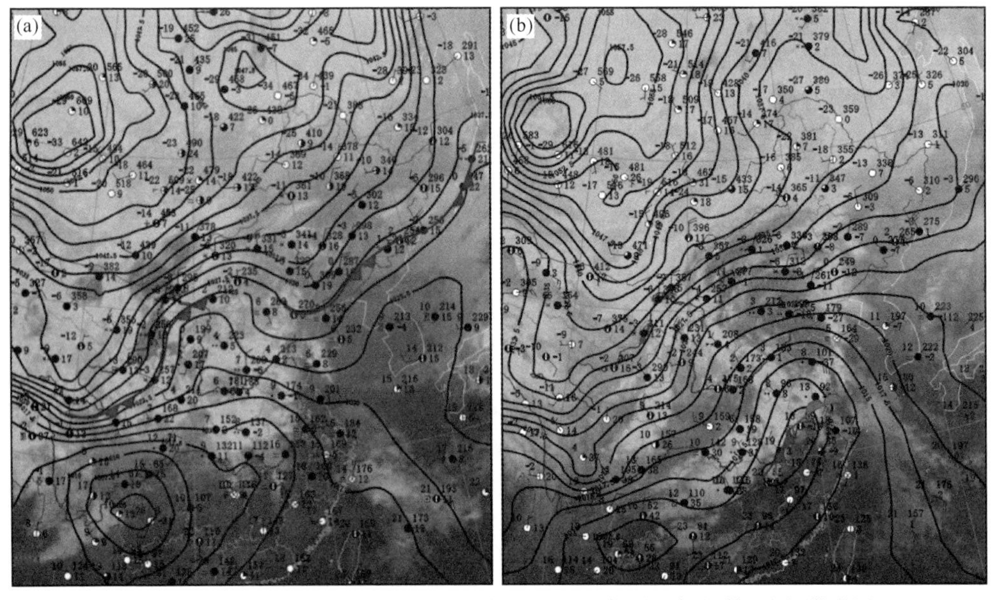

图 1.33　2007 年 3 月 3 日 08 时(a)和 23 时(b)地面天气图叠加红外云图(附彩图 1.33)

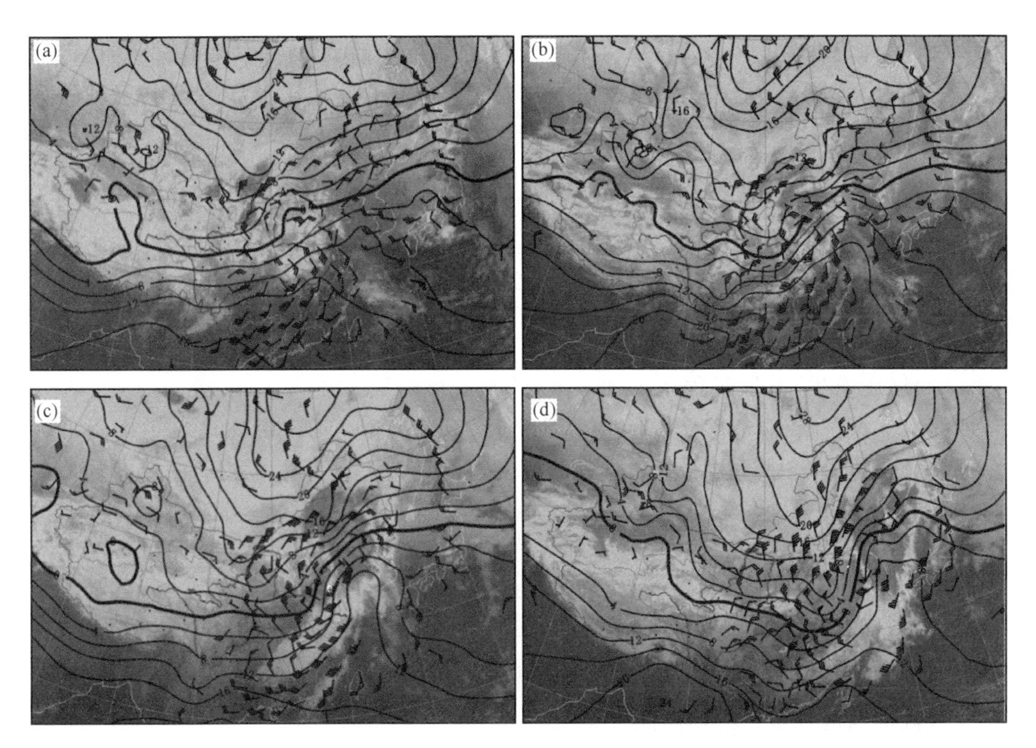

图 1.34　2007年3月3—4日850 hPa风场、温度场叠加红外云图(附彩图1.34)

(a)3日08时;(b)3日20时;(c)4日08时;(d)4日20时

4. 天气过程分析提示

(1)概述

这是一次随着西风槽的东移,冷空气与西南涡结合,地面冷锋进入江南地区倒槽,与暖锋相接而发展成为江淮气旋的天气过程。它发生在北支槽与南支槽合并东移的形势下,高空涡度平流、对流层下部的温度平流和潜热释放对气旋发展都有较大贡献。据通常对江淮气旋的分类,这次过程属倒槽锋生(焊接类)型。

3月2日华东地区处在入海高压后部,青藏高原以东四川盆地及云贵高原有低压生成,并逐渐东伸,影响江南地区。3日20时在长江中下游一带有新的低压环流生成,随着北支槽与西南涡结合,携冷空气进入暖性倒槽,锋生形成气旋。气旋形成后逐步发展并向东北方向移动,经山东半岛入海并进一步增强,由于温度场一直落后于高度场,槽后强冷平流持续补充,来自高纬高空的干冷空气携带的高位涡成为江淮气旋强烈发展的动力,直到7日地面气旋才开始减弱填塞,高空低压逐渐变成对称的冷性低涡。此外,热力过程对气旋的加强也有一定的作用。

在地面气旋发生、发展过程中，频繁活动的冷空气与暖湿气流共同作用，大风、降温、降水等天气现象均有出现：3—4 日华北平原普遍出现大雨或雨夹雪，一些地区出现了暴雨；4—5 日，随着气旋的东移北进，辽宁、吉林和黑龙江东部出现罕见的特大暴风雪，降雪量基本在 25 mm 以上，部分地区雪量达到 50 mm 以上，个别站过程降雨雪量甚至超过 100 mm。暴雪天气的同时，沈阳各地同时出现了强烈的东北大风。东北风平均风力达到 6～7 级、阵风 9～10 级，沈阳本站 5 日凌晨出现阵风最大极值为 26 m/s。降雪过后降温明显，平均气温比降雪前下降了 10℃左右，7 日清晨最低气温达到了－19.1℃，此温度为 1951 年以后沈阳同日的历史第二低温度，这与整个冬季的偏高气温形成了鲜明的对比。

(2)气旋发生、发展过程

此次江淮气旋天气过程发生前(3 月 2 日 08 时)，500 hPa 上空乌拉尔山附近为一长波脊，贝加尔湖附近为一宽阔槽区，槽上有波动。中高纬为多波动的纬向环流控制，南、北两支槽分别位于高原上和新疆北部，中低层有低涡从青藏高原移出，河西地区存在切变。与之对应，地面西伯利亚至我国北部受到中心位于贝加尔湖西部的冷高压控制，华东地区处在入海高压后部，青藏高原以东四川盆地及云贵高原有低压生成，并向东扩展增强。

3 日 08 时至 3 日 20 时青藏高原东侧槽已开始越过高原，由于以下三个原因(图 1.32)，低槽强度加强、移速减小。

①下坡地形的减压作用；

②锋区加强，温度槽落后于高度槽，槽线上有强烈的冷平流输送；

③与北支槽同位相叠加。

由于低槽的加强，槽前的正涡度平流明显增强，引起地面倒槽进一步减压。在 3 日 20 时地面出现了闭合的低压环流。江南地区高空暖平流的增强和低层暖式切变(长江流域)的明显增强，使江南倒槽内暖式切变附近的温度梯度不断增大，出现大片负变压区，逐步生成一条暖锋，并与西边移来的冷锋在低压环流中心处相接，形成了完整的江淮气旋。

3 日 20 时至 4 日 20 时，河套至华中一线的低槽继续东移，由于以下原因，低槽进一步增强。

①与由贝加尔湖西部的东移来的北槽逐渐合并；

②温度槽落后于高度槽，槽后冷平流增强。

槽中受强的正热成风涡度平流影响，迅速加深发展。低空低涡和地面气旋仍在高空槽的前方，高空槽前正涡度平流导致低层减压、西南气流加强，使低涡和地面气旋迅速发展并东移。4 日 20 时，气旋经山东半岛入海。入海后高空槽持续发展，槽前正涡度平流的补充以及海陆间温度和下垫面粗糙度差异，使入海气旋继续增强，至

3 月 7 日才逐渐减弱填塞。

5. 思考题

(1)通过本个例分析说明江淮气旋发生、发展的特点。

(2)江淮气旋发生、发展过程中,高、低空系统是如何配置的?

(3)结合高空和地面形势预报方程说明江淮气旋是如何发展的。

第2章　寒潮天气过程分析

寒潮指大规模强冷空气自高纬南下给所经地区带来强烈降温和大风等天气，在水汽条件适宜时，会伴随雨、雪、冻雨等天气。寒潮发生、发展、结束的天气过程称之为寒潮过程。据1951—2003年资料统计，总寒潮（全国性和区域性寒潮总和）出现次数平均每年7次，53年间平均年出现次数呈明显减少趋势，1954年最多，为12次；1983年最少，仅为2次（王遵娅等，2006）。

寒潮是影响我国冬半年的主要灾害性天气，强大的冷空气爆发会造成剧烈降温及大风雪，当冷空气到达江南与那里的暖空气交汇，会引起大范围的降水。如果冷空气与暖空气势力相当，条件有利时，会形成南岭准静止锋或昆明准静止锋，造成长时间连阴雨。强冷空气可使地面气温降至0℃以下产生霜冻。当中层（700 hPa附近）存在一定厚度的暖层（气温≥0℃），暖层以下有气温≤0℃的冷层时，有可能出现冻雨。这样的寒潮天气带来的剧烈降温可造成人、畜、农作物冻害；伴随其出现的暴雪、冻雨、冰冻可致道路结冰、河流封冻，严重影响水陆交通和航空运输，冻雨还会造成电线积冰致使电力和通信中断。

2.1　寒潮标准

我国每年都会受到多次冷空气影响，但只有当强冷空气的影响造成一定幅度的降温时，才称为寒潮，否则称为一次冷空气活动。

寒潮可分为单站寒潮、区域寒潮和全国性寒潮。中央气象台对其等级进行了严格区分。

（1）单站寒潮按照在一定时段内日最低气温（或日平均气温）的下降幅度和日最低气温这两个指标进行划分，可分为三个等级——寒潮、强寒潮和特强寒潮。

寒潮：使某地的日最低（或日平均）气温24 h内降温幅度≥8℃，或48 h内降温幅度≥10℃，或72 h内降温幅度≥12℃，而且使该地日最低气温≤4℃的冷空气活动。

强寒潮：使某地的日最低（或日平均）气温24 h内降温幅度≥10℃，或48 h内降温幅度≥12℃，或72 h内降温幅度≥14℃，而且使该地日最低气温≤2℃的冷空气活动。

特强寒潮：使某地的日最低(或日平均)气温 24 h 内降温幅度≥12℃，或 48 h 内降温幅度≥14℃，或 72 h 内降温幅度≥16℃，而且使该地日最低气温≤0℃的冷空气活动。

(2)区域寒潮按照受影响区域内达到单站寒潮强度标准的气象站点数与该区域内所有气象站点总数的百分比和该区域所在的气象地理位置来进行划分，可分为区域寒潮、区域强寒潮、区域特强寒潮。

①淮河—秦岭以北地区(北方)寒潮

区域寒潮：一次寒潮过程中，该区域内有≥40%的气象站满足寒潮标准。

区域强寒潮：一次寒潮过程中，该区域内有≥50%的气象站满足寒潮标准，其中的 40%满足强寒潮标准。

区域特强寒潮：一次寒潮过程中，该区域内有≥60%的气象站满足寒潮标准，或有≥50%的气象站满足强寒潮标准，其中的 30%满足特强寒潮标准。

②淮河—秦岭以南地区(南方)寒潮

区域寒潮：一次寒潮过程中，该区域内有≥30%的气象站满足寒潮标准。

区域强寒潮：一次寒潮过程中，该区域内有≥40%的气象站满足寒潮标准，其中的 30%满足强寒潮标准或其中的 20%满足特强寒潮标准。

(3)全国寒潮按照受影响区域内达到单站寒潮强度标准的气象站点数与该区域内所有气象站点总数的百分比和南、北方地区满足寒潮标准的百分比来进行划分，可分为全国寒潮、全国强寒潮。

全国寒潮：一次寒潮过程中，全国范围内有≥35%的气象站满足寒潮标准，其中南、北方区域内均有 20%的气象站满足寒潮标准。

全国强寒潮：一次寒潮过程中，全国范围内有≥45%的气象站满足寒潮标准，其中南、北方区域内均有 20%的气象站满足强寒潮标准。

由于我国幅员辽阔，南、北方气候差异大，寒潮带来的影响和危害不尽相同，因此各地业务单位对寒潮的标准有所不同。

2.2 寒潮天气过程环流型

每次寒潮天气过程都发生在一定的环流形势背景下。常见的寒潮天气形势有三种基本类型，即小槽发展型、低槽东移型和横槽型。

2.2.1 小槽发展型

小槽发展型也称为脊前不稳定小槽东移发展型，又称为经向型。这类寒潮是由不稳定短波槽发展引起强冷空气爆发而造成的。通常，高空不稳定小槽最初出现在格陵兰以东洋面上，南下过程中不断发展，最后成为亚洲东岸的一个大槽。从不稳定小槽出现到寒潮爆发影响我国东部沿海，一般需要 5～7 d，亚欧环流由纬向型转为经向型。冷空气的源地在格陵兰以东洋面，经常取西北路径。经过关键区(45°～60°N，75°～105°E，下同)南下。寒潮过程的最初阶段，在乌拉尔山地区形成阻塞高压(简称“阻高”)或高压脊，亚洲中纬度环流平直，西风带偏北，东亚大槽平浅(图 2.1)。不稳定小槽东移到西伯利亚西部时，发展成为一个比较深厚的冷性低槽，槽后地面冷高压在西伯利亚及蒙古发展到极盛，中心强度常可达 1060 hPa 以上。寒潮爆发影响我国东部沿海前 36～48 h，500 hPa 等压面上亚洲中高纬度为一脊一槽，不稳定小槽已发展为东亚大槽移至贝加尔湖至蒙古中部，温度槽落后于高度槽，槽后冷平流强烈，极锋位于 45°～50°N，锋区很强，可达 20℃/10 个纬距(1 个纬距≈111 km，下同)。地面强冷空气在高空西北气流引导下，迅速向东南爆发(图 2.2)。该类型发展过程要点为：乌拉尔山有长波脊建立；小槽在东移过程中明显发展；更替东亚大槽。

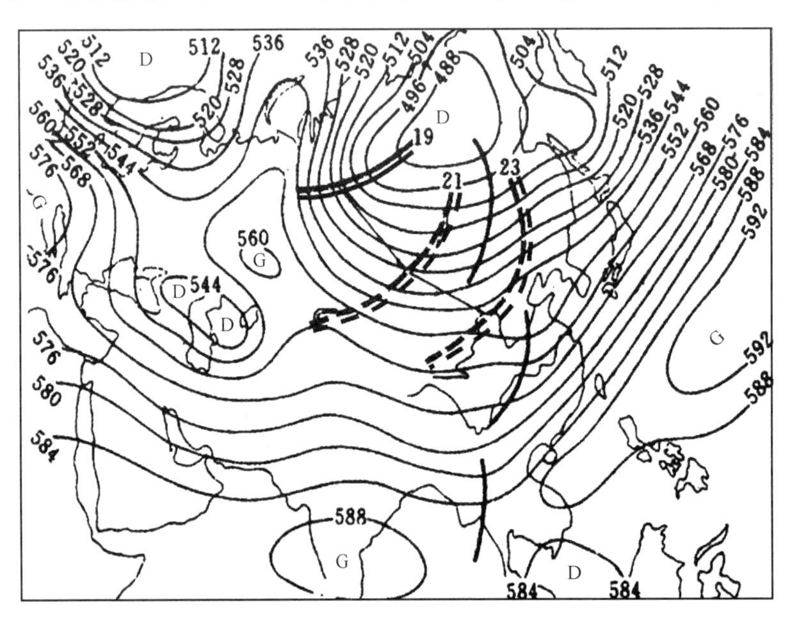

图 2.1 1965 年 12 月 19 日 08 时 500 hPa 形势

(图中双实线为主槽线，双断线为主槽未来位置)

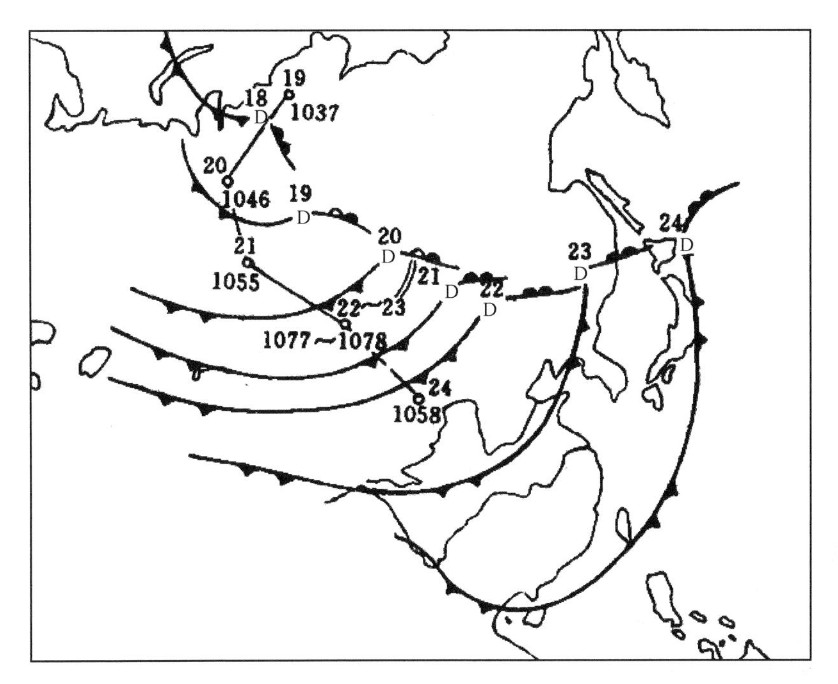

图2.2 1965年12月18—24日地面综合动态图
(图中圆圈为冷高压中心,其上数字为日期,其下数字为中心气压)

2.2.2 低槽东移型

低槽东移型寒期的高空环流形势特点是西风带环流比较平直,有来自西方的冷高压活动,常伴有蒙古气旋发展,导致冷空气南下。此类寒潮的冷空气常来自冰岛以南洋面,途经欧洲南部、地中海、里海、巴尔喀什湖进入我国新疆或蒙古,然后取西路或西北路影响我国各地。这类寒潮的冷空气路径很长,容易变性,所以寒潮强度相对较弱。该类型发展过程要点为:有振幅较大的低槽,其在进入蒙古前以东移为主,不发展;低槽到达贝加尔湖后受温压场变化及地形的影响而发展;中亚地区上空有高压脊发展,促使冷空气爆发南下。图2.3和图2.4是此类寒潮的一个实例。

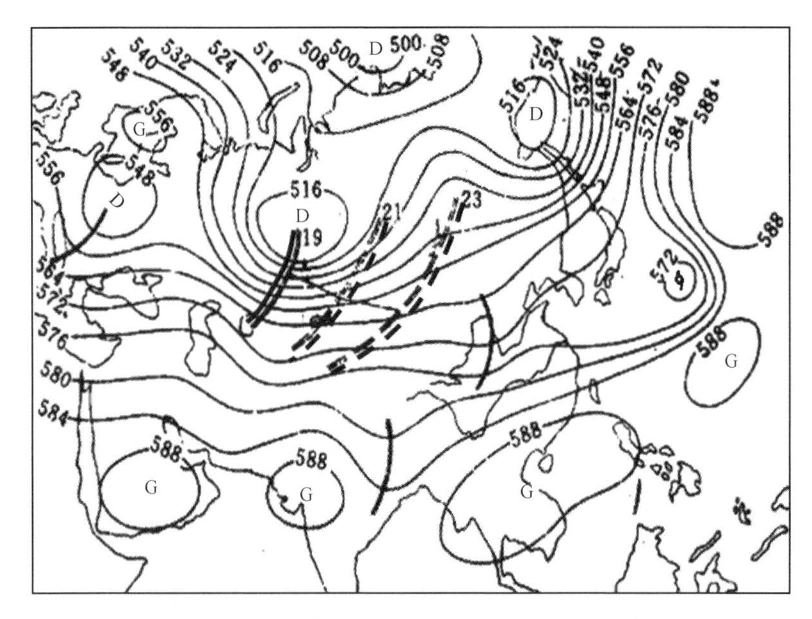

图 2.3　1960 年 10 月 19 日 08 时 500 hPa 形势

（图中双实线为主槽线，双断线为主槽未来位置）

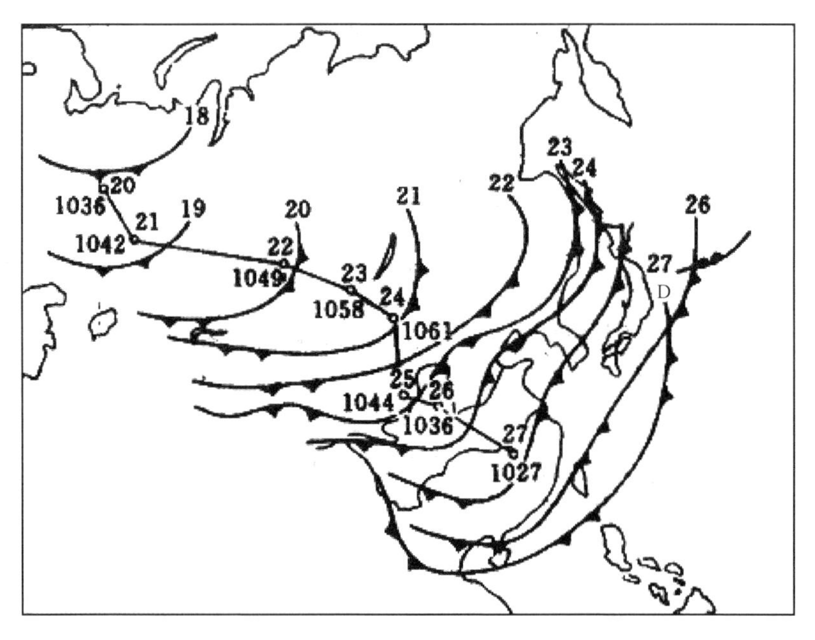

图 2.4　1960 年 10 月 19—27 日地面综合动态图

（图中圆圈为冷高压中心，其上数字为日期，其下数字为中心气压）

2.2.3　横槽型

横槽型寒潮是阻塞形势崩溃引起的强冷空气爆发。在初始阶段，500 hPa 环流形势如图 2.5a 所示，乌拉尔山为一东北—西南向的长波脊，贝加尔湖到巴尔喀什湖为一横槽，50°N 以南地区环流较平直，多小波动东移。地面图上，整个欧亚大陆几乎全部为强大的冷高压所占据，从中亚经新疆到河西走廊，不断有小槽东移。一旦乌拉尔山高脊上游有不稳定小槽出现，阻塞高压崩溃，东亚横槽转竖，原静止于蒙古的冷高压向南移动，便造成一次强冷空气南下，见图 2.5b。

此类寒潮的冷空气源地在西伯利亚东部或北冰洋上。一般取西北路径南下，但当横槽偏西时，冷空气主力经河西走廊从西路东移；横槽偏东时，冷空气则从北路南侵。这三条路径的冷空气都能造成剧烈降温。促使横槽转竖的条件有：冷中心、负变高区移到槽前，横槽后转为暖平流并有明显正变高；横槽后部东北风转为北风或西北风，风速加大；阻塞高压崩溃或不连续后退；长波调整。

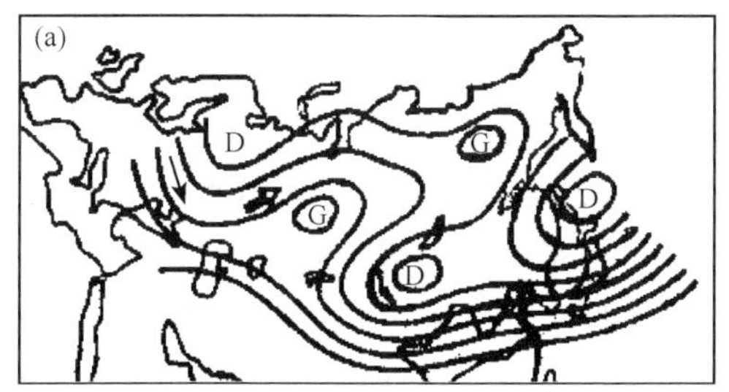

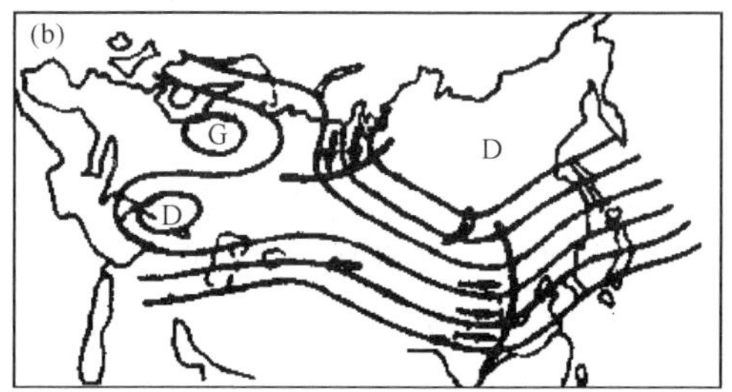

图 2.5　横槽型寒潮过程的 500 hPa 形势示意图(a)横槽稳定期；(b)横槽崩溃期
(图中双线箭矢为暖平流，实线箭矢为冷平流)

2.3　寒潮强冷空气活动的分析和预报

一次寒潮的形成一般要经过两个阶段，即冷空气堆积阶段和冷空气爆发阶段。

2.3.1　寒潮强冷空气堆积的分析和预报

侵袭我国的寒潮不论其冷空气来自何方，一般都在西西伯利亚至蒙古一带积累加强。判断冷空气是否堆积，主要从地面冷高压的强度和高空冷中心强度两方面考虑。在冬季，如果地面有强冷高压，高压周围又有很大的气压梯度，同时 500 hPa 图上有 −48℃的冷中心，则说明已有冷空气堆积了。

预报强冷空气的堆积，可以从四个方面考虑：与冷空气配合的小槽是否有较大发展；是否有新鲜冷空气补充或合并加强；极涡是否分裂南下；冷舌中是否有产生绝热上升冷却的环流条件。当小槽有较大发展，有新鲜冷空气补充，极涡分裂南下和有上升绝热冷却时，则可预报可能有强冷空气堆积。

2.3.2 寒潮强冷空气爆发的分析和预报

在冷空气源地堆积的强冷空气，不一定能向我国爆发成为寒潮。它可以小股冷空气扩散南下，也可以主体从蒙古以北东移。一般只有在下列情况下才能爆发寒潮：符合寒潮环流形势；东亚大槽有可能重建（重建过程可以是上游长波槽向下游频散效应，也可以是移动性长波进入东亚发展，也可以是阻塞形势破坏引起东亚大槽重建）；南支槽与北支槽叠加；地面气旋发展（全国性寒潮往往先有北方气旋发展，到达南方后有南方气旋发展）。

对于2.2节中三种类型的寒潮爆发，其预报可以分别从以下几个方面着眼。

（1）小槽发展型寒潮的爆发

这类寒潮爆发的预报着眼点是乌拉尔山或西西伯利亚长波脊的建立、加强和东移，以及不稳定小槽的发展。当乌拉尔山地区处在变形场内并出现反气旋打通时，则建立长波脊。乌拉尔山高压脊的发展，往往是由于从欧洲长波脊分裂出的高压东移与之合并；或是欧洲低槽强烈发展，槽前暖平流和温度脊侵入乌拉尔山高压脊后部。若不稳定小槽是疏散槽，且出现在发展的高压脊前部，槽后有较强的锋区（三条以上密集的等温线），并有明显的温度槽和冷平流，24 h降温在3℃以上，则不稳定小槽将发展为长波槽。在寒潮爆发前36～48 h，乌拉尔山长波脊已移到西西伯利亚，温度脊与高度脊重合或超前于高度脊，脊前出现暖平流，脊后出现冷平流和负变温，则长波脊减弱东移，并导致寒潮爆发。

（2）低槽东移型寒潮的爆发

这类寒潮爆发的预报着眼点是北支锋区上的低槽与中支锋区上的低槽合并，其上游有槽脊发展，经向环流增强，同时高空锋区和冷空气势力都加强，500 hPa槽后出现低于－40℃的冷中心时，则低槽在东移过程中将发展为东亚大槽。当冷空气到达蒙古后，地面冷高压加强南下，形成一次寒潮爆发。

（3）横槽型寒潮的爆发

这类寒潮爆发的预报着眼点是阻高及其前部横槽的形成，以及阻高崩溃引起横槽转竖。乌拉尔山高压脊的发展是由于欧洲低槽发展引起的槽前暖平流自高压脊后部进入高压脊北部，促使高压脊向东北方向发展，有时北冰洋暖高压与乌拉尔山高压脊合并加强，于是建立起东北—西南向的阻高，而在阻高前部形成宽广的大横槽。在横槽维持阶段，对流层中、上层等压面上的地转涡度 ζ_g 和实测风涡度 ζ 分布呈东西向带状，正涡度中心位于槽线附近。当欧洲大西洋沿岸新生的阻高前部有冷槽侵入乌拉尔山阻塞高压后部，或上游有减弱的低槽东移、正涡度平流侵入阻塞高压后部时，都会使阻高崩溃东移；当暖平流或负涡度平流进入横槽内，冷平流侵入横槽前部，而槽后出现暖平流时，横槽转竖。

2.4　西风带高空槽脊移动、发展的分析和预报

2.4.1　槽脊移动的分析和预报

高空槽脊移动和发展的分析和预报是进行寒潮冷空气堆积及爆发分析和预报的基础。

高空槽脊的移动速度可以通过连续几张天气图上槽脊位置的变化来确定，并可用外推法或运动学公式来预报其未来的移动。

根据运动学原理，如将坐标原点取在槽脊线上，x 轴取在系统移动方向的移动坐标系中，在系统强度不变时，由于移动坐标与固定坐标的关系为

$$\frac{\delta}{\delta t}=\frac{\partial}{\partial t}+\mathbf{C}\cdot\nabla=0 \tag{2.1}$$

由此可得槽脊线的移速 $\mathbf{C}$ 为

$$\mathbf{C}=-\frac{\partial}{\partial x}\left(\frac{\partial H}{\partial t}\right)\Big/\frac{\partial^2 H}{\partial x^2} \tag{2.2}$$

式中，$-\frac{\partial}{\partial x}\left(\frac{\partial H}{\partial t}\right)$为沿槽（脊）线的变高梯度。槽线上，$\frac{\partial^2 H}{\partial x^2}>0$，所以槽向变高梯度方向移动，变高梯度愈大，$\mathbf{C}$ 愈大；脊线则相反。槽（脊）线上瞬时变高反映槽（脊）强度的变化，但单纯由移动造成的 24 h 变高有滞后现象，即槽线上变高零线应落在槽后，脊线上变高零线应落在脊后。达到多大强度才能判断是槽、脊发展的反映，应视槽、脊的强度、移速不同而异，主要由经验决定。

涡度局地变化$\partial\zeta/\partial t$ 和高度局地变化之间的关系为

$$\frac{\partial\zeta}{\partial t}=-m_0\frac{9.8}{f}\frac{\partial H}{\partial t} \tag{2.3}$$

式中，$m_0=k^2+l^2$，k，l 分别为 x，y 方向的波数。所以，式中的变高$\frac{\partial H}{\partial t}$可以用变涡$\frac{\partial\zeta}{\partial t}$代替，而$\frac{\partial\zeta}{\partial t}$可根据涡度方程判断。由简化涡度方程可得

$$\frac{\partial\bar{\zeta}}{\partial t}=-\bar{\mathbf{V}}\cdot\nabla(\bar{\zeta}+f)-0.6\mathbf{V}_T\cdot\nabla\zeta_T \tag{2.4}$$

式中，$\bar{\zeta}$，$\bar{\mathbf{V}}$ 分别为平均层的涡度和风速，$\mathbf{V}_T$ 和 ζ_T 分别为热成风和热成风涡度。根据

式(1.4)可以求出涡度平流,类似式(1.4)也可求出热成风涡度平流。如1.3节的介绍,可以利用高空天气图定性判断涡度平流和热成风涡度平流。对称槽(脊)因总是槽(脊)前正(负)涡度平流,槽(脊)后负(正)涡度平流,所以总是向前移动,槽(脊)愈深(强),移速愈慢。等高线的散合也可以影响槽脊的移速。在如图2.6a,b所示的形势下,散合项在槽(脊)前(后)引起的涡度平流符号与曲率项一致,因此这类槽(脊)移速较快。而在如图2.6c,d所示的形势下,散合项引起的涡度平流项与曲率项因符号相反,因此其移速较慢。基本规则是槽(脊)前疏散,槽(脊)后汇合,则槽(脊)移动迅速;槽(脊)前汇合,槽(脊)后疏散,则槽(脊)移动缓慢。无论对称或不对称的槽脊都如此。

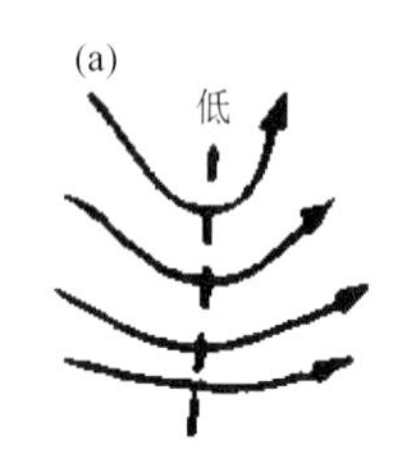

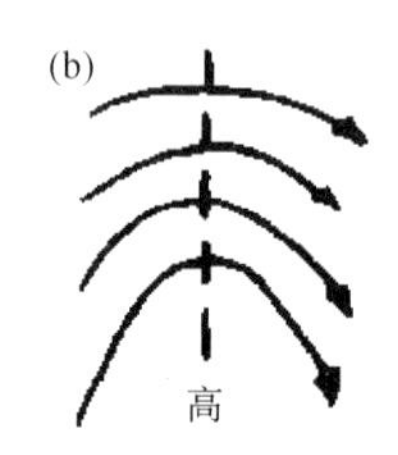

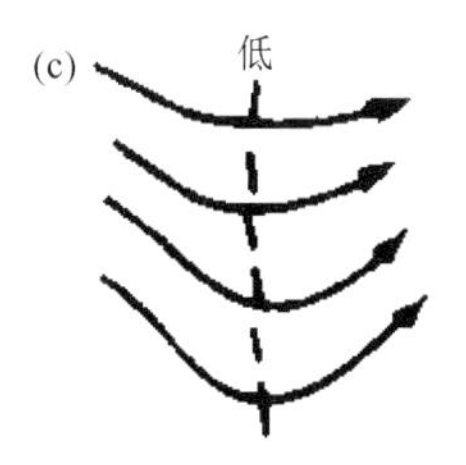

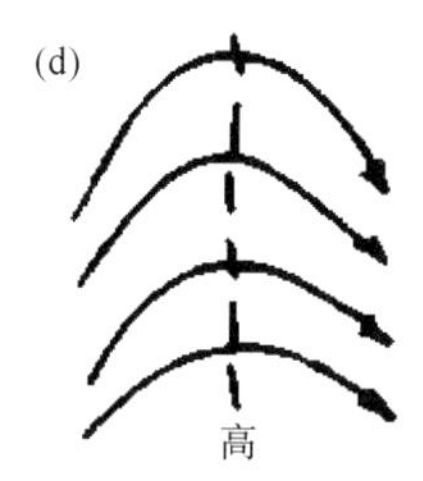

图2.6 辐合辐散项对槽脊移速的影响

2.4.2 槽脊发展的分析和预报

槽(脊)线上的高度局地变化可以表示槽(脊)强度的变化,当槽(脊)线出现负(正)变高时,槽(脊)加强,反之减弱。对称性槽(脊)的槽(脊)线上由于涡度平流为零,所以对称性槽(脊)没有发展,不对称槽(脊)则能发展。基本规则是疏散槽(脊)是加深(加强)的,汇合槽(脊)是填塞(减弱)的(图2.7)。考虑大气斜压性后,又可得出规则:当高度槽(脊)落后于冷(暖)舌时,槽(脊)将减弱,反之,当冷(暖)舌落后于槽(脊)时,槽(脊)将加强。

热成风涡度平流项和相对涡度平流项的作用应综合考虑。而且由于大气中温压场配置很复杂,所以必须对具体问题做具体分析。

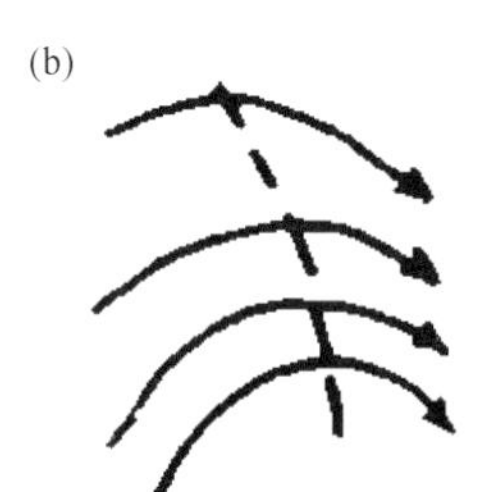

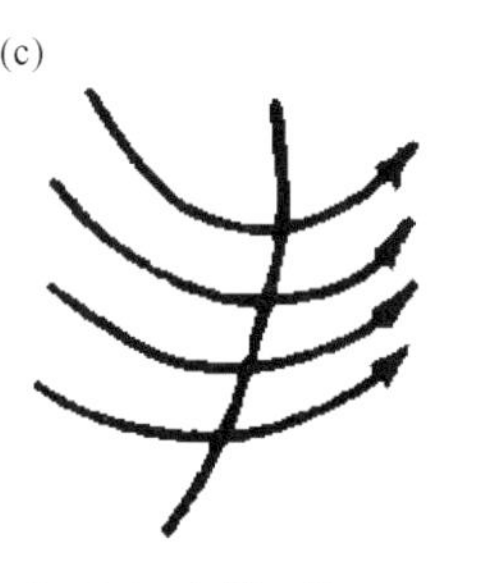

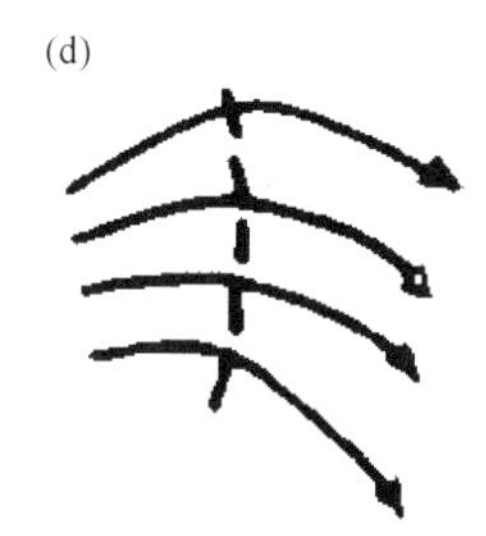

图2.7 疏散槽(脊)和汇合槽(脊)

(a)疏散槽;(b)汇合脊;(c)汇合槽;(d)疏散脊

2.5　寒潮天气过程实例分析

2014年11月28日—12月2日，强冷空气从新疆开始自西向东相继影响我国大部地区。这次强冷空气具有风力大、降温幅度大、最低气温低等特点。期间，东北南部、华北等地出现6～7级瞬时大风，局地达8～10级，渤海、黄海大部、台湾海峡有9级、阵风10～11级风，东海大部、南海部分海域有7～8级、阵风9～10级风；我国大部地区气温下降6～10℃，北方部分地区下降12～19℃，达到了寒潮标准。

此次冷空气过程主要是由于西风槽引导西伯利亚冷空气东移南下所造成的。11月26日08时（图略），亚洲北部500 hPa上空由一强大冷涡控制，中心强度为496 dagpm，并伴有−48℃以下的冷中心，其上游地区为经向度较大的高压脊，有利于引导冷空气快速南下。由低涡中心向西伸展一条横槽，槽后脊前的偏北气流不断引导冷空气在横槽中聚积。而我国北方气流较为平直。26日20时（图略），横槽南压，槽后出现暖平流，预示该槽将要转竖。此时地面西西伯利亚也为低压控制，低压中已有冷锋锋生，高压中心远在欧洲。27日08时，500 hPa上空的横槽转竖，控制巴尔喀什湖以北地区，该槽的形态为疏散槽，且槽的北段后部有冷平流，未来东移加深，至28日08时（图2.8a），低槽移至巴尔喀什湖以东，冷空气开始影响我国新疆西北部。高纬低涡北部有暖平流的输送，使得低涡中心减弱，并沿偏北气流南压，该涡在旋转时不断将极地的冷空气向南输送。高空槽后对应的地面冷高压逐渐东移，强度增强至1042 hPa（图2.8b），高压前冷锋开始侵入我国新疆西北。虽然28日20时槽位于蒙新高地西部，正处爬坡阶段，但槽仍为疏散槽，高空槽后有冷平流，所以低槽继续东移加深。29日08时（图2.8c），因低槽底部经过青海北部，其地处高原北部，槽南段因爬坡减弱，且受地形的阻碍移动缓慢，而槽的北段移动较快，槽逐渐转呈东北—西南走向。地面冷高压（图2.8d）仍处高空槽后脊前，高压中心地处蒙新高地西侧，正处爬坡阶段，所以冷高压继续增强，中心强度为1055 hPa，冷锋东移南压至内蒙古—南疆一线。待槽于30日08时（图2.8e）移至河套地区，因下坡作用，且槽后的冷平流输送，使槽再次明显加深，再加上青藏高原下来的低槽与之合并，槽加深更加明显，亚洲上空的环流经向度加大。地面冷高压随高空脊前西北气流向东南方向移动（图2.8f），因高原上夜间辐射降温明显，高压中心增强至1065 hPa，冷锋到达内蒙古—华北—四川一线，我国中西部均受到冷空气的影响。12月1—2日，高空槽缓慢东移，槽后的西北气流引导冷空气南下，影响我国大部。冷高压继续东移南下，因下垫面作用，冷高压中心逐渐减弱。东移的地面锋区继续南压影响华南。随着高空槽东移入海，2日白天之后，冷空气前沿已经到达我国华南以南的海上，北方大部地区气温开始回升，冷空气对我国的影响趋于减弱结束。

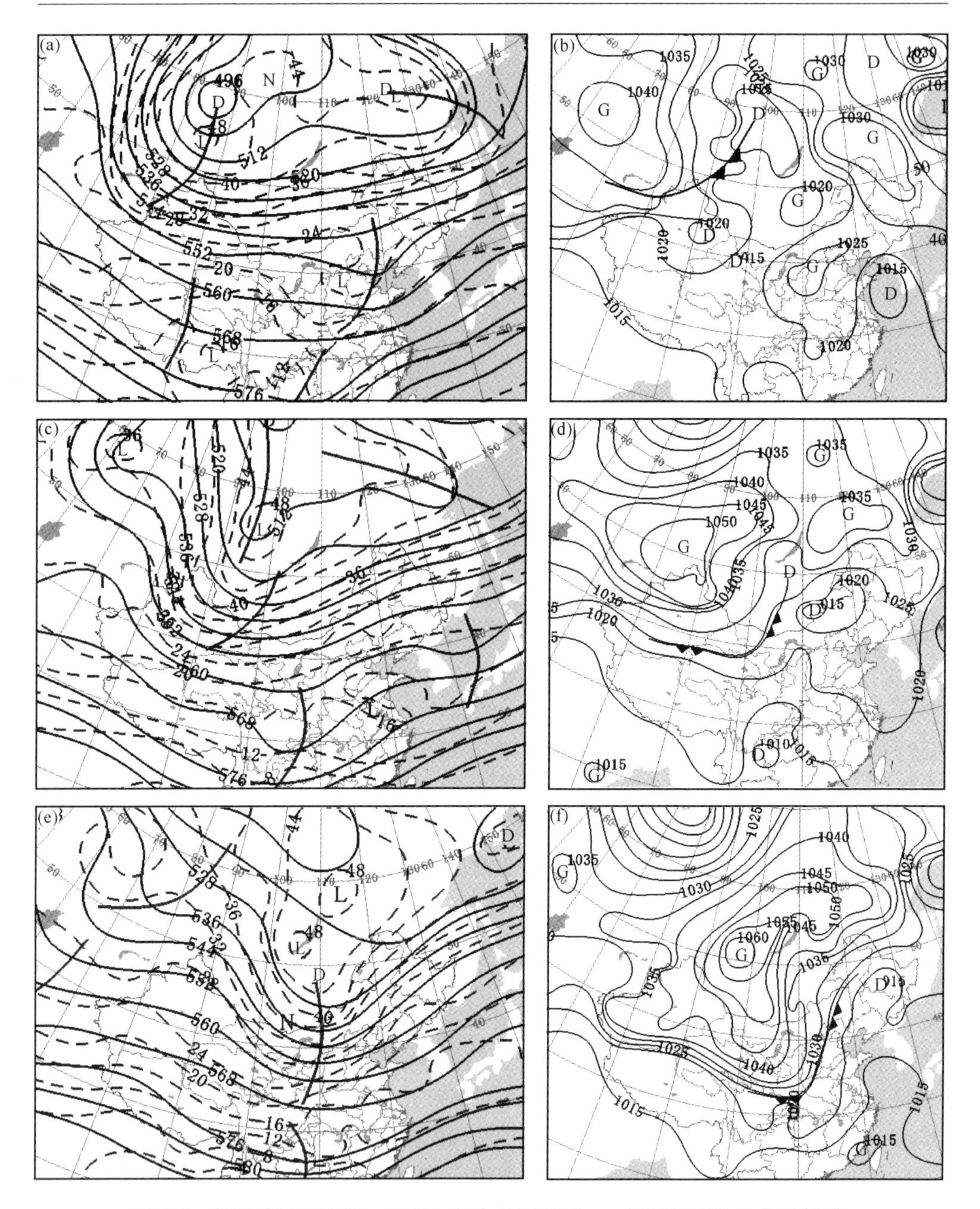

图 2.8　2014 年 11 月 28—30 日 08 时 500 hPa(a,c,e)和地面(b,d,f)天气图

(a,b)28 日 08 时;(c,d)29 日 08 时;(e,f)30 日 08 时

此次冷空气的源地为新地岛以东，亚洲极地冷涡后部不断有冷空气在横槽中堆积，横槽转竖后将冷空气向南输送。低槽因下坡和槽后冷空气的作用不断发展加深，自蒙新高地至东亚海上，途径我国大部地区，带来一次强冷空气的影响(图 2.9)。对应地面冷高压从欧洲东移而来，因处在高空槽后脊前，中心强度因随冷空气的不断增强而增强，自 28 日开始影响我国，之后大举南下，使我国中东部地区大幅降温，至 12 月 2 日高压迅速减弱，冷锋入海远离大陆，冷空气过程结束(图 2.10)。

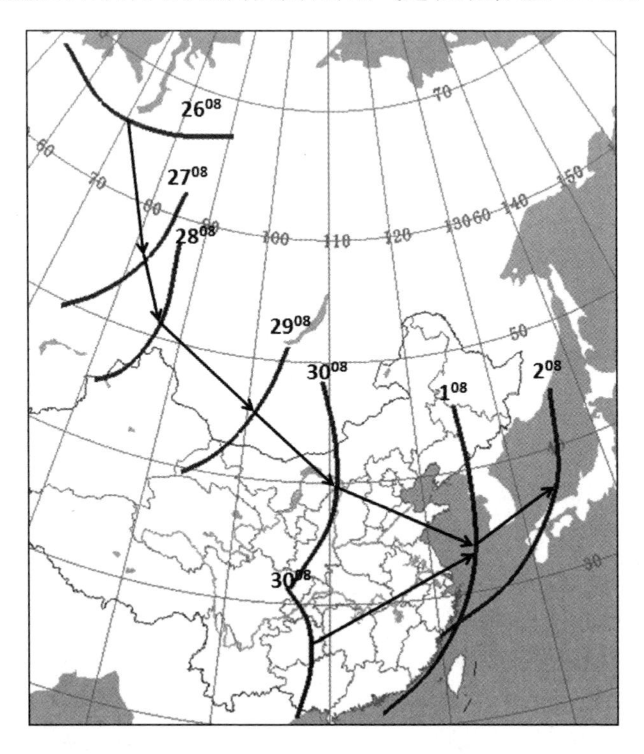

图 2.9 500 hPa 高空槽动态图

随着 11 月 30 日寒潮爆发，我国中东部地区大幅降温，此外冷高压前部及锋面气旋的后部，等压线密集，在内蒙古中东部及我国东部沿海出现了西北或偏北大风。从图 2.11 看出，在大风区上游 500 hPa 风速达 30 m/s 以上，这说明高空风的动量下传加上强锋区南下也是导致陆地大风的原因之一。我国东北大部和江南东部出现了雨雪天气。东北的降雪区处于高空槽前(图 2.12)，低层湿区($T-T_d \leqslant 4$℃)，且低空气温低于 0℃；江南的降水区则处于中层 500 hPa 槽前和 700 hPa 切变附近，由于 850 hPa高度气温高于 0℃，所以降水性质以雨为主。这次过程虽然有来自渤海湾和南海的水汽输送，但低空风速不大，未出现西南急流。因为缺乏低空急流提供充足的水汽和动力条件，没有形成大范围的暴雪天气。

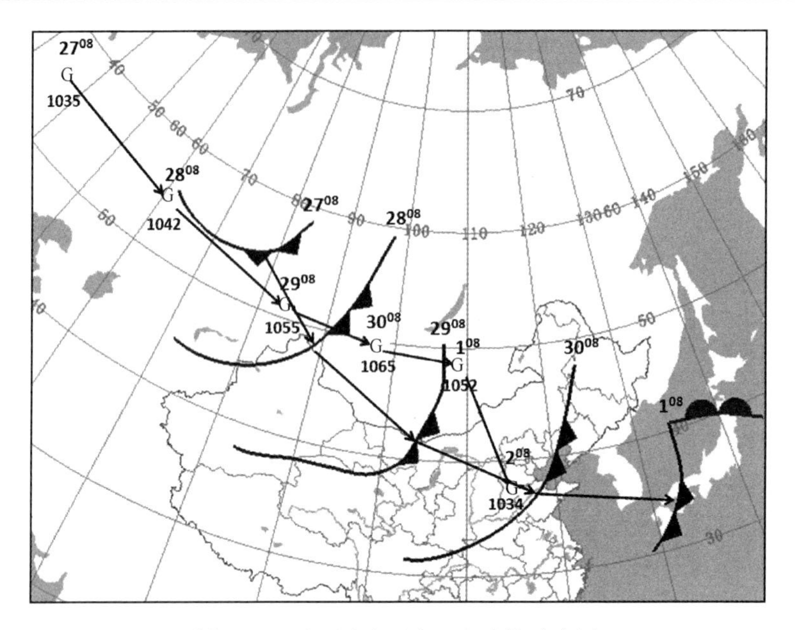

图 2.10　地面冷高压中心和冷锋动态图

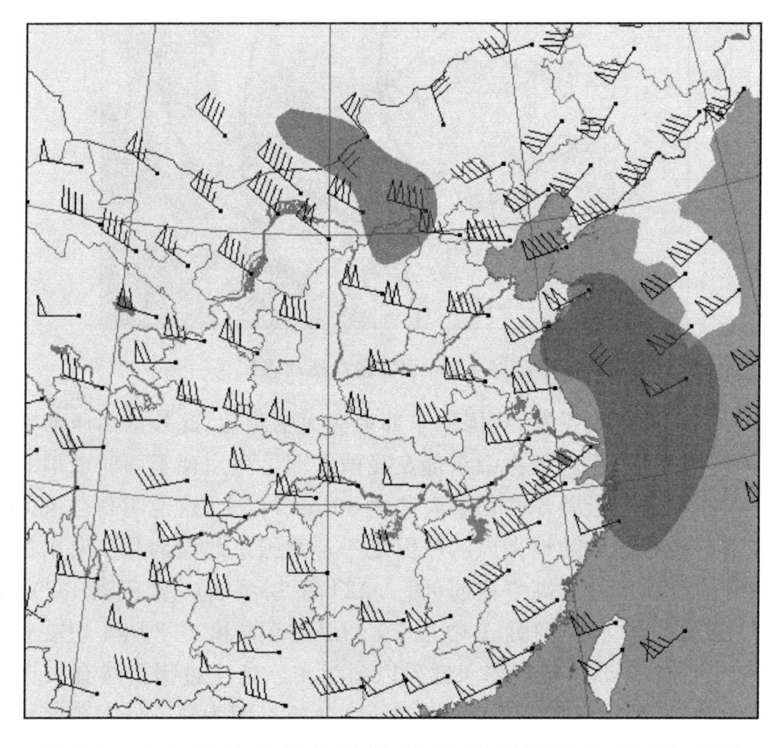

图 2.11　2014 年 11 月 30 日 20 时地面大风区(阴影)和 500 hPa 风场

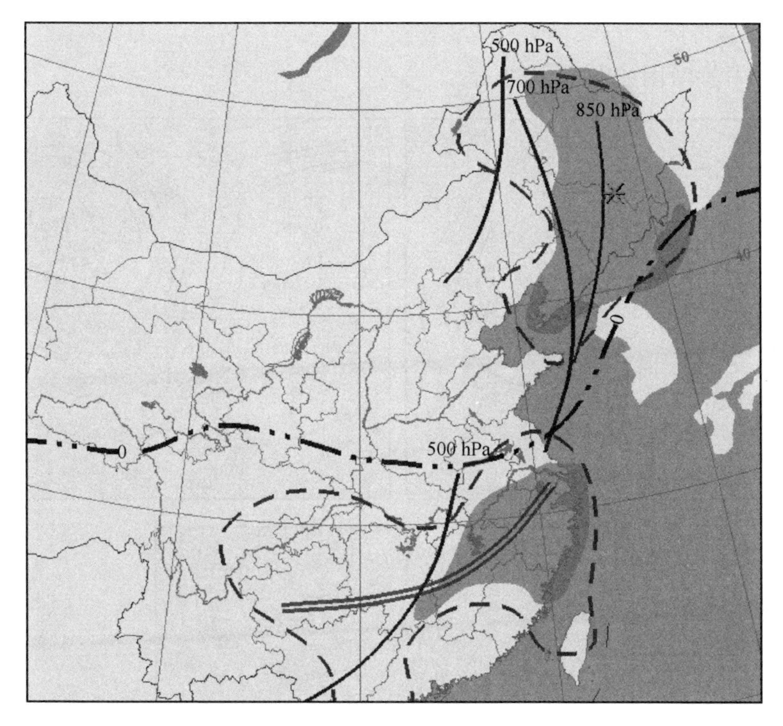

图 2.12　2014 年 11 月 30 日 20 时天气综合图

（图中阴影表示地面降水区，实线表示高空槽线，双实线表示 700 hPa 切变线，虚线表示 850 hPa 湿区，双点划线表示 0℃线）

实习 3　寒潮天气过程个例分析

1. 实习目的和要求

（1）完整地分析一套寒潮天气过程个例图。

（2）较正确地分析寒潮天气过程中的主要影响系统。

（3）制作 500 hPa 影响槽、地面寒潮冷锋及冷高压中心活动综合动态图。

（4）概述寒潮天气过程概况、过程特点和寒潮南下的预报着眼点。

2. 实习内容和资料

（1）分析 2013 年 11 月 26—28 日 08 时 500 hPa 高空和地面天气图（共 6 张），参考图见图 2.13。

（2）制作综合动态图

①地面锋面、冷高压中心（强度、日期）综合动态图 1 张。

②500 hPa 影响槽及对应地面锋面活动综合动态图 1 张。

3. 实习参考图

本次实习参考图如图 2.13 所示。

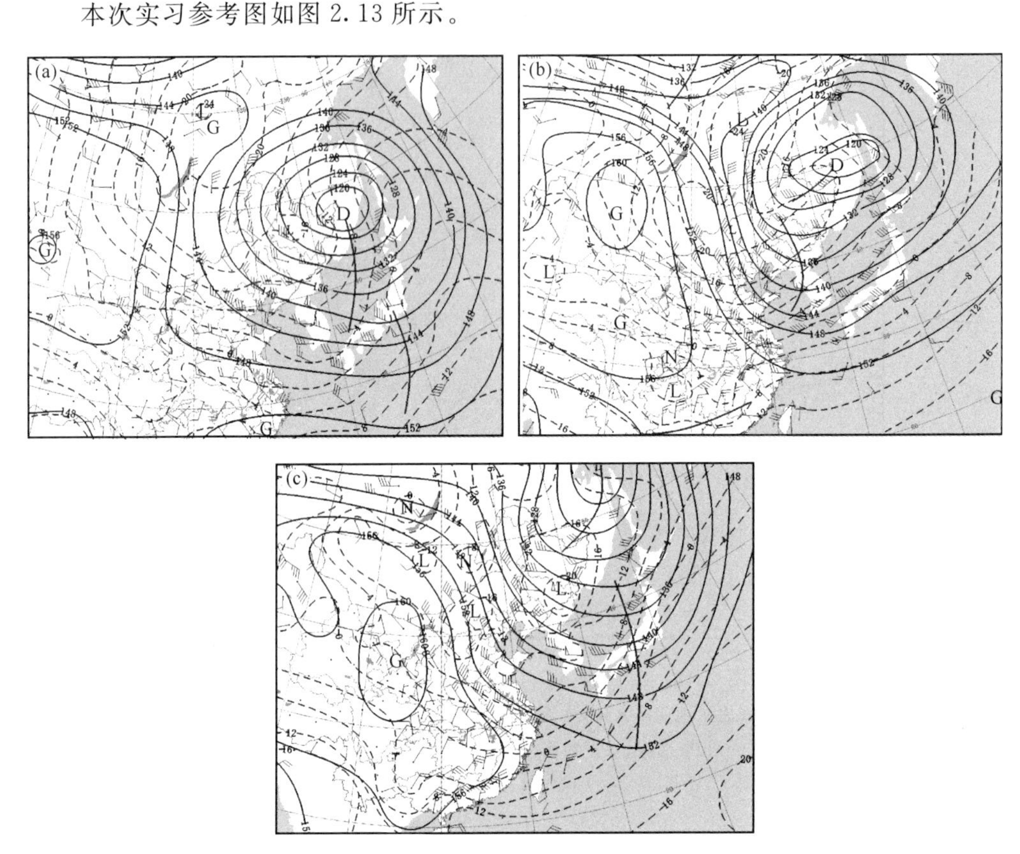

图 2.13　2013 年 11 月 26—28 日 08 时 850 hPa 天气图

(a)11 月 26 日;(b)11 月 27 日;(c)11 月 28 日

4. 天气过程分析提示

2013 年 11 月 26—29 日,强冷空气自北向南影响我国,中东部大部分地区先后出现 4～8℃降温,部分地区降温 9～12℃,29 日晨气温 0℃线南压至江南中东部地区;黄淮及其以北地区出现 4～6 级偏北风,内蒙古、华北北部、山东半岛出现 6 级以上大风,我国各海域有 7～8 级、阵风 9～10 级的西北风。

此次冷空气过程主要是冷涡西侧的横槽转竖引导冷空气南下造成的。26 日 08 时(图 2.14a),内蒙古东部上空存在冷涡,冷涡后部伸出一支横槽。此时,从地面气压场上看(图略),地面高压中心强度达 1050 hPa,位于蒙古国西部,冷锋前锋已到达内蒙古中部一带,表明冷空气已开始影响我国。28 日 08 时,横槽转竖,与渤海湾、江淮地区短波槽合并为东亚大槽(图 2.14b),且逐渐东移出海;此时我国中东部大部地区受地面高压控制,高压中心强度迅速减弱。29 日 08 时(图略),东亚大槽继续东移出海,冷空气前沿已经到达我国华南以南的海上,冷空气对我国的影响趋于减弱结束。

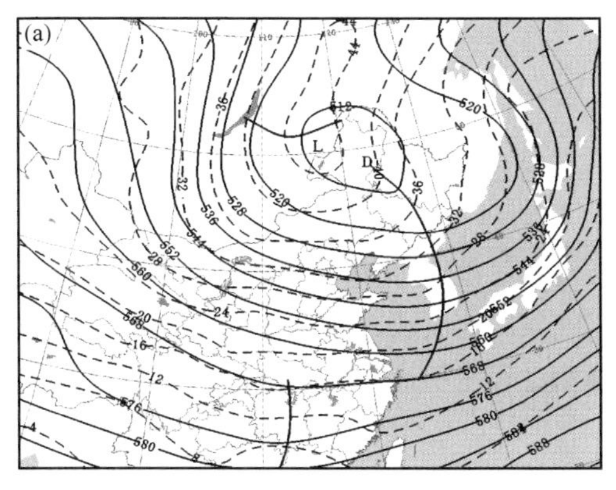

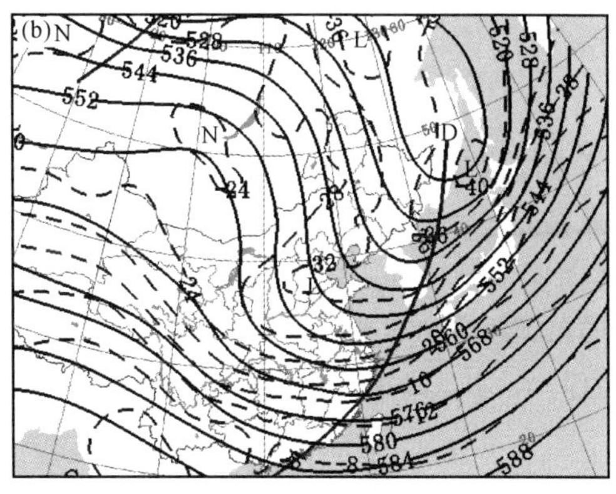

图 2.14　2013 年 11 月 26 日和 28 日 08 时 500 hPa 天气图

(a)26 日 08 时;(b)28 日 08 时

5. 寒潮预报着眼点

此次冷空气过程属于横槽转竖类型,预报的关键在于判断横槽何时能够转竖。

(1)横槽的槽线上或槽后无平流或有冷平流,则横槽稳定,一旦横槽后部转为暖平流,则横槽转竖。此次过程中横槽的形成与乌拉尔山东侧的高压脊向东北方向伸展有关,高压脊虽未像典型模型中一样形成阻塞高压,但强度仍很强盛,一直伸展至极地,引导极地冷空气南下。当新地岛移来的小槽发展加深后,使得高压脊明显减弱,这也是东亚横槽转竖的另一个指标。

(2)横槽位于贝加尔湖以东,位置偏东,所以冷空气从北路南侵,路途较短南下迅速,强度较强,再加之极涡分裂南下对此次冷空气的增强和堆积有所帮助。

第3章　大型降水天气过程分析

降水是指地面从大气中获得的水汽凝结物，它包括两部分，一是大气中水汽直接在地面或地物表面及低空的凝结物，如霜、露、雾和雾凇，又称为水平降水；另一部分是由空中降落到地面上的水汽凝结物，如雨、雪、霰雹和雨凇等，又称为垂直降水。但是单纯的霜、露、雾和雾凇等，不做降水量处理。中国气象局地面观测规范规定，降水量仅指垂直降水，水平降水不作为降水量处理。大型降水过程包括连续性或阵性的大范围雨雪。

3.1　大型降水过程及暴雨概述

3.1.1　大型降水过程

这里所讲的大型降水过程主要是指范围广大的降水过程，降水区可达天气尺度的大小，包括连续性或阵性的大范围雨雪及夏季暴雨等。在我国东部，大多数地区都有较明显的雨季和干季之分，所谓雨季即为连阴雨雨期。

我国各地雨季起讫时间不同，东部地区各地的雨期基本由主要的大雨带南北位移所造成，而大雨带的位移又与西太平洋副热带高压脊线、100 hPa上青藏高压、副热带西风急流以及东亚季风的季节变化有关。

据统计，候平均大雨带从3月下旬至5月上旬停滞在江南地区（25°～29°N），雨量较小，称为江南春雨期；5月中旬至6月上旬（约25 d）停滞在华南，雨量迅速增大，形成华南雨季的第一阶段，称为华南前汛期盛期；6月中旬至7月上旬（约20 d），则停滞在长江中下游，称为江淮梅雨；从7月中旬至8月下旬（约40 d），停滞在华北和东北地区，造成华北和东北雨季。这时华南又出现了另一个大雨带，是由热带天气系统所造成的，形成华南雨季第二阶段，称为华南后汛期；从8月下旬起大雨带迅速南撤，9月中旬至10月上旬停滞在淮河流域，雨量较小，称为淮河秋雨期。此后，全国降水全面减弱。

3.1.2　暴雨

暴雨具有强度大和持续时间长的特点。在我国，暴雨通常是指24 h降水量（R_{24}）≥50 mm的降水事件。暴雨还常常进一步划分为暴雨、大暴雨和特大暴雨（表

3.1)，在这种情况下，“暴雨”专指降水强度为 50 mm$\leqslant R_{24} <$100 mm 的降水事件。对于一次降水过程而言，往往连续数日，若累积降水量$\geqslant$400 mm 称为大暴雨过程，若累积降水量$\geqslant$800 mm 则称为特大暴雨过程。

表 3.1　不同时段的降雨量等级划分表

等级	时段降雨量(mm)	
	12 h 降雨量	24 h 降雨量
微量降雨(零星小雨)	<0.1	<0.1
小雨	0.1～4.9	0.1～9.9
中雨	5.0～14.9	10.0～24.9
大雨	15.0～29.9	25.0～49.9
暴雨	30.0～69.9	50.0～99.9
大暴雨	70.0～139.9	100.0～249.9
特大暴雨	≥140.0	≥250.0

我国地域广阔、气候多样，各地的降水有明显的地理、气候特征，且各地抗御洪涝的自然条件各异，因此，各地都有本地的暴雨定义或标准。例如，在华南地区，降水强度一般较大，泄洪条件相对较好，因此，$R_{24}\geqslant$80 mm 才称为暴雨。而有些地区降水量气候平均较小，因此，R_{24}不到 50 mm 便称为暴雨。如东北地区有时把 $R_{24}\geqslant$30 mm 称为暴雨，西北地区将 $R_{24}\geqslant$25 mm 就称为暴雨。一般而言，各地以当地年总降水量气候平均值的 1/15 作为暴雨的标准，凡 $R_{24}\geqslant$年总降水量的 1/15，便称为暴雨。

雨季是暴雨发生的主要时期。我国东部地区在东亚夏季风的影响下，有季节性大雨带维持并向北推进；西部地区也具有显著的干季和雨季，在雨季形成独特的区域性暴雨。总的来说，我国主要有以下几类区域性暴雨：华南前汛期暴雨、江淮梅雨期暴雨、北方盛夏期暴雨、华南后汛期暴雨、华西秋雨季暴雨、西北暴雨等。

(1)华南前汛期暴雨

我国大陆的广东、广西、福建、海南、湖南和江西南部通称华南，每年受夏季风的影响最早(4 月前后)，结束最晚(10 月前后)，汛期最长(4—9 月)。由于影响降雨的大气环流形势和天气系统不同，华南地区有前汛期(4—6 月)和后汛期(7—9 月)之分。前汛期受西风带环流影响，产生降雨和暴雨的天气系统主要有锋面、切变线、低涡和南支槽等。

(2)江淮梅雨期暴雨

每年初夏时期(6 月中旬至 7 月中旬)。在长江中下游、淮河流域至日本南部这一近似东西向的带状地区，都会维持一条稳定持久的雨带，形成降雨非常集中的特殊连阴雨天气，其降雨范围广、持续时间长、暴雨过程频繁，是洪涝灾害最集中的时期。

因此时正值江南特产梅子成熟之际，故称“江淮梅雨”或“黄梅雨”；又因梅雨期气温较高，空气湿度大，农作物、食品等容易霉烂，故又有“霉雨”之说。梅雨一般在6月中旬前后开始，称为“入梅”；7月上中旬结束，称为“出梅”。但是，每年入梅和出梅时间的早晚、梅雨期长短以及梅雨量大小的差别很大。一般梅雨期可持续25 d左右，最长的可达60 d以上，而最短的只有几天。若连续降雨日不足6 d，则称为“空梅”。

(3)北方盛夏期暴雨

江淮梅雨结束后，7月中下旬我国主要降雨带北跳至华北和东北一带，造成这些地区7月下旬至8月上旬频繁发生暴雨。很多影响大、致灾严重的特大暴雨都发生在这一时期，如1963年8月海河特大暴雨、1975年8月河南特大暴雨、1995年7月松辽区域致洪暴雨、1996年8月华北特大暴雨等。这个时期发生的暴雨具有强度大、时间集中的特点，24 h最大暴雨量一般可达300～400 mm，在山地迎风坡甚至可达1000 mm以上。

(4)华南后汛期暴雨

这一阶段的暴雨主要由热带气旋造成，而受影响的主要区域为我国东南沿海一带。热带气旋暴雨是造成我国沿海地区洪涝灾害和风暴潮灾害的重要因素。根据1951—2000年的统计资料，每年影响我国的热带气旋平均为15.5个，且影响我国的热带气旋主要在西北太平洋(包括我国南海地区)上生成。

(5)华西秋雨季暴雨

每年9—10月，影响我国东部地区的夏季风向南撤退，大陆地区陆续进入秋季，降雨明显减少。但在我国西部地区，包括陕西、甘肃南部、云南、贵州、四川西部、汉江上游和长江三峡地区在内的华西地区，出现第二个降雨集中期，称为“华西秋雨期”。此间也会出现暴雨，暴雨中心位于四川东北部大巴山一带，降雨范围大，持续时间长，而降雨强度一般。

(6)西北暴雨

西北地区多数地方年降雨量少，日降雨量达到50 mm的概率也很小，特别是新疆，80%的测站从未出现过日雨量50 mm以上降水。因而，按日雨量计算，西北很难达到通常定义的暴雨或特大暴雨的标准，暴雨极少。但实际上，由于西北地区容易出现相对较强的短历时强降水，因而经常发生暴雨危害，引起地面径流沿坡沟地形迅速下泄，汇集成局地洪水和泥石流。因而，西北各省区都根据各自的经验重新划定对当地有影响的强降水日雨量作为暴雨标准。西北地区大到暴雨(日降水量≥25 mm)降水频数自东南和西北两方面向中间减少，新疆东部最少，并且有向山脉附近集中的趋势，但山区暴雨并不向山顶集中。

形成暴雨要求有充分的水汽、强烈的上升运动，降水要持续较长的时间，并且要有有利的地形。在特定的天气形势下，当天气尺度系统移动缓慢或停滞，很容易形成特大暴雨。我国的特大暴雨和连续暴雨除由单纯的热带天气系统引起以外，多发生在夏季副高北部的副热带锋区上，并与两类稳定的长波流型，即稳定纬向型和稳定经向型密切相关。前者的特征是东亚上空南支锋区比较平直，副高脊呈东西向，在平直西风带中，不断有小槽东移，低空有东西向切变线，地面为静止锋。后者的特征是副高呈块状，位置偏北而稳定，其西侧长波槽稳定，槽前维持明显的经向偏南气流，低空有南北向或东北—西南向切变线。在稳定的大形势背景下，短波槽、低涡、气旋等天气尺度系统的活动，造成一次次的短期暴雨过程，而在一定天气尺度系统的背景下，许多中小尺度系统发生、发展，造成一次次的短时暴雨过程。行星尺度、天气尺度和中小尺度系统的共同作用便造成了持续性的暴雨过程。

3.1.3　暴雨的空间分布特征

图3.1是全国年暴雨日数分布图。由图可见，暴雨日数分布从东南向西北减少，淮河流域及其以南大部分地区普遍在3 d以上，其中华南大部及江西等地达5～10 d；黄河中下游、海河流域、辽河流域等地一般有1～3 d；我国西部地区偶有暴雨发生。

全国年暴雨日数极大值分布的特点是南部多、北部少，东部多、西部少(图3.2)。长江下游以南大部分地区年暴雨日数极大值一般有10～15 d，广东南部及海南东部超过15 d；东北、华北、黄淮、江汉地区及西南东部等地有3～10 d。

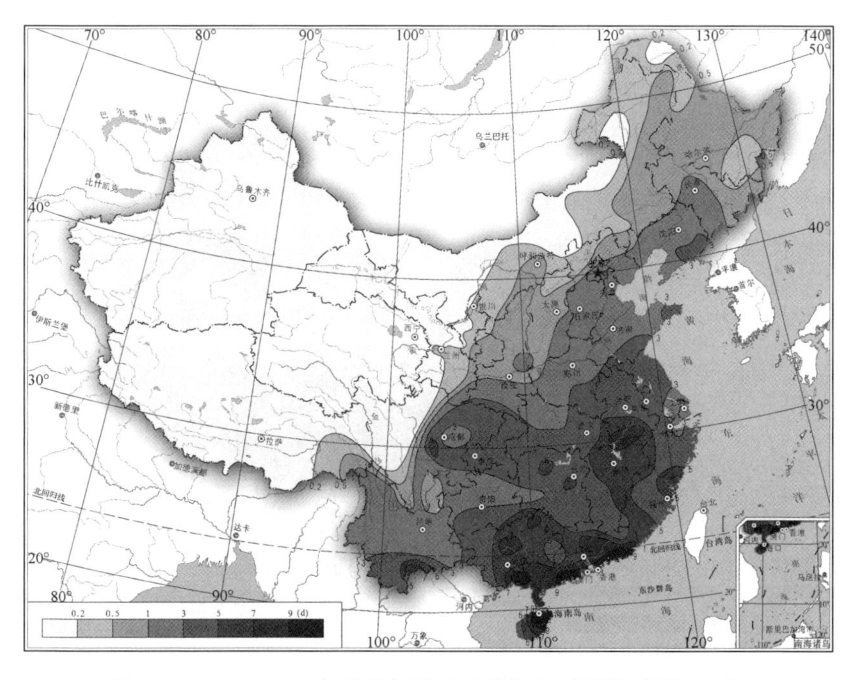

图3.1　1961—2006年我国年暴雨日数分布(中国气象局，2007)

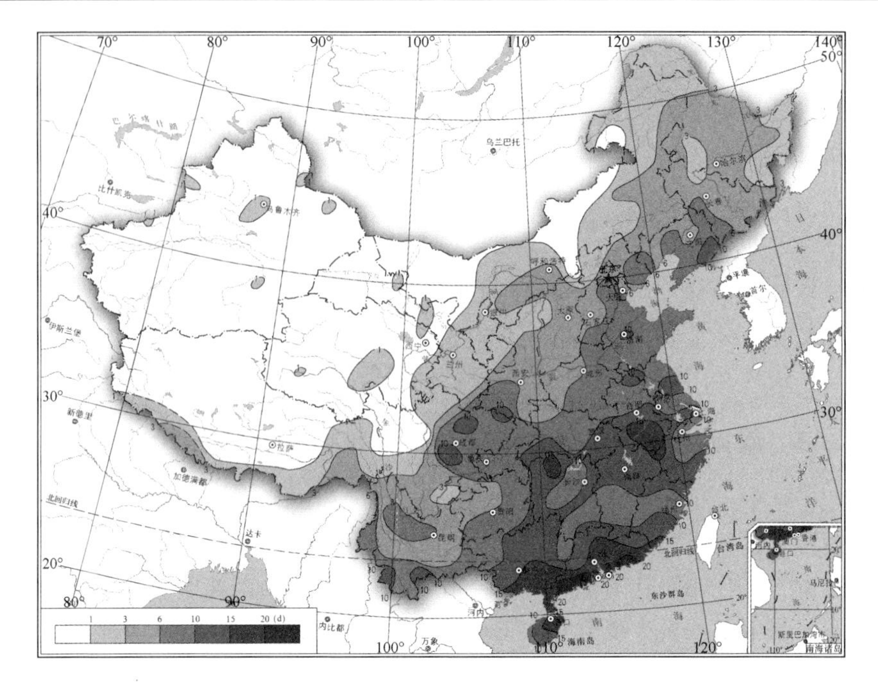

图 3.2　1961—2006 年我国年暴雨日数极大值分布(中国气象局,2007)

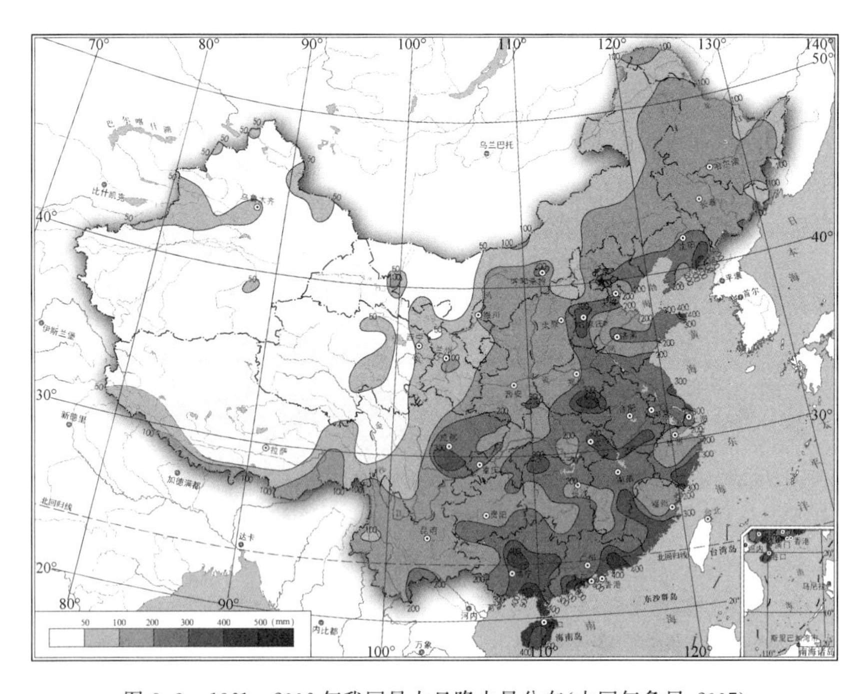

图 3.3　1961—2006 年我国最大日降水量分布(中国气象局,2007)

全国最大日降水量的分布呈东多西少，南多北少的态势(图 3.3)。河北遵化、石家庄、河南驻马店、湖南桑植一线以东大部地区及四川盆地最大日降水量有 200～300 mm；东北大部、西北东部及山西、云南、贵州等地为 100～200 mm。由于局地影响，沿海和内陆都曾出现过日降水量大于 1000 mm 的极值。

3.1.4 暴雨的时间分布特征

近 46 年，我国年暴雨频次变化呈微弱增多趋势(图 3.4)。我国年暴雨频次平均值为 1310 站日，平均每站年暴雨日数为 2.1 天；1998 年出现暴雨频次最多，为 1630 站日；1978 年最少，为 1046 站日。珠江流域、长江流域有增多趋势；海河流域、黄河流域、辽河流域呈减少趋势；松花江流域、淮河流域变化趋势不明显。

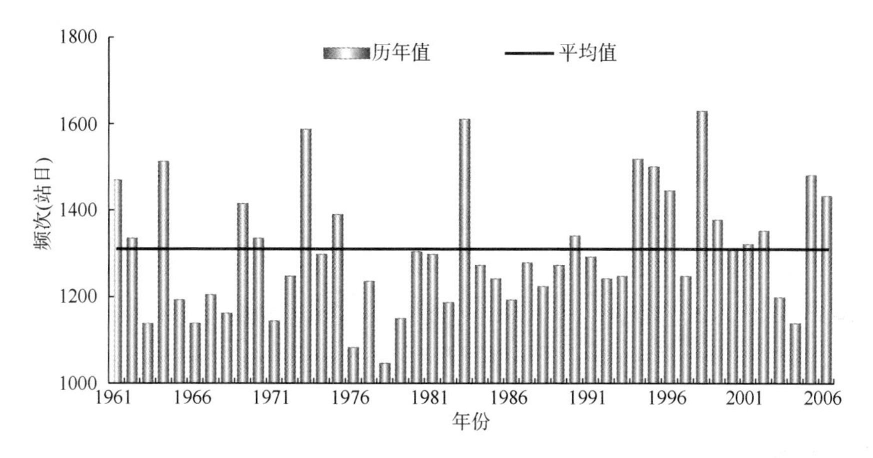

图 3.4 1961—2006 年我国年暴雨频次变化(中国气象局，2007)

雨季是我国暴雨发生的主要时期，雨季的持续在某一区域内形成了雨带，因此可认为雨带的时间变化与暴雨的时间变化是一致的。在我国东部地区有三个季节性大雨带，或称为东亚夏季风雨带，分别位于长江以南地区、长江中下游和华北至东北一带，其维持期依次为 20—34 候(4 月 6 日—6 月 19 日)、35—39 候(6 月 20 日—7 月 14 日)和 40—44 候(7 月 15 日—8 月 8 日)，对应着华南前汛期雨季、江淮梅雨期和北方雨季。这三个雨带在自南向北的移动过程中具有明显的跳跃性。相反，西部的雨区是自北向南推进的。而且并没有形成阶段性的大雨带。西部雨带在约 44 候以后减弱，并向河套至青藏高原东南部一带缩小，最后在高原东部、四川东部、甘肃、陕西南部一带减弱直至消失。东西部雨带的推进形势似以黄河和长江上游一带为圆心做逆时针旋转(王遵娅等，2008)。

3.2　江淮梅雨

3.2.1　江淮梅雨定义及其环流特征

每年初夏，在湖北宜昌以东 28°～34°N 的江淮流域常会出现连阴雨天气，称为江淮梅雨。梅雨降水一般为连续性的，但常伴有阵雨或雷雨，雨量有时可达暴雨量级。

典型梅雨一般出现在 6 月中旬至 7 月上旬，有的年份梅雨远早于典型梅雨，平均开始日期为 5 月 15 日，称为早梅雨或迎梅雨，有的年份无梅雨，称为空梅。如图 3.5 所示，典型江淮梅雨的形成有其明显的环流特征。

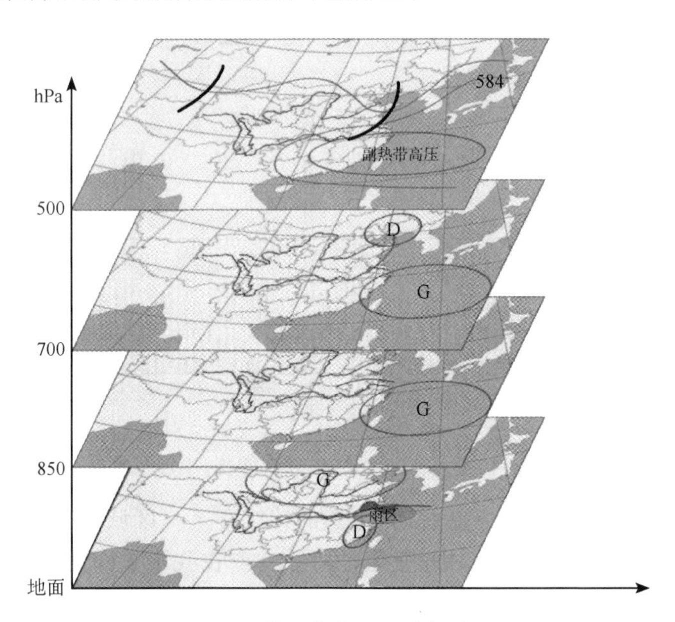

图 3.5　梅雨期各层环流概略图

在高层(100 hPa 或 200 hPa)，主要的环流特征是江淮上空有一暖性反气旋。这是从青藏高原东移过来的南亚高压。高压的北侧和南侧分别有西风急流和东风急流。

在中层(500 hPa)，主要的环流特征是西太平洋副高脊线稳定在 22°N 左右，印度东部或孟加拉湾一带有稳定的低槽，长江流域盛行西南风，并与来自北方的偏西气流构成气流汇合区。在高纬地区，欧亚大陆呈现阻塞形势。有三类情况，第一类是有三个阻塞高压(三阻型)，自东向西分别位于亚洲东部雅库茨克一带、西伯利亚的贝加尔湖一带以及欧洲东部一带。在这些阻高南部中纬地带(35°～45°N)是平直西风带，且有锋区配合，并不断有短波槽生成东移。第二类是有两个阻高(双阻型)，西阻位于乌拉尔山附近，东阻则在雅库茨克附近。两个阻高之间为一宽广的低压槽，35°～45°N为平直西风带。第三类是只有一个阻高(单阻型)，这个阻高一般位于贝加尔湖北方，而东北低槽的尾部可伸至江淮地区上空。“双阻型”在梅雨期和后期容易出现，一般称其为“标准型”。

在低层，850 hPa(或700 hPa)有江淮切变线，其南侧为西南风低空急流。切变线上常有西南低涡东移。在地面则有静止锋，并有静止锋波动，产生江淮气旋。

3.2.2　出入梅的依据和标准

对目前有关省、市气象业务部门和有关专家已公开发表的关于梅雨期的确认观点及辨析依据做一介绍，且对江苏省气象台从20世纪70年代起一直沿用至今的对江淮梅雨的确认观点、思路以及具体的划定标准，做详细的论述和表述。

中国气象局国家气象中心及长江中下游地区有关省市对划定梅期依据的标准如下。

(1)上海中心气象台确定入、出梅的标准

根据2005年1月上海市气象局业务科技处编写的《气象服务手册》(试用本)的规定，上海市入梅、出梅的标准如下。

入梅标准：入梅前5天，副热带高压在120°E上的脊线≥18°N，且5天中至少有3天的日平均气温≥22℃。入梅后，前5天中必须有4天雨日(包括郊县气象站测得的雨日)，若梅雨有分段现象，则每段梅雨结束后的气温均≥22℃。常年平均入梅日期为6月15日。

出梅标准：梅雨结束前后，120°～130°E副热带高压脊线北跳至26°N或以北，且日平均气温≥27℃，最高温度≥30℃，且连续6天以上无雨。常年平均出梅日期为7月9日。

空梅标准：梅雨期不满7天、雨量<80 mm，或者梅雨期≤4天。

(2)武汉中心气象台确定入、出梅的标准

6—7月，当西太平洋副热带高压脊线由20°N以南跃至20°N以北并稳定5天以上的第一次大到暴雨开始为入梅。入梅后要求有10天的连阴雨，或10天中有3天大到暴雨，梅雨期内不允许有5天以上的无雨天气。如雨停超过5天以上者，则从第二次大到暴雨过程开始算起。当副热带高压脊线北跃到达26°N以北，并稳定3天以上，副热带高压的588 dagpm线控制汉口达2天以上的最后一次全省性降水过程结束，定为出梅。

(3)安徽省气象台确定入、出梅的标准

入梅标准：至少连续4天120°E副高脊线≥18°N；入梅日前后3天内，必须持续4天以上日平均气温≥22℃(南部以安庆，江淮以合肥为代表)；连续4天以上日平均气温<28℃，且以后不出现连续4天日平均气温>28℃；在一次大雨(≥25 mm)过程以后（允许有 4 天间隔）连续 5 天至少有 4 天雨日，或连续 10 天有 7 天雨日（雨日：雨量在 10 mm 以上，如雨量小于 10 mm，则日照<6 小时）。

同时满足以上条件时，则连阴雨的开始日为入梅日。历年平均入梅日为 6 月 16 日。

出梅标准：连续 4 天以上 120°E 副高脊线≥27°N（个别年份≥26°N）或者 588 dagpm线开始稳定控制淮河以南地区≥4 天；连续 4 天以上日平均气温稳定≥28℃；连阴雨过程结束。

满足上述条件之一开始日期附近的一场连阴雨或明显降水过程结束日即定为梅雨结束日，次日作为出梅日。历年平均出梅日为 7 月 10 日。

（4）江苏省气象台划定梅期的依据

入梅环流调整日指标（图 3.6）：5—6 月，当加尔各答 500 hPa 稳定西风结束，出现东、西风相间之后，以下指标同时连续 3 天达到：

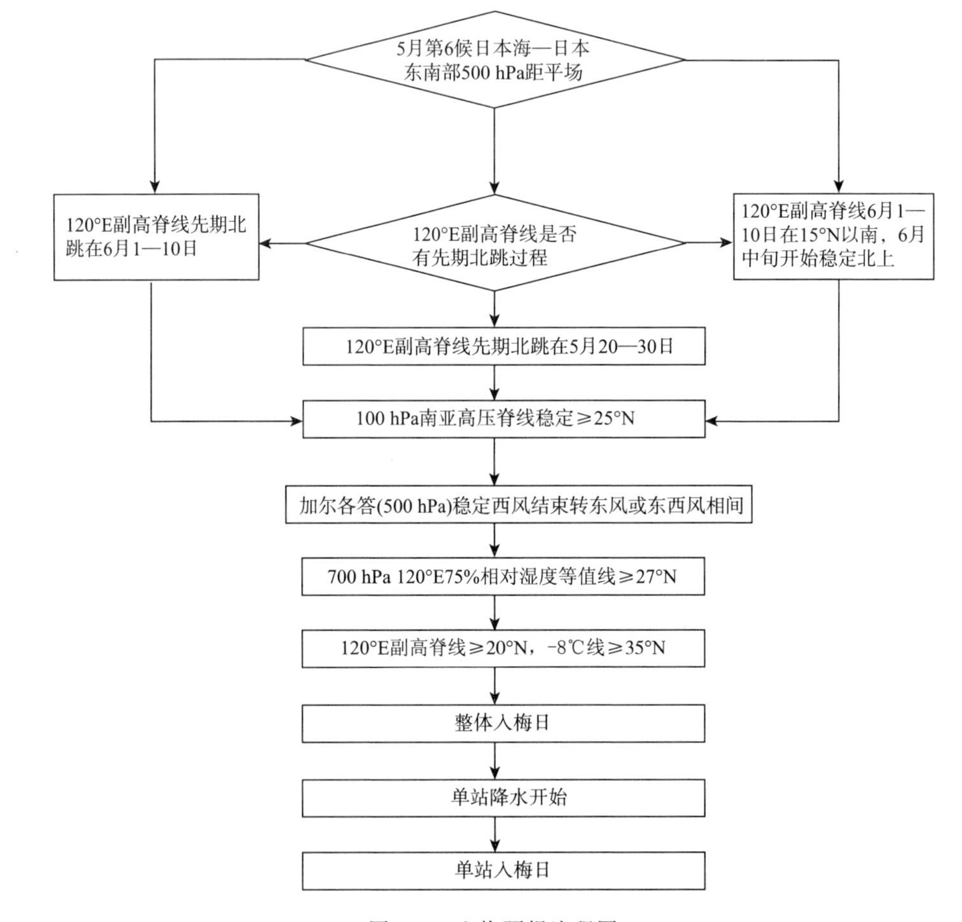

图 3.6 入梅预报流程图

①120°E 副高脊线≥20°N；

②115°E、120°E、125°E 经度上 588 dagpm 线平均位置≥25°N（或 115°E、120°E、125°E 经度上 584 线平均位置，满足≥30°N 且≤35°N）；

③120°E 上，−8℃等温线位置≥35°N。

出梅环流调整日指标（图 3.7）：入梅后，持续 3 天同时出现：

①120°E 副高脊线≥27°N（或 115°E、120°E、125°E 经度上 588 dagpm 线平均位置≥31°N）；

②120°E 上，−8℃等温线位置≥40°N。

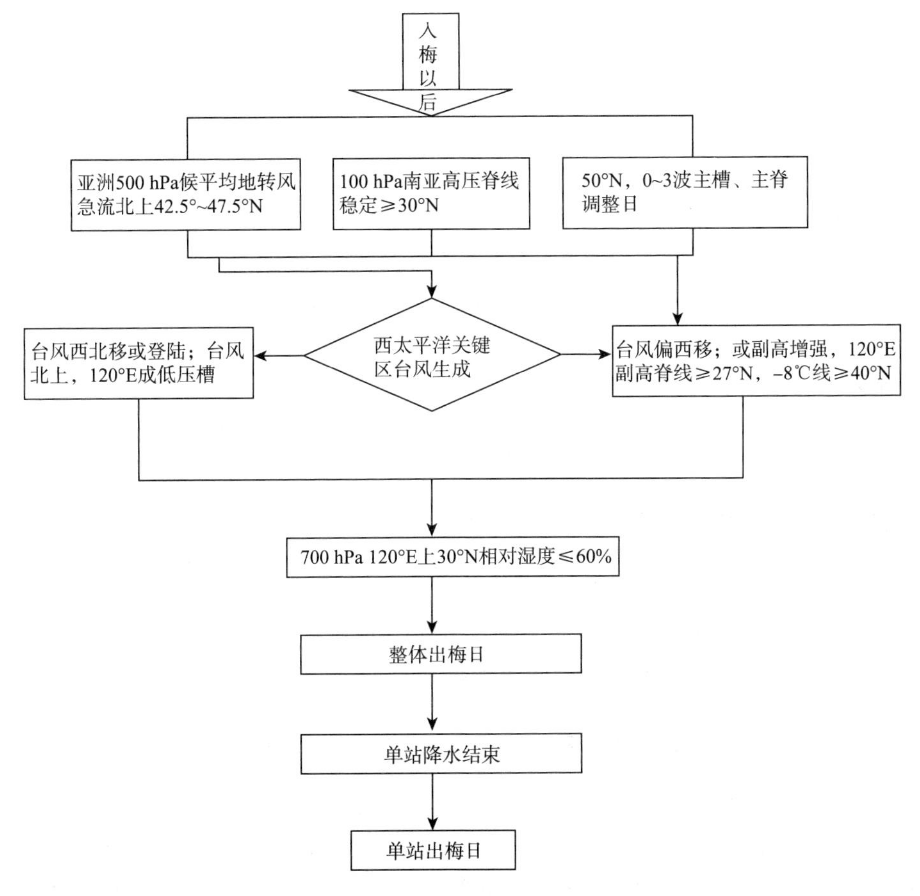

图 3.7　出梅预报流程图

(5)浙江省气象台划定梅期的指标

入梅指标：连续出现 5 天以上的天气（日雨量≥0.1 mm，允许其中有两天日雨量≤1.0 mm 或有一天无雨），以后出现多阴雨天气，无连续 5 天或 5 天以上的无雨天气出现，以日雨量≥1 mm为梅雨开始。参考指标：副高脊线北跳到20°N，且连续稳定两个候。

出梅指标：5天以上的连阴雨天气（日雨量≥0.1 mm）结束，出现5天以上的无雨天气（允许出现1天有雨），以后不再出现5天以上的阴雨天气，以最后日雨量≥0.1 mm的日期为出梅日期。参考指标：副高脊线北跳到25°N，且稳定两个候，在这段时间内连续出现5天日雨量不大于1 mm的阴雨天气，以最后日雨量≥1 mm的日期为出梅日期。

(6)中国气象局国家气象中心确定梅雨期的标准

①同一天5站（上海、南京、芜湖、九江、汉口）中有2个站以上（含2个站）出现降水（≥0.01 mm），且5站日降水量≥10 mm，则算为一个雨日；

②雨期开始日的确定：从开始日（作为第一天）算起往后2天，3天，…，10天的雨日天数，占相应时段内天数的比例均≥50%；

③雨期结束日的确定：从结束日（作为第一天）算起往后2天，3天，…，10天的雨日天数，占相应时段内天数的比例均≥50%；

④一个雨期中（开始日至结束日）任何10天的雨日比例均≥40%，且没有连续5天（含5天）以上的非雨日；

⑤梅雨期内可以有一个以上的雨期，但一个雨期内必须有≥6天的雨日，且雨期中5站降水总量的日平均值必须≥25 mm；

⑥梅雨期内西太平洋副高脊线位置≥20°N且<25°N。梅雨期内西太平洋副高脊线位置允许出现<20°N或≥25°N的波动，但≥25°N的持续天数不超过5天（含5天）；

⑦西太平洋副高脊线位置连续5天（含5天）≥25°N，且江淮流域地区出现35℃以上的高温干热天气，长江流域梅雨结束；

⑧梅雨期内第一个雨期开始日为入梅日，最后一个雨期结束日以后一天为出梅日（如果只有一个雨期时，雨期结束日的下一天为出梅日）。

⑨4月和5月达到上述标准的梅雨期称为早梅雨，以示区别。

3.2.3 2010年江淮梅雨

2010年江苏省气象台宣布6月17日起江苏省淮河以南地区自南向北先后入梅，7月18日出梅，梅期长32天，梅期较长，降水呈局地性、间歇性、过程性、短时降水强度大的特点。期间7月12日南京出现大暴雨，南京全市水位均过警戒线，防汛形势严峻。

根据研究，2010年南京地区入梅日的疑点在于，2010年6月17日宣布入梅以后，由于东北冷涡活跃，副热带高压并不能稳定控制江淮地区，造成南京地区宣布入梅后10天没有明显降水。6月17日开始副热带高压有了明显的加强，但19日开始，受到东北冷涡的连续影响，副热带高压有所南压，之后副热带高压一直没有能够达到入梅的标准，天气实况上也没有降水。17—20日，我国主要降水带仍位于江南中北部，江苏省处于主要雨带北部边缘，天气闷湿，降水呈间歇性且以短时雷阵雨天气为主，一直到6月28日之前降水都主要位于28°N以南地区，江苏淮河以南未形成明显的大范围连续降水。直到26日后期，副热带高压又一次达到入梅标准，28日副热带高压脊线第一次清晰地越过25°N，站点上也第一次有了明显的降水，整个江淮地区的持续性降水基本在6月28日之后逐渐开始。但是，在7月5日之后，又有一次东北冷涡的活动，虽然115°E、120°E、125°E经度上588 dagpm线平均位置没有低于25°N，但等位势线密集，雨带南压，7月9日之前降水中断。自7月10日起，梅雨带重新建立、维持。分析表明，副高作为入梅的重要参考指标之一，预报时不仅要关注其水平移动进退规律，还要关注其垂直结构的变化，当副高脊线自下而上是向北倾斜的，底层脊线在20°N以南时，江淮地区一般还无降水出现，降水落区在30°N以南。而副高上下基本垂直时降水落区范围偏北2个纬度左右。

因此，国家气候中心认为，2010年江淮流域7月3日入梅，7月24日出梅，入、出梅均比常年平均偏晚16天左右，梅雨集中期共21天，长江中下游沿江5个梅雨代表站总降水量为1522.9 mm，偏多26.1%，梅雨强度指数为2.94(偏强)。从空间分布来看，2010年梅雨呈现出东西方向非均匀性特征，主要降雨区偏西，位于湖北东部、安徽西南部以及江西北部等地的长江中游一带。

进一步分析表明，2010年江淮流域入梅偏晚与整个对流层环流调整偏晚有密切关联，对流层中高层环流调整的时间对江淮流域入梅时间有重要影响。对流层上层南亚高压北抬及西风高空急流北跳偏晚，对应南亚高压北侧的副热带高空西风急流北跳时间偏晚，从而使得江淮流域高空强辐散场的建立偏晚。中层经向温度梯度发生反转的时间明显晚于常年平均时间，副热带高压西伸北抬的时间也偏晚，对应层夏季风向北推进至江淮流域也显著偏晚。此外，2010年春季赤道中太平洋地区海温异常偏高，NOSO-modoki事件可能是使得2010年入梅偏晚的一个外强迫因子。

2010年江淮梅汛期强降水发生时段，500 hPa上的低值系统东传并不明显，表明强降水可能更多的是由局地对流造成的，而平均向外长波辐射(OLR)分布也表明，在长江中游一带有很强的对流云的发展，对降水非常有利，同时长江下游对流较弱也从另一方面说明了雨带偏西的特征。

3.3　降水条件分析

从降水机制分析，一个地区的降水形成大致有三个过程：首先，有足够的水汽从源地水平输送到降水区域，即水汽条件；其次，水汽在降水区域辐合上升，在上升中冷却凝结成云,即垂直运动条件;最后,云滴增长变为雨滴而下降,即云滴增长条件。这三个降水条件中,前两个属于降水的宏观过程,主要取决于天气学条件;第三个条件属于降水的微观过程,主要取决于云物理条件(朱乾根等,2000)。

形成较强降水需要具备两个基本条件,即充沛的水汽和较强的上升运动。下面介绍形成较强降水的诊断方法。

3.3.1 水汽条件

暴雨的产生离不开源源不断的水汽输送。陶诗言等(2001)指出:"持续性的暴雨发生时,经常存在一支天气尺度的低空急流,它将暴雨区外围的水汽迅速向暴雨区集中,供应暴雨所需要的燃料。"充沛的水汽输送是持续性强降水形成的必要条件,因此,分析降水的水汽来源及输送状况对于研究降水成因和机理有重要的意义。

在日常降水预报和天气过程分析中,水汽条件分析主要关心低层大气的湿度。大气湿度的大小可以用露点温度和比湿来表示,温度露点差和相对湿度则表示空气的饱和程度。同时还需注意湿层厚度。在南方,要形成暴雨一般要求 850 hPa 比湿达 14 g/kg 以上或 700 hPa 比湿达 8 g/kg 以上。很多强降水过程发生时,850 hPa 上常有湿舌由南向北伸展。

3.3.1.1 水汽的空间分布

空气中的水汽主要分布在大气低层。600 hPa 高度层以上大气的水汽含量通常较少,因此,分析低层大气的水汽含量及其饱和程度对分析降水有着重要意义,一般以 925 hPa、850 hPa 和 700 hPa 为代表。

通常,低层等压面上的等露点线可以表示低层的水汽分布,露点的高值区为湿中心区或湿舌所在区,表明水汽含量大,容易产生降水。等压面上的温度露点差等值线,可以表示该气压层高度上水汽的饱和程度。饱和区域及接近饱和的区域通常与云和降水区相联系。因此,温度露点差可以用来衡量空气湿度,其值越大,空气湿度越小,其值越小,空气湿度越大;当温度露点差接近 0℃时,空气达到近似饱和状态。此外,还需考虑水汽的变化情况,各层等压面上露点随时间的变化可以反映水汽的变化,分析湿度场和流场可以判断特定区域水汽的增减趋势。

3.3.1.2 水汽来源

水汽来源不同,空气中水汽含量也不同,它直接影响降水的形成、强度及其持续时间的长短。我国降水主要的水汽来源,是印度洋上的赤道气团和西太平洋上的热带海洋气团。

赤道气团源地分布在南北纬 10°之间，所处的纬度低、气温高、湿度大、对流不稳定层厚，对形成降水非常有利。在赤道气团控制下，天气闷热、潮湿、多雷暴。在我国中部和沿海广大地区，强降水常常与这种气团的活动有关。这种气团可以通过 850 hPa和 700 hPa 图上的比湿分布体现出来。

热带海洋气团是源于热带或副热带海洋上的气团。低层暖湿而不稳定，但中层经常存在一个下沉逆温层，阻止低层对流发展和水汽向上输送。逆温层以上比较干燥，所以，虽然低层暖湿而不稳定，但天气比较好。当它离开源地并遇抬升作用时，逆温层被破坏，会出现不稳定的天气。热带海洋气团的源地比赤道气团所处的纬度高，温湿条件会差一些，同时热带海洋气团范围较广，占据南北跨度相差较大，因此，气团本身的水汽条件南、北也各有不同。纬度较高的地区气温较低，水汽含量较少；纬度较低的地区则正好相反。此外，季节不同，气团的水汽含量也不同，冬季少，夏季充沛。所以，对热带海洋气团的水汽条件应进行更具体的分析。热带海洋气团的活动一般受太平洋高压系统的支配。夏季，当太平洋高压位置偏北、偏西时，水汽可自黄海、东海随着东南气流输送到内陆；冬季，太平洋高压位置偏南，水汽只能从南海随着东南气流进入华南、西南等地。

我国大部分地区一年四季均会受到热带海洋气团的影响，尤其是夏季，来自太平洋、南海和印度洋的热带海洋气团，是形成我国夏季降水的主要水汽来源。当热带海洋气团刚刚到达我国西南、华南和东南沿海时，因锋面和地形等的抬升作用，常出现雷暴等天气。这种气团持续控制的地区，因受中层下沉逆温的影响，天气晴朗，高温少雨。

3.3.1.3　水汽输送

水汽只有通过适当的流场才能从源地有效地输送到预报地区，在其他条件适当时会形成降水，并使降水得以维持或加强。水汽输送分水平输送和垂直输送两种形式，其中水平输送通常起主导作用。倘若地表为潮湿的湖海沼泽，低空水汽条件充沛，当上升气流较强时，水汽的垂直输送亦可达到水平输送的量级。

分析水汽的水平输送，可用类似分析冷暖平流的方法，从等压面上等高线与等露点温度线的分布入手。另外，水汽通量是判断水汽输送的物理量，它给出了水汽水平输送的客观数值。实际预报中分析是否有降水时，应注意以下几点。

(1)分析预报区气流上游的露点温度和风速。当上游的露点越高、风速越大时，平流到预报区的水汽越多，越有利于形成降水或使降水强度加大。通常，较强的降水多发生在数值较高的湿中心和急流相结合的地区。

(2)分析预报区上空水汽的聚积情况。通常，产生较强的降水除了有充分的水汽输送外，还要使水汽聚积，即流入该区的水汽量要大于流出的水汽量。水汽通量的大小只能表示水汽通过区域上空的数量，并不能说明水汽在区域的集中，能否产生强降水还与水汽的辐合程度密切相关。一般来说，在沿气流方向风速减小的地区，即风速辐合区，有利于水汽的聚积。水汽通量散度的负值区是水汽的聚积区。

分析水汽的垂直输送，可从水汽的垂直分布和上升运动入手。在目前的预报工作中，常用探空记录了解水汽的垂直分布，并根据风场判断垂直运动的强弱，从而定性估计水汽的垂直输送。垂直水汽通量和散度给出了定量的水汽垂直输送和聚积区。

3.3.1.4　表征大气中水汽条件的参量

(1)水汽通量

水汽通量又称水汽输送，指单位时间流经与速度矢正交的某一单位截面积的水汽质量。它表示水汽输送的强度和方向，有水平分量和垂直分量两种。

①水平水汽通量

通常所说的水汽输送指水平水汽通量，指单位时间内流经与气流方向正交的单位截面积的水汽质量。其方向与风向相同，单位为 g/(cm · hPa · s)，量级为 10^{-2}，表达式为

$$F_H = \frac{1}{g}\boldsymbol{V}q = \frac{1}{g}[(u \cdot q)\boldsymbol{i} + (v \cdot q)\boldsymbol{j}]$$

式中，$\boldsymbol{V}$ 为全风速；u,v 为全风速的水平分量；q 为比湿。水平水汽通量值可视为一个标量，它与风向结合组成一个矢量场。

②垂直水汽通量

一般来说，水汽向上输送才能增厚湿层，产生凝结，成云致雨。因此，讨论暴雨过程水汽收支问题时，通常需要计算垂直水汽通量。

垂直水汽通量指单位时间内流经单位水平面向上输送的水汽通量。其大小与垂直速度及比湿成正比，单位为 $g \cdot cm^{-2} \cdot s^{-1}$，表达式为

$$F_z = \rho w q$$

式中，$w = dz/dt$，表示垂直坐标为 z 时的垂直速度。当有上升运动时，$w>0$，垂直水汽通量 $F_z>0$。

(2)水汽通量散度

从水汽通量的大小和方向只能了解暴雨过程的水汽来源，以及这种水汽输送与某些天气系统的关系。在降水过程中，空气中的水汽不断凝结降落，同时不断有水汽向降水区补充，实际暴雨产生前后空气中的水汽含量没有明显变化，而是水汽的辐合集中更重要，因此，做暴雨预报时，不仅需要了解水汽的来源，还要分析水汽在何处集中。水汽通量辐合中心是预报暴雨落区的一个很好的指标，然后根据水汽收支情况计算可能达到的降水强度。该诊断量反映水汽通量的辐散(水汽减少)和辐合(水汽增加)的情况，表达式为

$$\nabla \cdot \left(\frac{1}{g}\mathbf{V}q\right)=\frac{\partial}{\partial x}\left(\frac{1}{g}uq\right)+\frac{\partial}{\partial y}\left(\frac{1}{g}vq\right)$$

水汽通量散度的单位为 g/(cm^2 · hPa · s)，量级为 10^{-7}。低层水汽通量散度大于零，表示水汽辐散，不利于暴雨发生；低层水汽通量散度小于零，表示水汽辐合，有利于暴雨发生。

有关水汽通量散度的使用经验如下：

①由于大气中的水汽主要集中在对流层的下半部，因此，这种计算一般只计算到500 hPa 等压面即可。

②暴雨落区多数是水汽辐合区，一般只计算 850 hPa、700 hPa、500 hPa 三层的水汽通量散度之和，有时边界层的水汽通量散度也很重要。

③低层的水汽通量散度比高层更能反映降水的强度。

(3)可降水量

可降水量指单位气柱中的水汽含量，将一地区上空整层大气的水汽全部凝结并降至地面的降水量称为该地区的可降水量，单位为 mm，量级 10^1，表达式为

$$PW_1=\frac{1}{g}\int_0^{p_0} q\mathrm{d}p$$

由于水汽绝大部分集中在对流层低层，积分上限可取至 300～400 hPa。某地区可降水量的大小表示该地区整层大气的水汽含量。

仅仅靠大气中现存的水汽含量来产生较大的降水量，往往是不够的。例如在含水量较多的积雨云中，即使云中含水量全部降落(称为可能降水量)，也只有 10～20 mm。造成我国产生暴雨的气团，一般是太平洋、南海和印度洋上生成的热带海洋气团或赤道气团，非常潮湿，它们最大的可能降水量也只有 50 mm，而一次暴雨一天的降水量可达 100～200 mm，因此，要形成暴雨必须要有水汽源源不断地由云从外输入，云内水汽又不断凝结才有可能。

水汽通量是表示水汽输送强度的物理量，代表水汽输送的大小和方向；水汽通量散度表示水汽的源和汇，即水汽通量收支。

3.3.2　垂直运动条件

大气中有了充足的水汽，还必须有使水汽冷却凝结的条件，才能形成云和降水。大气中有多种形式的冷却过程，但对于降水而言，最主要的冷却过程是绝热上升冷却，因为它能使空气中的水汽在较短时间内产生大量的凝结。

垂直运动是形成暴雨的动力条件，其强度的大小决定降水的多少。垂直运动的作用主要表现在：将水平输送来的水汽垂直向上输送，形成深厚的湿层；使空气上升冷却达到饱和，凝结成水滴降落下来。产生上升运动主要与低层的辐合系统有关(如

切变线辐合带等)，高层的辐散能使上升运动得以维持和加强，另外还有地形、锋面抬升等引起的上升运动。在物理量诊断中常用的是涡度、散度和垂直速度。

与降水有关的垂直上升运动大致分为五种：①锋面抬升作用引起的大范围斜压性上升运动；②低层辐合、高层辐散引起的大范围动力性上升运动，包括锋面、气旋、低涡、切变线、高空槽等西风带低值天气系统，也包括台风、ITCZ、东风波等热带天气系统，还包括低空急流、气流汇合带等流场系统以及热带云团等系统；③中尺度系统引起的强烈上升运动，包括飑线、重力波、中尺度对流复合体(MCC)、中尺度辐合线等，这种中尺度系统是直接造成局地大暴雨和烈性风暴的主要原因；④小尺度局地对流活动引起的上升运动；⑤地形引起的上升运动。

实际业务预报中主要从四个方面进行分析。

(1)锋面抬升作用

锋面是影响我国降水的重要天气系统。不论冬、夏，我国大部分地区的降水经常是由锋面影响而产生的。锋面降水不仅与锋面空气的暖湿程度有关，还取决于锋面抬升作用的大小，而锋面抬升作用又取决于锋面坡度和移速。坡度越大，抬升作用越强；移速越快，对冷锋而言，抬升作用越大。

在实际工作中，可根据地面锋线与相应700 hPa图上后倾槽线的相对位置粗略判断锋面坡度的大小。通常，两者相距较大时，锋面坡度小，其所产生的降水具有雨带宽、强度小的特点；两者相距较小时，锋面坡度大，当距离小于两个纬距时，其降水具有雨带窄、强度大的特点。在业务预报中，有些地方把它作为暴雨的预报指标。

(2)低层辐合流场的作用

大气低层流场的辐合也是产生上升运动的重要原因，可用以下方法加以分析和判断。

①根据地面图上等压线或850 hPa图上等高线的形势判断。在摩擦层中，由于摩擦效应，风向偏离等压线/等高线的方向，并指向低压一侧。因此，在低压区和等压线/等高线为气旋式弯曲的部位，有气流的辐合，气旋式曲率越大，辐合越强；在反气旋式弯曲的部位，有气流的辐散，反气旋式曲率越大，辐散越强。综上，在分析上升运动时，要注意地面图或850 hPa图上低压、槽和低涡的动向，在其气旋式曲率最大的部位，如槽线附近、低压内部，有较强的上升运动，是容易产生较强降水的区域。

夏季，在气压梯度较小的反气旋外围，等压线有时会出现气旋式弯曲，这里也有上升运动，同样也能产生降水。

②根据低层的风场判断。分析低层气流的辐合辐散及其强度，通常可利用850 hPa或700 hPa图上风向、风速的记录。主要的辐合型式有三种。

- 辐合型

辐合型分两种情形。一种是单纯的风速辐合，即在一个地区内风向相同，风速上游大于下游，见图3.8a。其辐合量的大小可通过前、后的风速差来判定，差值越大，辐合越强。在讨论降水时,必须考虑气流的来向和速度,只有当气流来自湿度高值区且速度比较大时,才有利于降水,最大的降水量常出现在其下游且有明显辐合的地区。另一种是在辐合线的两侧风向相反,风速表现为明显的辐合,见图 3.8b。其辐合量的大小可用两侧风速之和来判定,两侧风速越大,辐合越强。这种辐合造成的上升运动一般较强,容易形成强降水,最大降水区常出现在辐合线的暖湿气流一侧。

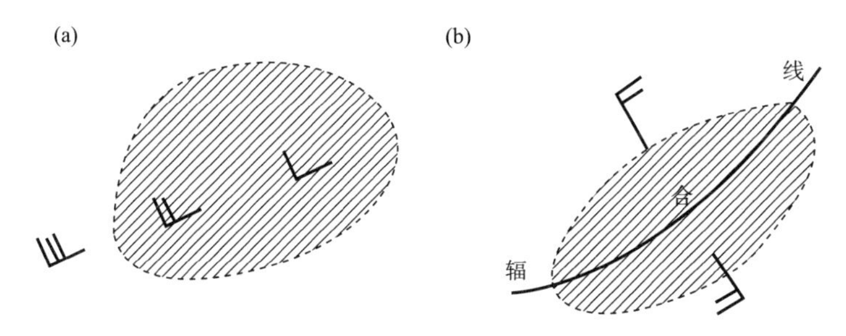

图 3.8　辐合型示意图

(图中阴影区代表降水区,实线代表辐合线,下同)

- 切变线型

这种辐合常与气旋性切变线相联系,又分为准静止锋式切变、冷式切变、暖式切变。

准静止锋式切变,其切变线多呈东西走向,两侧风向相反,且与切变线近似平行,见图 3.9a。这种切变辐合量小,通常只能产生较弱的降水,降水带较窄,分布在切变线附近;但若有低涡沿切变线东移,也可造成较强的降水,甚至暴雨。

冷式切变,其切变线通常与高空槽相联系,自偏北向偏南移动,其北侧通常为偏北风,南侧为西南风,见图 3.9b。降水区多位于切变线的南侧。华北地区的预报经验指出,夏季当 850 hPa 图上切变线北侧偏北风大于 5 m/s,南侧西南风大于 10 m/s 时,则可能出现暴雨。

暖式切变,其切变线通常与低涡或台风倒槽相联系,北侧为东南风,南侧为西南风,见图 3.9c。降水多分布在偏东风区域里。经验指出,当切变线南侧出现 12 m/s 以上的西南风时,则可能出现暴雨。

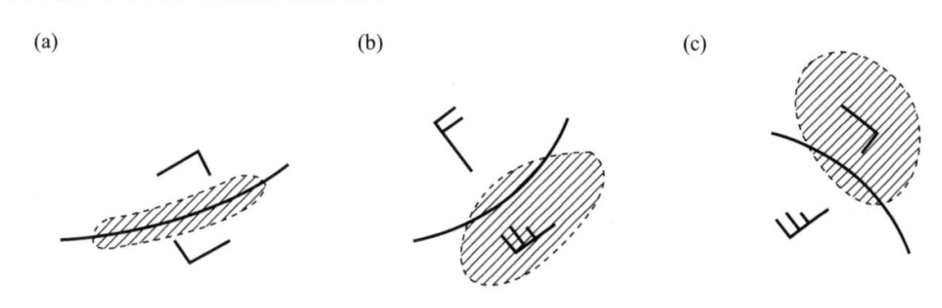

图 3.9　切变线型示意图

• 切变辐合型

这种类型多发生在冷式切变线上。通常有两种情况，一是冷式切变伴有偏南风风速辐合，见图 3.10a。这种辐合上升运动强，容易造成强降水，降水多出现在偏南风区域里，因为这里的水汽比较充沛。另一种是冷式切变伴有偏南风风速气旋式切变，见图 3.10b。它常出现在副热带高压偏南风“低空急流”轴的左侧与西风带偏北气流相遇的辐合区域里，这种辐合也很强，容易出现暴雨，其最强的降水多出现在偏南风区域里风速切变最大处。

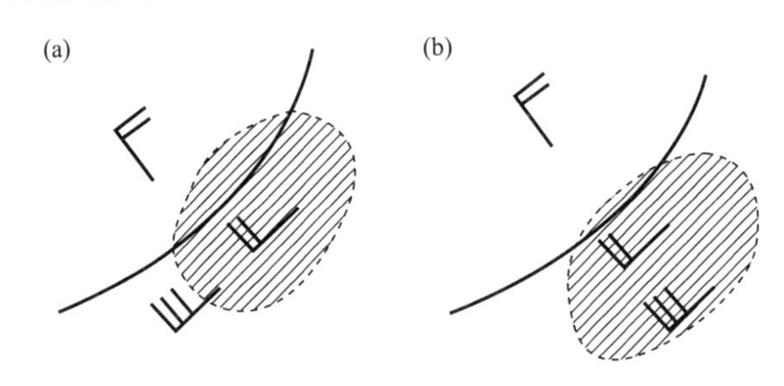

图 3.10　切变辐合型示意图

(3)高层辐散流场的作用

低层的辐合上升运动能否维持和加强，对于降水预报来说十分重要。只有当大气低层的辐合与高层的辐散同时存在，且低层辐合区上空的辐散量大于或等于低层的辐合量时，低层的辐合才能维持或发展。

理论和实践证明，高空槽前或低涡东南部的高层是比较强的辐散区。当地面气旋或低层低涡位于高空槽前或高空低涡东南部时，地面气旋或低层低涡容易发展，造成较强的降水。因此，在分析降水的上升运动条件时，不但要充分利用地面图和较低层的 925 hPa、850 hPa、700 hPa 天气图，也要充分利用较高层的 500 hPa 或 200 hPa 天气图，注意高、低层配合，全面分析。在分析天气形势配置的同时，还应借助垂直速度(诊断和预报)来判断垂直上升运动。

(4)地形影响

地形对降水有着重要的影响。在山地或丘陵地带，有时气流被迫沿山坡抬升或受地形的约束而聚积，有利于产生上升运动；反之，气流沿山坡下滑或流入开阔地区而散开，则有利于产生下沉运动。当气流进入河谷地带时，由于气流的汇聚及沿坡抬升作用，上升运动较强，降水量往往比附近地区大。

山脉对降水的影响很大。一方面它能减缓或阻止天气系统的移动，使山脉迎风地带降水时间延长；另一方面在山脉的迎风坡，气流被迫抬升，可使降水强度增大。

地形对降水分布的影响还与坡向和高度密切相关。当海洋气流与山地坡向垂直或交角较大时，则迎风坡多为“雨坡”区，背风坡则为“雨影”区。总之，我国地形复杂，在制作降水预报时,必须考虑地形的特点。

3.4 典型梅雨天气过程实例分析

3.4.1 降水概况

2010 年江苏省梅雨期为 6 月 17 日—7 月 18 日,入梅正常(江苏省平均入梅日为 6 月 18—20 日),出梅正常偏晚(平均出梅日为 7 月 10 日前后),梅期历时 32 天,较常年偏长(平均为 23～24 天),入梅以来省各站累积降水量为 50.8 mm(大丰)～375.4 mm(南通),降水主要集中在沿江苏南地区,江淮之间北部降水较少,雨量大多在 100 mm 以下。梅雨前期以阵性降水为主,7 月后,出现两段区域性暴雨过程,分别是 7 月 3—6 日、9—14 日,尤以 9—14 日为最。

7 月 9 日—14 日的暴雨到大暴雨天气过程为当年该地区持续时间最长、降水强度最大、降水范围最广,过程降水量达 20.8 mm(射阳)～267.6 mm(姜堰),降水主要集中在江淮之间南部到苏南北部地区,其中最强降水出现在 7 月 12 日,该日江淮之间南部到苏南北部地区出现大范围大暴雨,有 19 站雨量大于 100 mm。从逐日 08—08 时的累积降雨量分布图(图略)来看,10 日江苏沿淮淮北地区出现了局部大暴雨,苏南地区局部暴雨;11 日雨带南压,沿江苏南部分地区出现暴雨;12 日雨带再次北抬,雨势增强,江苏省沿江一带普降大暴雨;13 日降水减弱南压,苏南南部仍有大雨。

南京也是连续三天出现了强降水:7 月 10 日溧水出现暴雨;11 日暴雨区范围扩大到了中南部地区;12 日全市大部分地区出现了暴雨天气,其中六合、浦口、主城区、江宁还出现了大范围 100 mm 以上的大暴雨。根据全市 81 个自动观测站的资料显示,10 日 08 时—13 日 08 时全市大部分地区累积雨量大于 100 mm,其中有 15 站大于 200 mm,最大雨量点出现在南京华能电厂,达 261.0 mm。

3.4.2 天气形势分析

本次持续性强降水过程为典型的梅汛期暴雨天气过程。从形势场上来看,10—13 日,200 hPa 上江淮流域均处于南亚高压的东北象限,有利于对流层高层的辐散性气流的流出,而在江淮流域的北侧则存在一高空急流,其最大值超过了 80 m/s(图 3.11)。在 500 hPa 上,40°N 以北的中高纬西风带上维持着稳定的两槽一脊环流型,即在贝加尔湖以北地区有一阻塞高压,在其两侧分别存在一个低涡,副热带高压基本控制在 30°N 以南(图 3.12)。随着中纬度低槽的活动和梅雨锋的南北摆动,将本次持续性强降水过程分为三阶段。

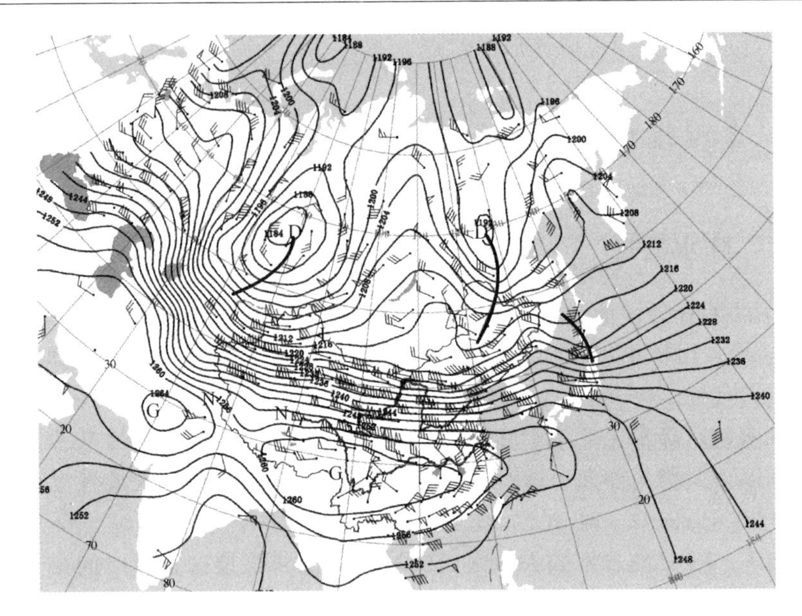

图 3.11　7 月 10 日 20 时 200 hPa 天气图

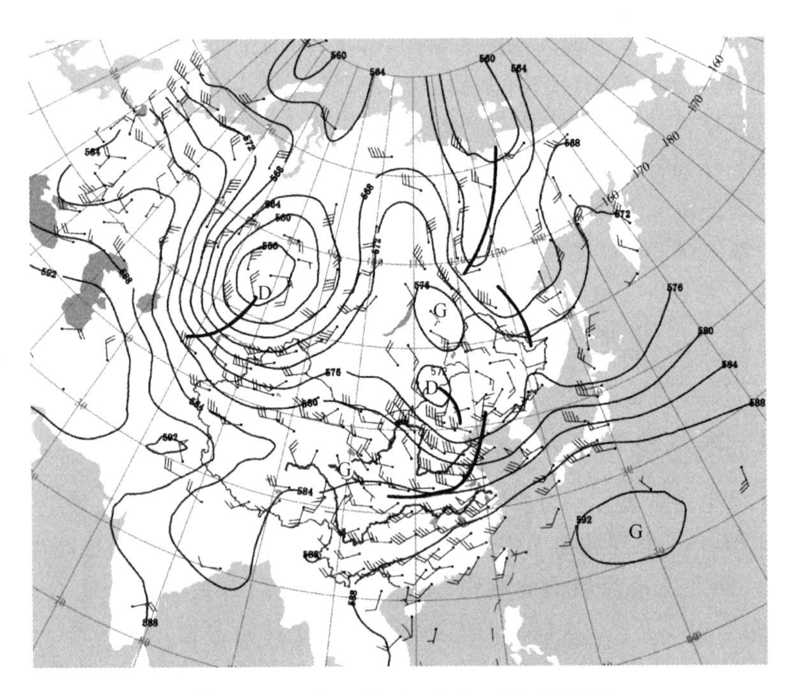

图 3.12　7 月 10 日 20 时 500 hPa 天气图

(1)沿淮淮北地区西风槽影响的暴雨

7月10日08时,500 hPa(图3.13)河套东部115°E附近有西风槽东移,120°E副高脊线位于22°N左右,副高588 dagpm线北部边缘位于浙江中部,700 hPa(图3.14)和850 hPa(图3.15)上湖北有切变线发展东移,在切变线南侧有较强的西南气流。对应的卫星云图上(图略)也表现为两条清晰的云带,分别是西风槽和切变线影响。随着西风槽的东移南压,其携带的冷空气和副高北侧的暖湿气流结合在江苏北部地区,在沿淮淮北产生强降水。从10日18—20时的红外云图(图略)上可以清楚地看到,冷暖空气交汇时在江苏东北部地区激发出的中尺度对流云团,在滨海和涟水等地造成了大暴雨(图3.16)。

(2)沿江苏南地区低涡影响的暴雨

10日20时,500 hPa(图3.12)上西风槽东移到了118°E,由于副高阻挡,两者之间的西南气流明显加强,700 hPa(图3.17)在安徽南部至江苏西南部一带形成了风速达20 m/s的急流轴(南京站08时风速仅为6 m/s),850 hPa的低涡中心以及地面低压中心位于安徽与江苏北部的交界处(图3.18a),11日随着地面低压的东移入海,降水也逐渐减弱(图3.18b)。因此10—11日前期,受梅雨静止锋上低涡波动的影响,沿江苏南地区出现了暴雨,而11日由于冷空气南压,江苏北部的降水停止。

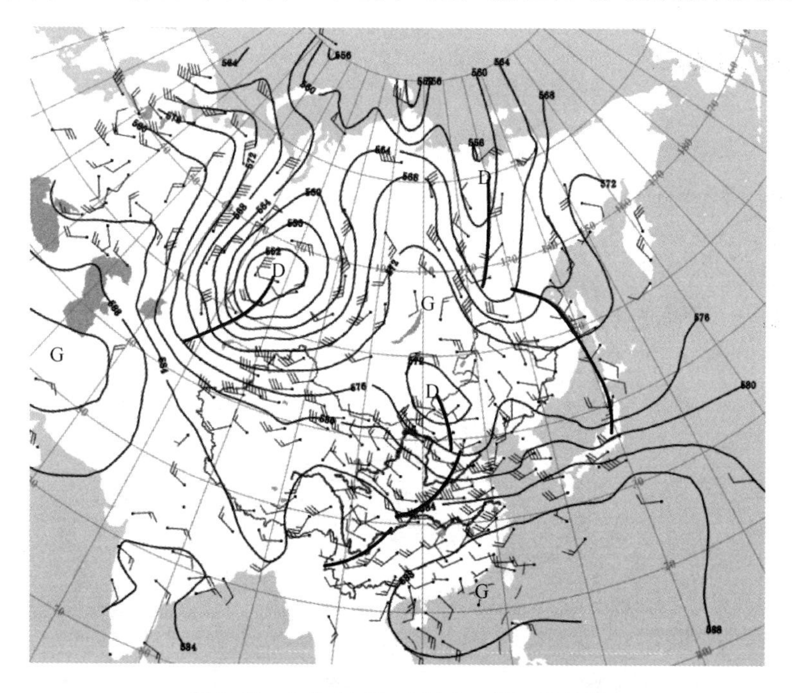

图3.13　7月10日08时500 hPa天气图

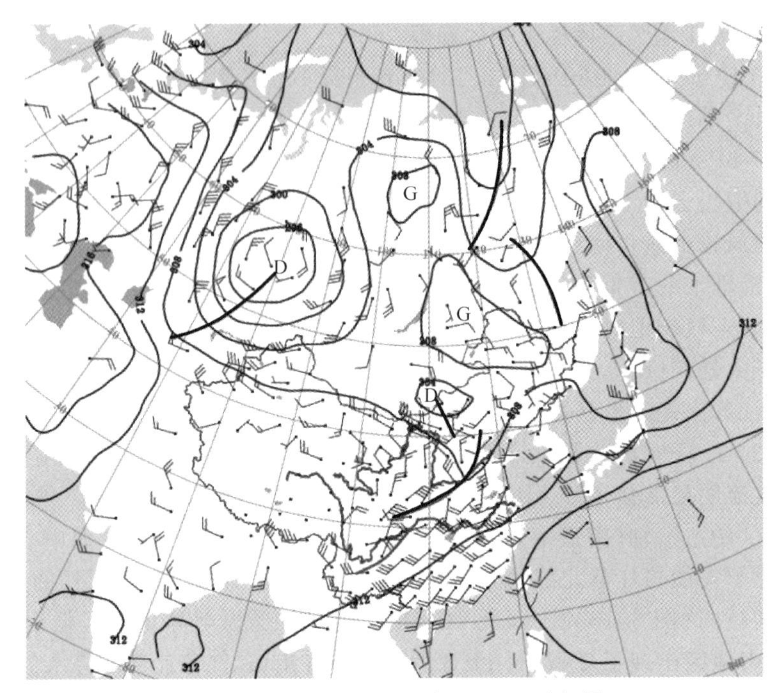

图 3.14　7 月 10 日 08 时 700 hPa 天气图

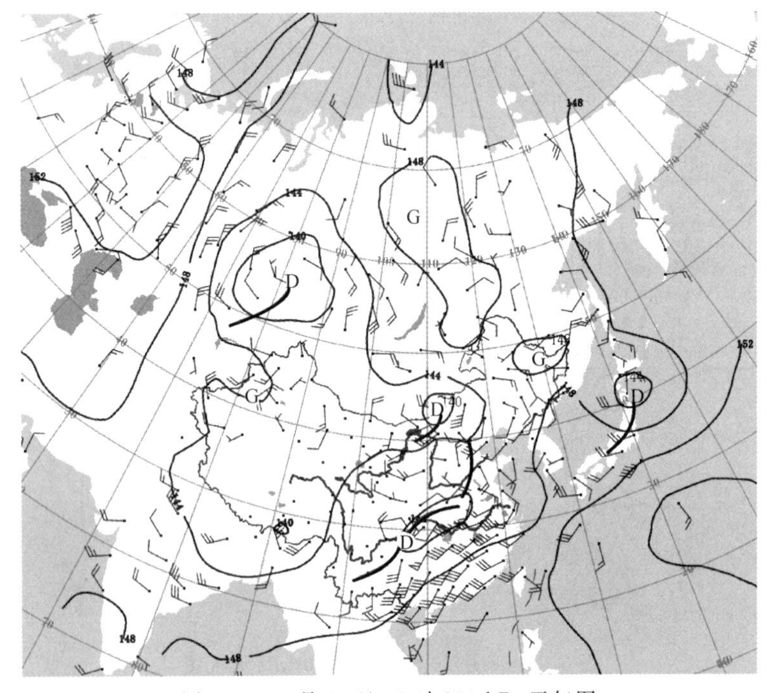

图 3.15　7 月 10 日 08 时 850 hPa 天气图

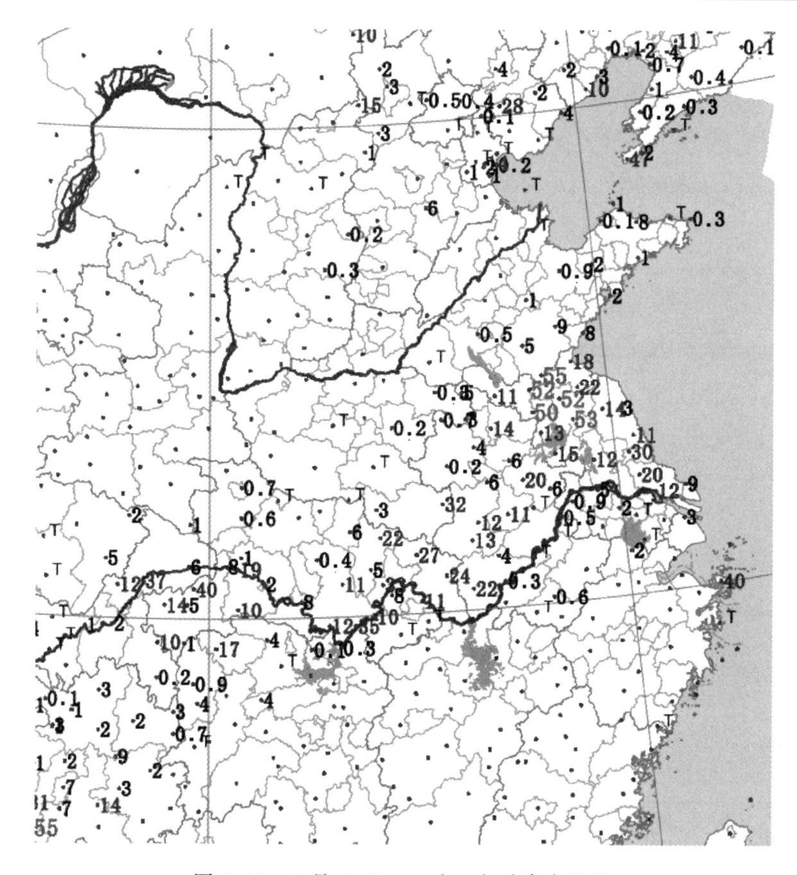

图 3.16　7月10日20时6小时降水量图

(3)沿江一带切变线影响的大暴雨

11日后期起，地面又有新的倒槽发展东伸，我国中西部大部分地区为低压控制(图 3.18b)，700 hPa(图 3.19)和 850 hPa(图 3.20)有暖式切变线从长江中上游地区东移至长江下游地区，位于江苏省的江淮之间，并一直维持到了12日(图 3.18c)，其南侧存在一支西南低空急流，最大风速达 20 m/s，强盛的西南气流为暴雨的产生提供了水汽和动力条件。随着副高的北抬，强降水区北抬至江苏沿江一带，出现了大范围大暴雨天气(图 3.18b,c)。

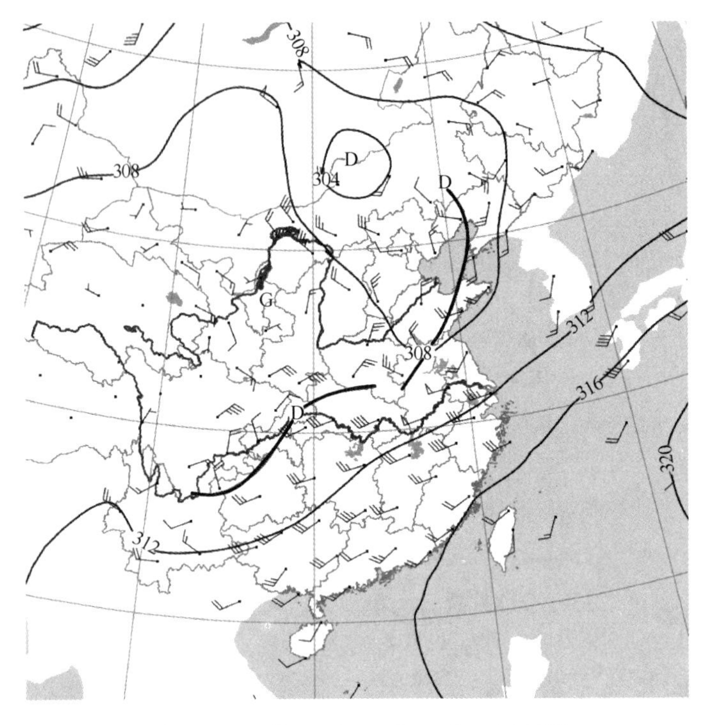

图 3.17　7 月 10 日 20 时 700 hPa 天气图

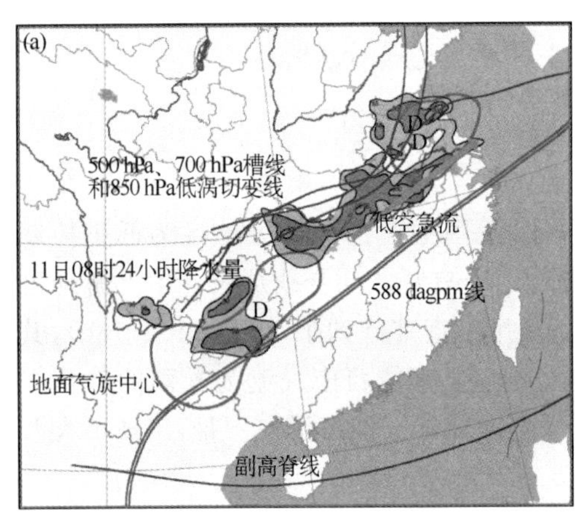

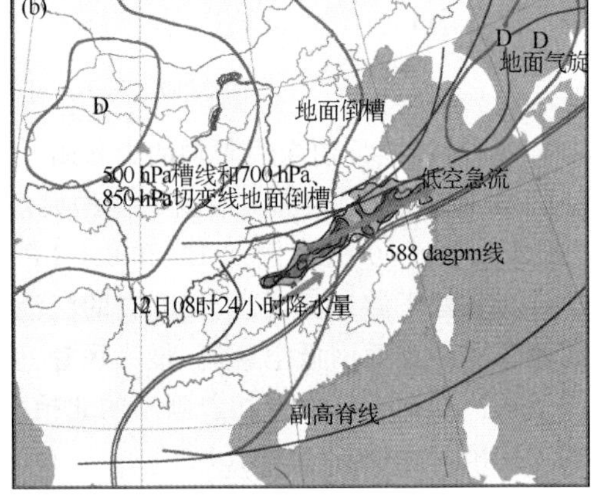

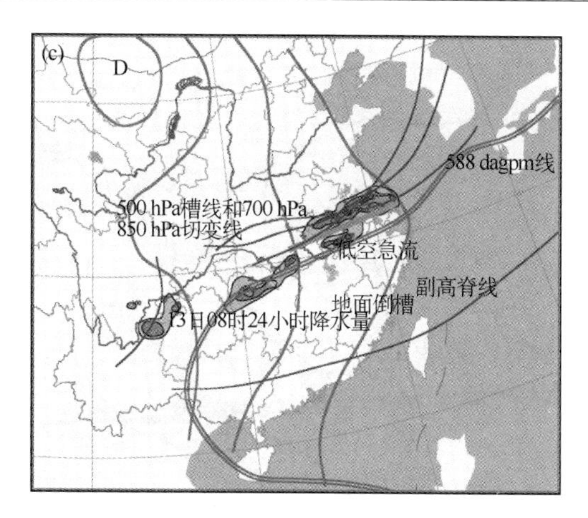

图3.18　7月10日20时(a)、11日20时(b)、12日20时(c)高低空系统和地面降水区配置图(附彩图3.18)

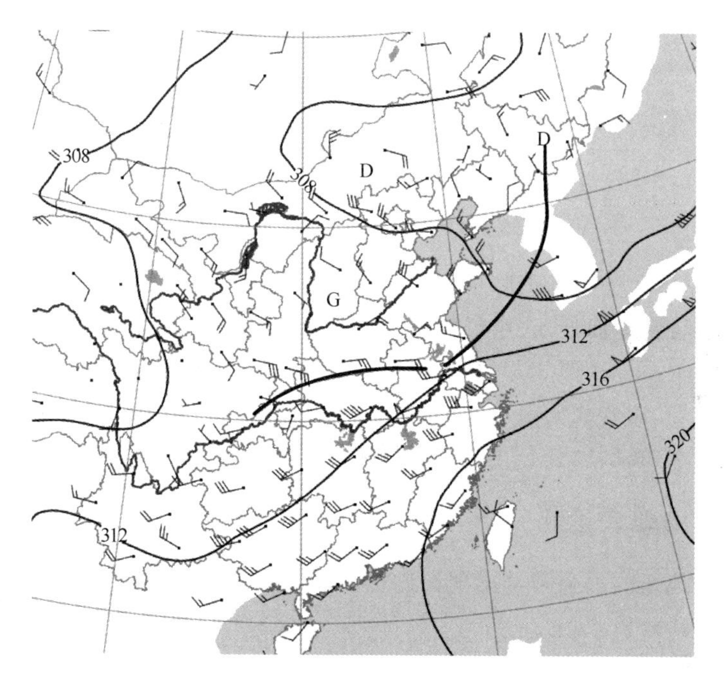

图3.19　7月11日20时700 hPa天气图

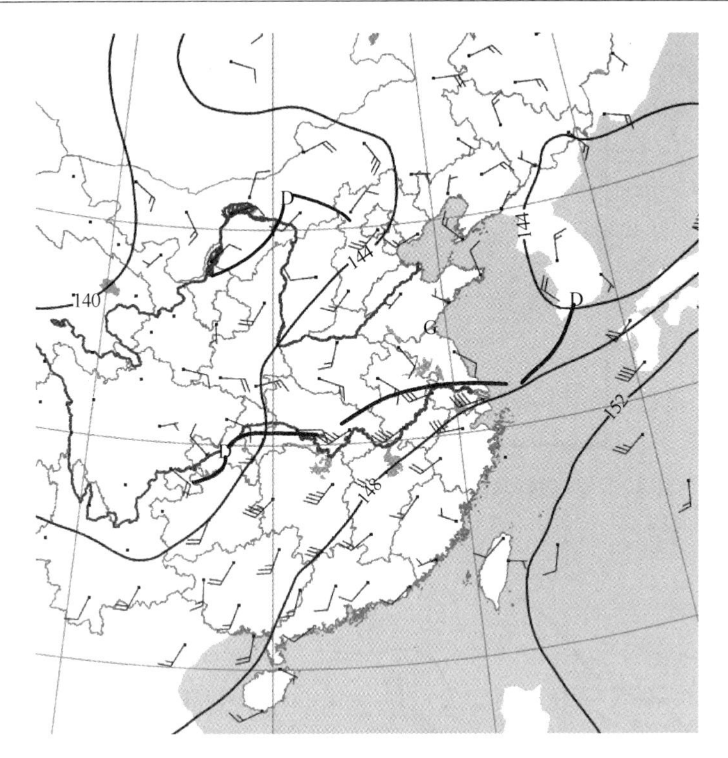

图 3.20　7 月 11 日 20 时 850 hPa 天气图

由此可见，本次连续性强降水过程是在典型的梅汛期暴雨大气环流背景下产生的，中纬度西风槽、地面低压、中低层切变线和西南低空急流与本次连续性强降水过程有着密切的关系。从图 3.18 高低层系统与地面降水量的配置图来看，强降水区均出现在副高北侧、切变线偏南一侧的急流附近。图 3.18a 中在地面低压中心附近并没有出现强降水，暴雨区分布在其南北两侧，这就是不同天气系统影响的结果。

3.4.3　物理量诊断分析

由于南京地区的最强降水出现在过程末段(即 12 日)，本节重点对此相应的物理量条件进行诊断分析。

(1)水汽条件

充足的水汽供应是暴雨发生的重要物理条件，大气中水汽的多少、传输特点及其聚集度是决定降水多少的重要因子。大尺度环流形势分析表明，梅雨期暴雨过程的水汽供应主要来自孟加拉湾、南海和西太平洋地区。反映水汽状况的物理量主要有水汽通量和水汽通量散度。由 12 日 08 时 850 hPa 水汽通量图可以看出(图 3.21)，水汽通量大值区位于梅雨锋偏南一侧，沿中南半岛—西南地区—长江中下游一带，呈西南—东北向，表明暴雨过程中水汽输送的主要源地来自于孟加拉湾，长江中下游地区为带状的水汽通量散度辐合区（图 3.22）。

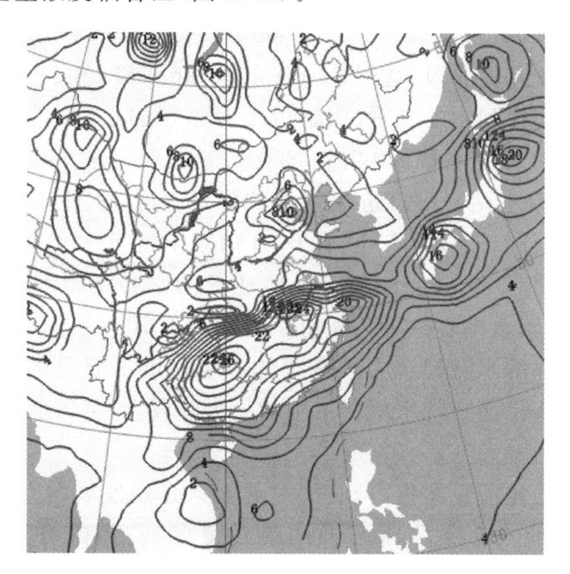

图 3.21　7 月 12 日 08 时 850 hPa 水汽通量分布（单位：$g \cdot s^{-1} \cdot kg^{-1}$）

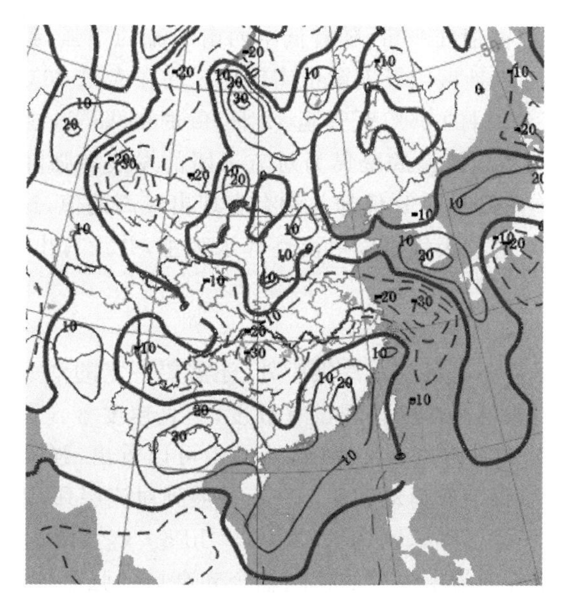

图 3.22　7 月 12 日 08 时 850 hPa 水汽通量散度分布（单位：$10^{-5}\ g \cdot s \cdot m^{-1} \cdot kg^{-1}$）

图 3.23a 为南京站 9 日 20 时—13 日 20 时的水汽通量图，可以看出，300 hPa 以下均有水汽输送，表明整层大气的水汽含量充沛，水汽输送旺盛；强水汽输送带主要集中在 700 hPa 以下，中心在 925 hPa 至 850 hPa 之间；10 日 20 时和 12 日 08 时的水汽通量值明显高于其他时段，达到 21 $g \cdot s^{-1} \cdot kg^{-1}$ 和 13 $g \cdot s^{-1} \cdot kg^{-1}$。但是从水汽通量散度的时间序列图上来看(图略)，10 日整层的水汽通量散度辐合区与水汽通量的中心在时间上对应不佳，20 时在 850 hPa 附近有一个水汽通量散度的辐散区，因此，10 日在南京本站并没有造成很强的降水。而 12 日 08 时沿 118.8°E 的水汽通量散度垂直剖面图(图 3.23b)显示出，在南京附近有一个强水汽通量散度辐合区，从地面一直伸展到 300 hPa，刚好与水汽通量的中心区相重叠，有利于水汽的聚集，水汽通量散度的辐合中心位于 750 hPa，达 -16×10^{-5} $g \cdot s \cdot m^{-1} \cdot kg^{-1}$。大量的水汽输送和高效率的水汽辐合为大暴雨的产生提供了充足的水汽条件。12 日凌晨至上午的这段时间是南京降水最为集中的一个时段。

(2)不稳定条件

暴雨是对流不稳定能量聚集、释放和对流云系强烈发展的直接产物。可供释放的对流不稳定能量的大小是降水强弱的潜在量度，常用的有 K 指数、沙氏指数、CAPE 值等。

从 K 指数分布图(图 3.24)可以看出，7 月 11 日 20 时长江中下游大于 36℃的高能区主要位于 30°N 以南浙江一带，随着低空西南气流的增强，到 12 日 08 时高能区有一个明显的北抬，苏南地区以及安徽中南部地区均在大于 36℃的范围内。南京单站的 K 指数从 11 日 20 时的 25℃跃升至 12 日 08 时的 38℃，沙氏指数也从 0.69℃下降到了 0.29℃。不稳定能量的聚集为对流云团的发展和强降水的产生提供了有利条件。但是南京单站的 CAPE 值却并没有表现出较高的值，这主要是由于高低空的垂直风切变较小，对应的天气也以对流性降水为主，并没有出现冰雹、龙卷等剧烈强天气。

(3)动力条件

暴雨的产生除了需要充足的水汽供应外，还需要一定的动力条件来维持对流云团的发展。表征动力条件好坏的物理量有散度、垂直速度等。图 3.25 为 7 月 12 日 08 时沿 118°E 的散度和垂直速度剖面图，从图中可以看出，强降水区域附近表现为很强的垂直上升运动，该上升运动区向上一直伸展到对流层顶，垂直速度的中心位于对流层的中层(400～500 hPa)，约为 -32×10^{-3} $hPa \cdot s^{-1}$(图 3.25b)。而与该垂直上升运动相伴随的是在对流层底层的强烈辐合和高层的强烈辐散，其中心分别位于 700 hPa 和 200 hPa，并且高空的辐散明显强于低层的辐合，这样的配置有利于上升运动的维持加强(图 3.25a)。强烈的上升运动将低层充沛的水汽源源不断地输送到对流层中高层，以维持对流云团的发展和暴雨的产生。

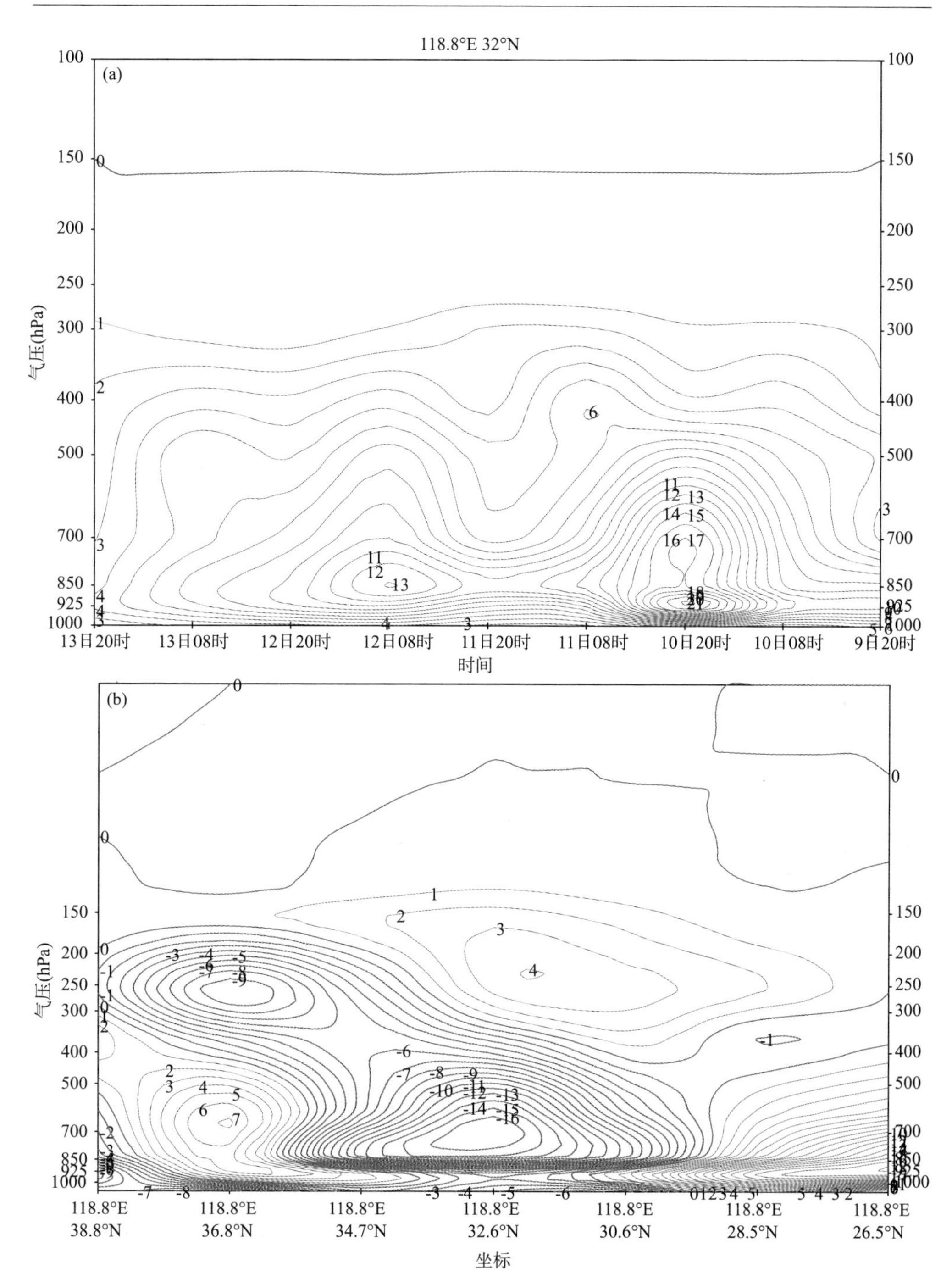

图 3.23　南京站水汽通量时序图(a)(单位:g・s^{-1}・kg^{-1})和 12 日 08 时沿 118.8°E 水汽通量散度垂直剖面图(b)(单位:10^{-5} g・s・m^{-1}・kg^{-1})

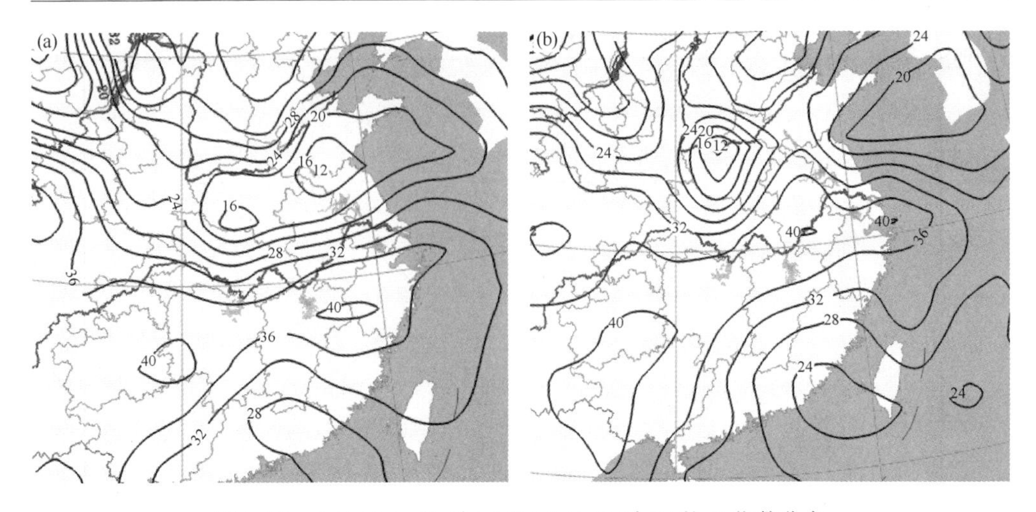

图 3.24　7 月 11 日 20 时(a)和 12 日 08 时(b)的 K 指数分布

3.4.4　卫星云图和雷达资料分析

暴雨的发生必须具备一定的大尺度背景条件,而暴雨的强度、出现的地点又与中尺度扰动的活动有十分密切的关系。陶诗言等(2001)对观测事实的分析指出,梅雨雨带出现在梅雨锋偏南一侧,梅雨雨带内降水不均,常伴有一个个中尺度暴雨雨团。

本次南京大暴雨就是受长江中下游地区梅雨锋云带影响,云系结构特点主要是由一些中尺度雨团组成的带状云系,受西南引导气流影响,云带向东北偏东方向缓慢移动,呈准静止状态,在移动的同时不断有中尺度雨团合并、发展或者消亡。云带的位置主要分布于 500 hPa 副高北侧边缘,低空急流附近。在可见光云图上可以看到,云带顶部存在明显的云簇,表明对流发展旺盛。

如图 3.26 所示,7 月 11 日 23 时南京市为厚厚的层积云覆盖,在安徽西部有一对流云团发展,但结构比较松散,到 12 日 02 时,该对流云团已发展成为一个近乎圆形的 β 中尺度雨团,边界光滑,云顶亮温低于 −50℃,并逐渐东移,约在 02 时自西向东影响南京,到 05 时,β 中尺度雨团发展旺盛,对流云顶的范围也有所扩大,基本覆盖南京市,之后继续发展东移,到 08 时移出南京,但此时在安徽中部又有一新的中尺度雨团发展东移。

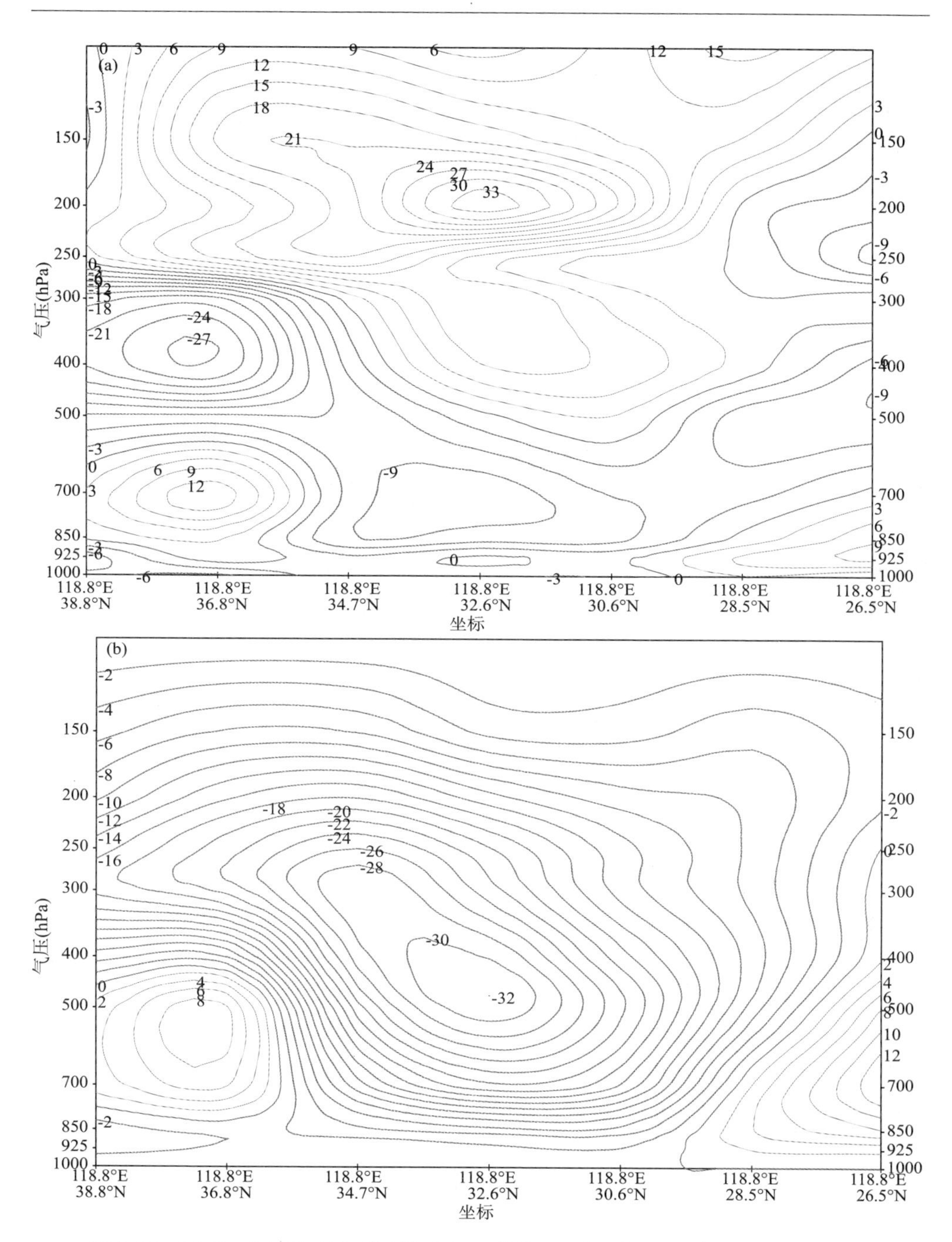

图 3.25 12 日 08 时沿 118.8°E 散度(a)(单位:10^{-5} s^{-1})和垂直速度垂直剖面图(b)(单位:10^{-3} hPa · s^{-1})

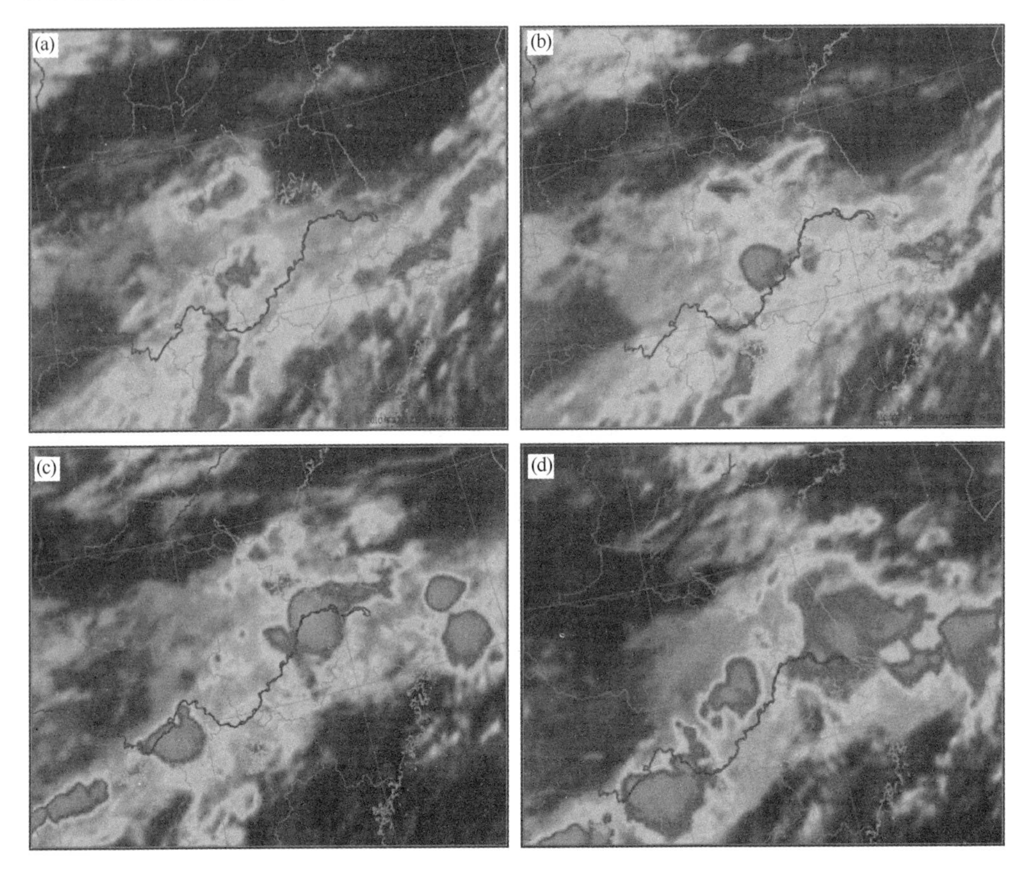

图 3.26　11 日 23 时—12 日 08 时逐 3 小时红外云图

(a)11 日 23 时;(b)12 日 02 时;(c)12 日 05 时;(d)12 日 08 时

从对应的雷达反射率因子图上也可以看到(图 3.27),11 日 23 时起,在安徽南部大片的层状云降水回波东移,12 日 02 时南京市受东移增强的回波影响,开始出现降水,04 时 42 分南京地区附近的强对流回波带形成,回波形状为“弓”形,平均回波强度为 45～50 dBz,南京降水强度加大,其后不断有东移发展的积层混合降水回波和带状回波影响南京,回波中心最大值都达到了 45～50 dBz。04—05 时,南京市一小时最大雨量达到了 40.9 mm(浦口桥林镇),短时雨强大是本次南京大暴雨过程累积降水量大的原因之一。

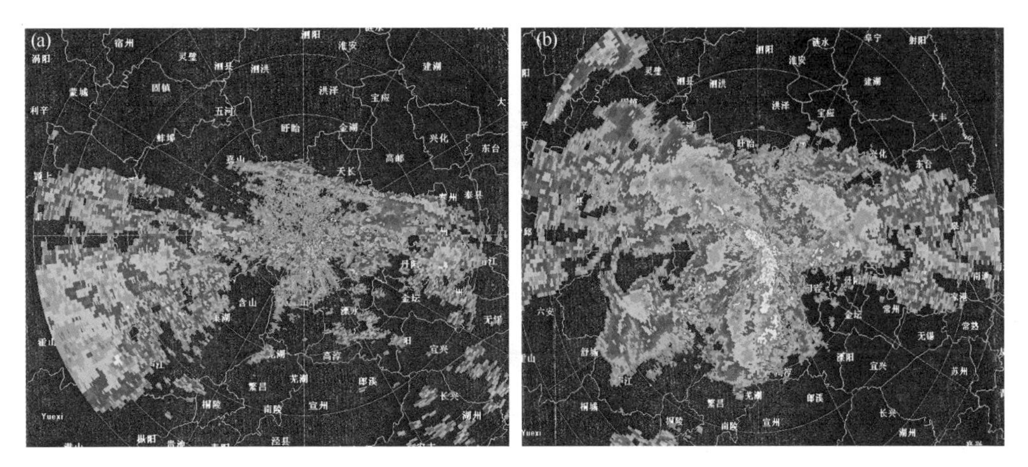

图 3.27 南京站雷达基本反射率因子图(附彩图 3.27)

(a)12 日 02 时;(b)12 日 04 时 42 分

沿南京站 12 日 08 时 12 分带状回波做剖面(图 3.28),强回波带回波顶参差不齐,回波带由几个处于不同发展阶段中尺度风暴单体组成,根据探空资料,当日 0℃层高度位于 5.5 km,大于 45 dBz 回波位于 0℃层以下,因此属于低质心回波。由于上风方不断有回波生成,下风方减弱、衰亡,回波有组织地排列,从而形成“列车效应”。这个带状回波移动较快,2 小时左右移出南京,造成南京 2 小时内局部降水达 15～20 mm。此次暴雨过程主要是受积层混合降水回波和带状回波不断影响,在南京市降水时间长是造成本次大暴雨过程的另一原因。

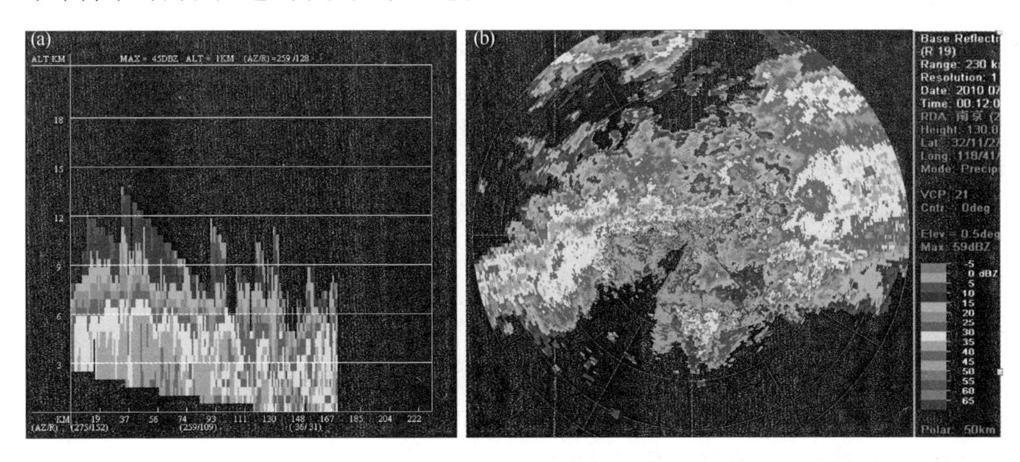

图 3.28 南京站 7 月 12 日 08:12 反射率垂直剖面图(a)和 0.5°仰角反射率因子图(b)(附彩图 3.28)

3.4.5 小结

(1)本次连续性强降水过程主要分为三个阶段，都是在典型的梅汛期暴雨大气环流背景下产生的，中纬度西风槽、地面低压、中低层切变线和西南低空急流是造成本次连续性强降水过程的主要天气系统，暴雨的强度与低空急流的增大有着直接的关系。

(2)12日南京大暴雨过程中水汽输送的主要源地是孟加拉湾，强降水时段水汽通量散度的辐合区与水汽通量的中心区相重叠，大量的水汽输送和高效率的水汽辐合为大暴雨的产生提供了充足的水汽条件。强降水区域附近表现为很强的垂直上升运动，高空辐散、低层辐合的配置有利于上升运动的加强，为大暴雨的产生提供了动力条件。

(3)不稳定能量的聚集为对流云团的发展和强降水的产生提供了有利条件。在云图上本次大暴雨过程表现为多个β中尺度雨团的发展与东移，雷达回波图上表现为积层混合降水回波和带状回波的不断影响，降水持续时间长和雨强大是造成大暴雨过程的重要原因。

实习4　梅雨天气过程个例分析

1. 实习目的和要求

(1)天气图分析

要求较准确地分析梅雨期间500 hPa、700 hPa、850 hPa及地面图上的关键系统。500 hPa图上注意高纬度的阻塞高压和长波槽；中纬度则注意平直气流、中短波槽位置的确定，特别注意短期内对所在测站有影响的上游短波槽的分析；低纬度副热带高压、孟加拉湾槽的分析；700 hPa、850 hPa图上，要求准确确定出江淮切变线及切变线上西南涡的位置；地面图上能准确定出梅雨锋及梅雨锋上的气旋波。

(2)天气形势分析

描述500 hPa环流形势特征，进一步认识大气环流背景对梅雨所起的作用及其对天气尺度、中间尺度系统的制约作用；加深对高、中、低空短波系统如500 hPa西风槽、700 hPa(850 hPa)西南涡、地面气旋波、切变线、梅雨锋、低空急流等系统的相互配置及与强降水间关系的理解。

(3)了解梅雨期短期降水预报的思路。

2. 实习内容

(1)分析天气图

分析2012年7月13日08时和7月14日08时500 hPa、850 hPa及地面图各一张。

(2)提供参考图(图3.29～3.38)

2012年7月13日08时200 hPa天气图,13日20时—14日20时江苏省自动站累积降水量图,14日南京、高淳逐小时降雨量图,13日08时南京站探空图,13日08时—14日20时700 hPa和850 hPa相对湿度场,13日10时—14日11时30分云图,14日08时SI指数水平分布图,14日南京站雷达基本反射率因子图及反射率因子垂直剖面图。

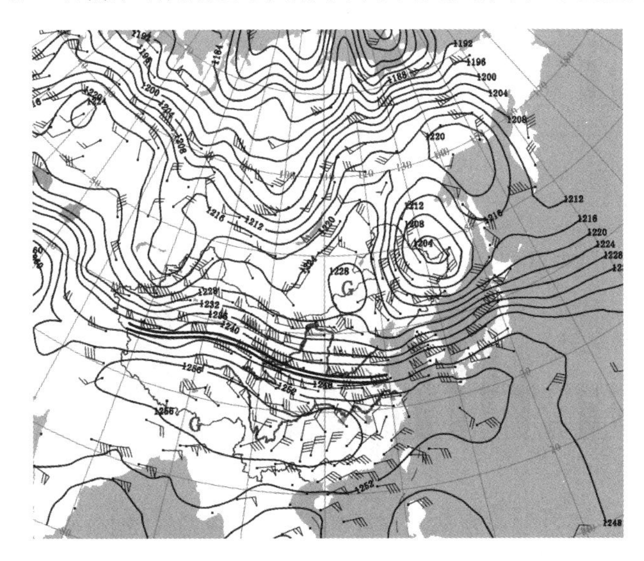

图3.29 7月13日08时200 hPa天气图

(图中双曲线表示全风速≥30 m/s的高空急流)

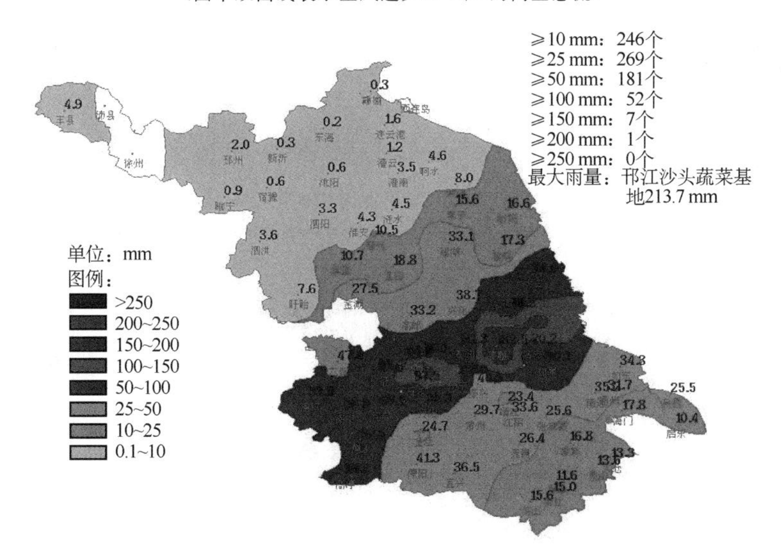

图3.30 7月13日20时—14日20时江苏省自动站累积降水量

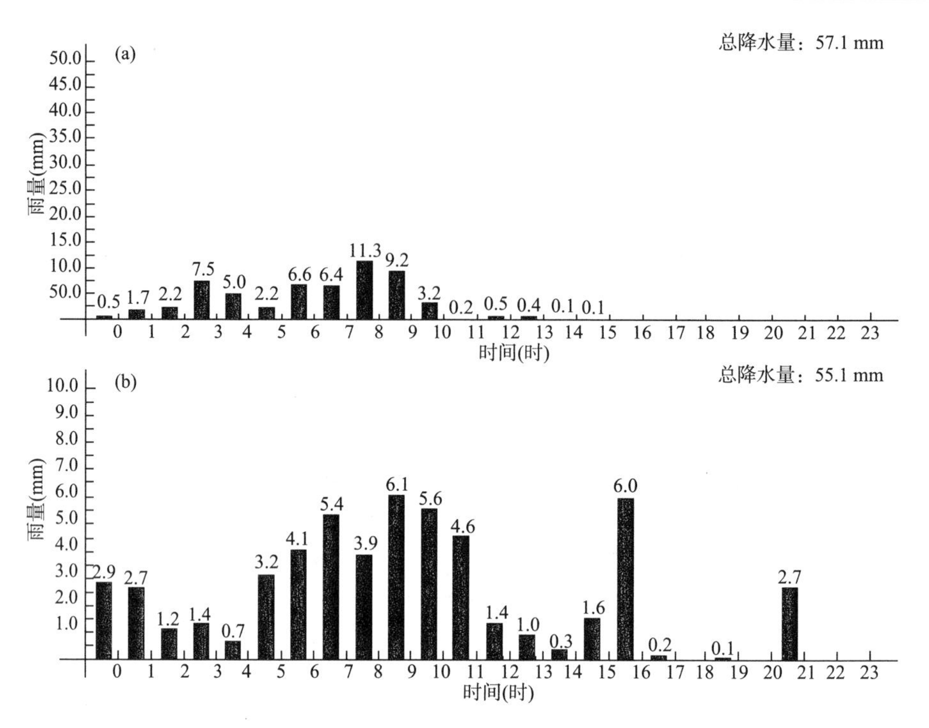

图 3.31　7 月 14 日南京(a)和高淳(b)逐小时降雨量(单位：mm·h^{-1})

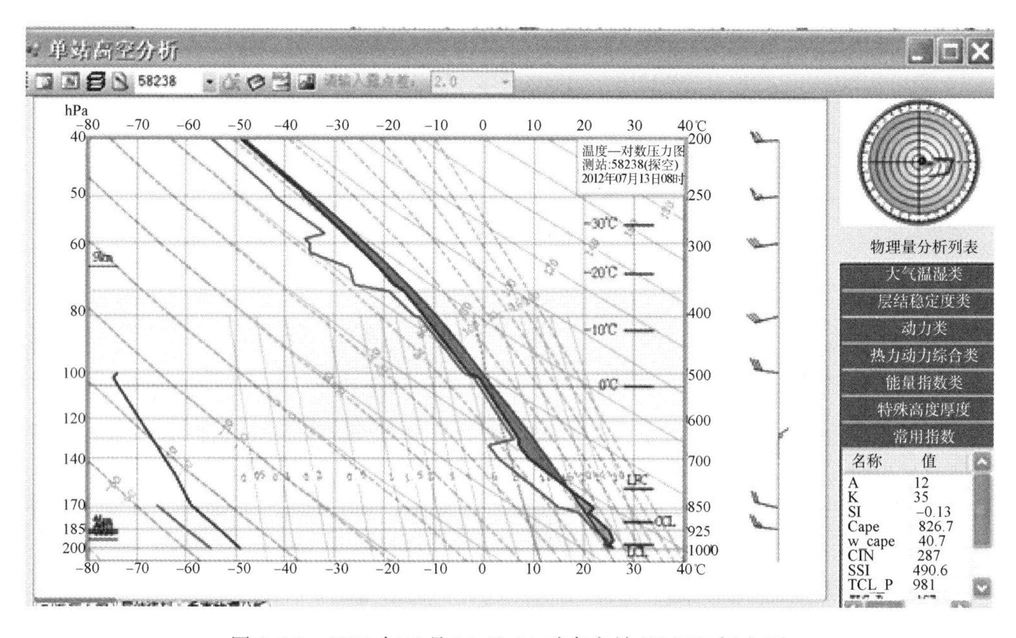

图 3.32　2012 年 7 月 13 日 08 时南京站(58238)探空图

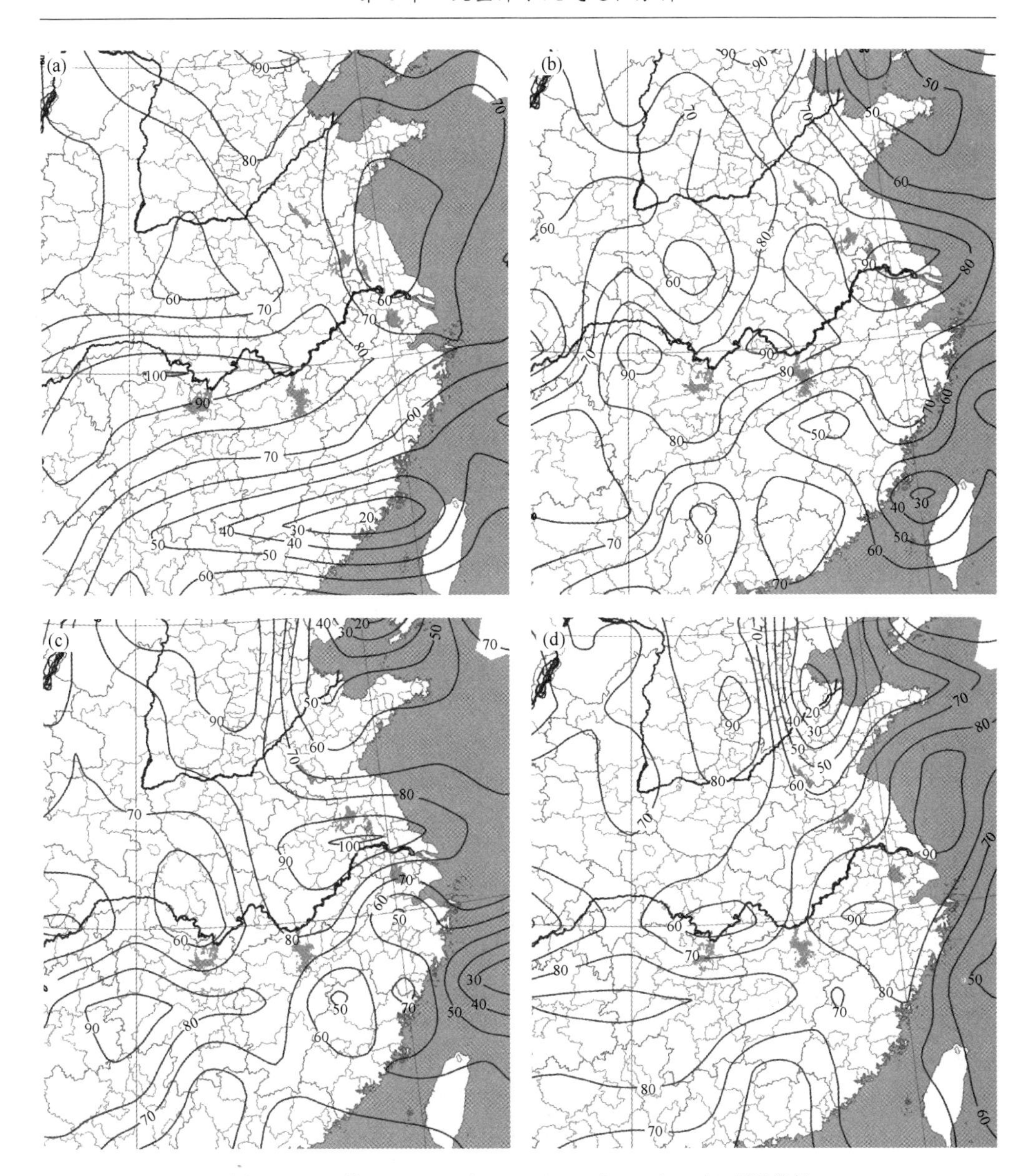

图3.33　7月13日08时—14日20时700 hPa相对湿度场

(a)13日08时;(b)13日20时;(c)14日08时;(d)14日20时

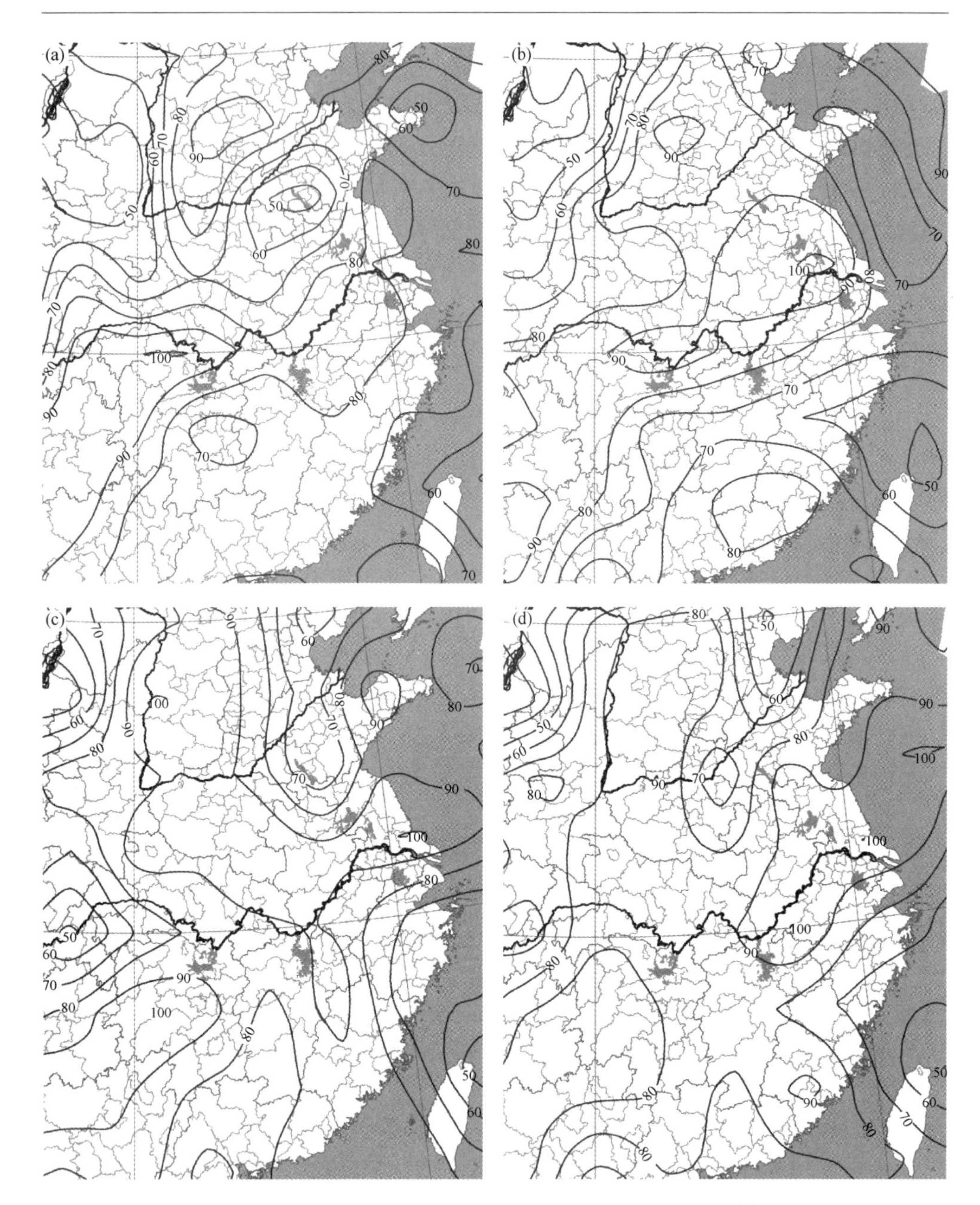

图 3.34　7 月 13 日 08 时—14 日 20 时 850 hPa 相对湿度场

(a)13 日 08 时;(b)13 日 20 时;(c)14 日 08 时;(d)14 日 20 时

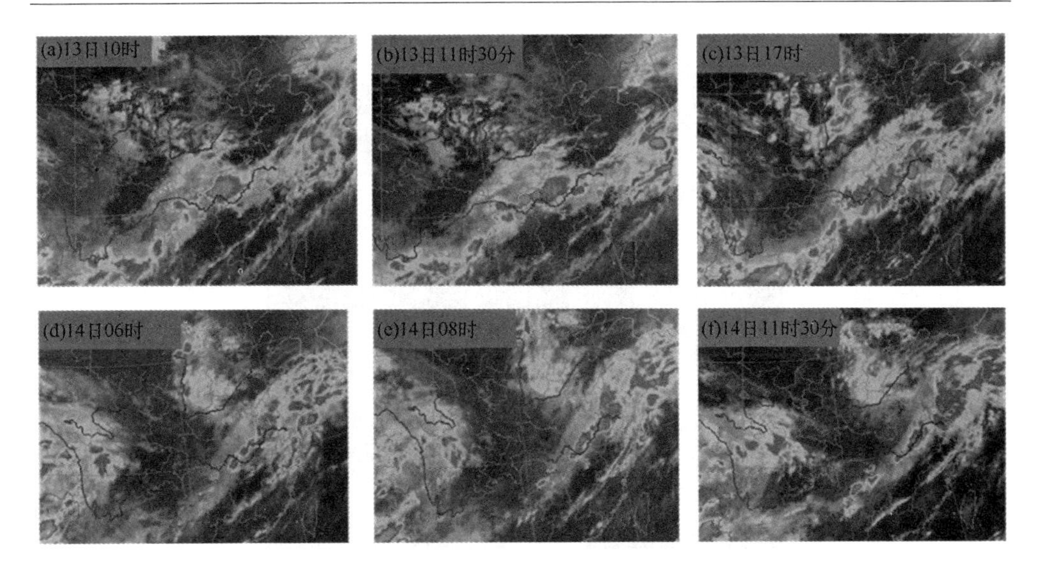

图3.35　7月13日10时—14日11时30分云团演变

(a)13日10时;(b)13日11时30分;(c)13日17时;(d)14日06时;(e)14日08时;(d)14日11时30分

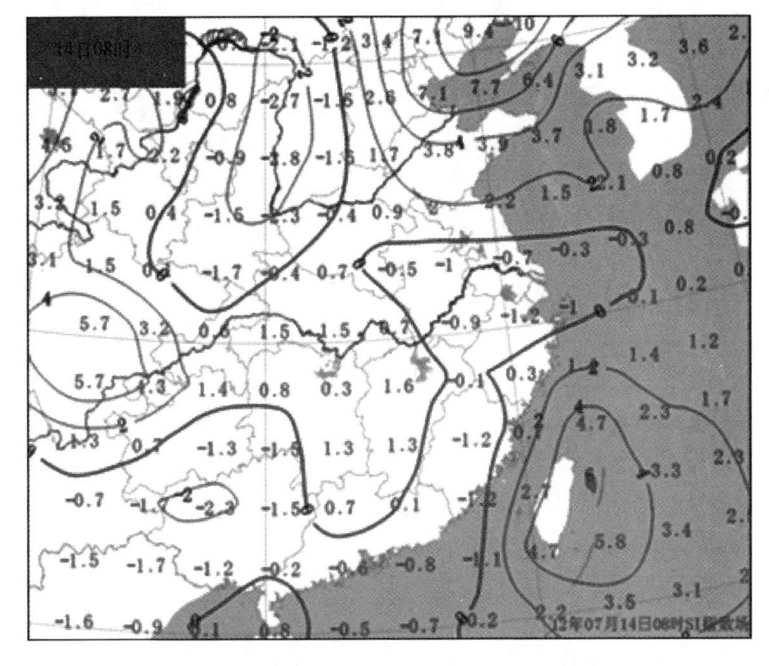

图3.36　7月14日08时SI指数水平分布

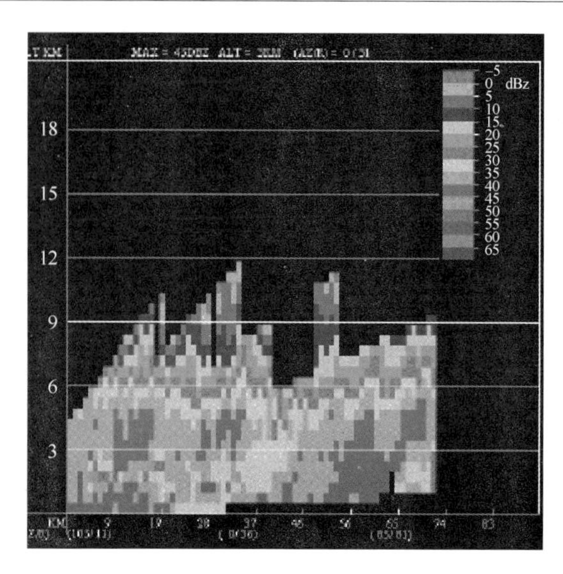

图 3.37　7 月 14 日 08:19 南京站 SB 多普勒雷达反射率因子垂直剖面图(附彩图 3.37)

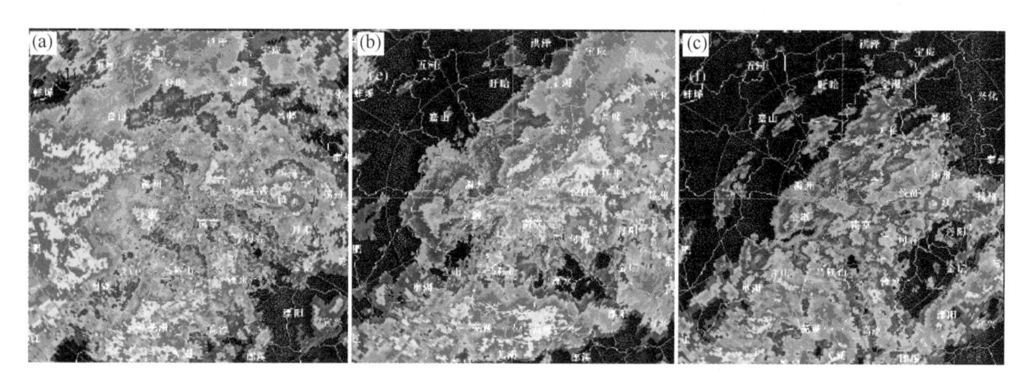

图 3.38　7 月 14 日南京站 SB 多普勒雷达 0.5°仰角反射率因子图(附彩图 3.38)

(a)04:03;(b)08:06;(c)11:59

(3)制作综合图

①7 月 14 日 08 时 850 hPa 切变线、低涡、低空急流、温度露点差($T-T_d$)等综合图一张。

②500 hPa 槽线、地面波动综合动态图一张。

(4)预报

试用 7 月 13 日 08 时和 7 月 14 日 08 时天气图以及上述参考图,制作 7 月 14 日 08 时至 15 日 08 时南京地区降水预报。

3. 分析提示

(1)降水概况

2012年6月26日,江苏省淮河以南地区自南向北先后入梅,入梅偏晚(江苏省平均入梅日为6月18—20日);7月18日出梅,出梅偏迟(平均出梅日为7月10日前后);梅期23天,较常年持平。7月13—14日,江苏省沿江和江淮之间迎来了2012年出梅之前的最后一场区域性暴雨、局部大暴雨天气过程。此次过程具有持续时间长、影响强度大的特点,据常规气象站观测数据,全省共有2个大暴雨站日,26个暴雨站日,日降水极值出现在14日的姜堰站,达182.5 mm,为该站有历史记录以来的第二高值。受此次强降水过程影响,泰州、盐城、镇江、无锡等地出现大面积农田积水、设施农业受损、果树倒伏、水产养殖漫塘等。据不完全统计,共造成71000人受灾,农作物受灾约32233.3 hm^2,绝收3000 hm^2,直接经济损失1.1122亿元。

7月13—14日,南京出现了区域性的暴雨到大暴雨天气。除六合西北部以外,南京大部分地区雨量达暴雨,其中浦口东北部、城区东北部以及六合东南部雨量达大暴雨。14日03时06分,南京市气象台发布暴雨蓝色预警信号,并且及时向公众发布最新雨情。14日07时,南京城区启动了防汛预案。由于降雨短时强度大,此次过程造成城区部分地段出现短时积淹水现象。此次暴雨过程还导致南京河道水位有所上涨,但均未超警戒线。

(2)预报提示

在梅雨形势已经建立的情况下,利用7月13日08时、7月14日08时天气图及参考图,对此次降水过程进行详细分析。制作24小时南京地区降水预报,关键是分析天气尺度和中间尺度系统及它们之间的相互配置。一般,梅雨期中的大到暴雨常与梅雨静止锋上的气旋波对应,一次锋面波动的东移,将在波动所经路径上产生一次暴雨过程。梅雨期间,700 hPa或850 hPa常有江淮切变线,其南部有一与之近乎平行的低空西南风急流,雨带常位于低空急流和700 hPa切变线之间。

丰富的水汽含量和水汽供应来源、不稳定层结、足够的抬升启动机制,是强降水的预报着眼点。

4. 思考题

(1)描述7月13日08时—14日08时500 hPa大气环流形势的演变(高、中、低纬),并预测未来24小时环流型变化特征,说明各系统在梅雨过程中所起的作用。

(2)分析7月13日08时—14日08时南京地区的各层影响系统,它们之间如何配置最有利于强降水的发生?为什么?

第4章 热带气旋天气过程分析

热带气旋(简称TC,下同)是指形成在热带和副热带海洋上具有暖心结构的强烈气旋性涡旋。在全球洋面上,TC对西北太平洋、西北大西洋、孟加拉湾及其海岸地区的影响最大。其中西太平洋(包括我国的南海)是TC形成最多的海域,平均每年约有28个TC。

通常将形成于西北太平洋和南海且具有暖心结构的热带气旋称为台风(typhoon),形成于东北太平洋和大西洋的称为飓风(hurricane),形成于印度洋和孟加拉湾的称为风暴(storm),形成于澳大利亚及附近地区的称为"威力威力"(willy-willy)。

TC是气象灾害中破坏力最大的天气系统,其伴随的大风、暴雨和诱发的巨浪、风暴潮会产生巨大的破坏力,造成财产损失和人员伤亡。我国是世界上遭受TC灾害最严重的国家之一,平均每年约有7个TC在我国登陆,沿海各省(自治区、直辖市)自南向北从海南、广西、广东、台湾、福建、浙江、上海、江苏、山东、河北、天津一直到辽宁均可受到TC活动的影响。但是,事物都具有双重性,TC带来的丰沛降水能有效缓解旱情、高温酷暑和电力需求。因此,准确地预报TC,可更及时有效地为各级政府提供防灾减灾的决策依据,以求趋利避害,最大限度地减少人员伤亡和财产损失。

4.1 热带气旋概述

4.1.1 热带气旋的分类和定义

1989年以前,我国依照TC中心附近的最大风力将其划分为三级:热带低压(6~7级)、台风(8~11级)、强台风(≥12级)。为了与国际接轨,1989年又将TC划分为四级:热带低压(6~7级)、热带风暴(8~9级)、强热带风暴(10~11级)和台风(≥12级),并统称为热带气旋。从2006年5月起,根据服务的需要,在台风之上又增加了强台风(14~15级)和超强台风(≥16级),详见表4.1。

表 4.1　TC 等级划分表

级别	英文表达	最大风力(级)	最大风速(m/s)
热带低压	tropical depression	6～7	10.8～17.1
热带风暴	tropical storm	8～9	17.2～24.4
强热带风暴	severe tropical storm	10～11	24.5～32.6
台风	typhoon	12～13	32.7～41.4
强台风	severe typhoon	14～15	41.5～50.9
超强台风	super typhoon	≥16	≥51.0

4.1.2　热带气旋的气候概况

(1)热带气旋的时空分布特征

①时间分布特征

每年全球约有 80 个 TC 形成，在西北太平洋(180°以西)和南海形成的 TC 平均约有 34.3 个。其中，我国把进入 180°以西、赤道以北的西太平洋和南海，且近中心最大风力大于 8 级的 TC，按每年出现的先后顺序编号(命名)。据 1949—2008 年的资料统计发现，进入上述地区编号(命名)的 TC 年平均有 27 个左右，其分布很不均匀，最多的是 1967 年，TC 多达 40 个，最少的 1998 年仅有 14 个，是半个世纪以来最少的年份。

TC 形成个数有明显的年代际变化，20 世纪 60—70 年代初明显偏多，1975 年以后相对偏少，90 年代后期 TC 个数明显减少，1995—2004 年没有一年超过 30 个，如图 4.1 所示。

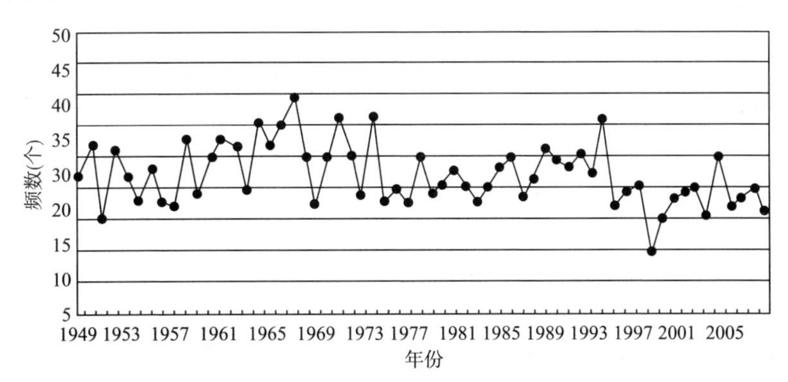

图 4.1　1949—2008 年西北太平洋和南海台风生成频数变化曲线

从 TC 生成的月份看，西北太平洋和南海地区各月均有 TC 生成，相对集中期是 7—10 月，这期间平均每年有 18.9 个 TC 生成，占生成总数的 69.05%；7—10 月各月平均分别为 4.1、5.85、5.03 和 3.92 个，分别占生成总数的 14.98%、21.37%、18.38%和 14.32%；1—5 月形成的 TC 较少，其中 2 月最少。

②空间分布特征

据相关文献的统计，如果将热带低压计算在内，西北太平洋和南海海域在(106°E～180°,0.5°～40°N)范围内均有 TC 形成，其中南海形成的 TC 约占整个海域的 1/3。TC 的空间分布很不均匀，在 4°N 以南，30°N 以北，110°E 以西和 170°E 以东，很少有 TC 形成；10°N 附近 TC 形成最多，但在南海海域 TC 于 16°～17°N 形成最多。TC 主要在以下三个海域形成：南海中北部偏东洋面(114°～120°E,14°～18°N)、菲律宾以东至加罗林群岛洋面(128°～134°E,10°～14°N)、加罗林群岛一带(136°～152°E,8°～12°N)。其中，加罗林群岛源地东西跨度最大，TC 形成数量最多，是 TC 形成的一个主要源地，在这一源地中又以加罗林群岛中部 TC 形成数量最多。

从 1972—2001 年 TC 年平均出现频数地理分布可以看出，TC 在不同海域和沿岸出现的频率不同，TC 活动最频繁的两个区域是南海中北部海面和菲律宾以东洋面，TC 于 12°～19°N 活动最频繁(图 4.2)。

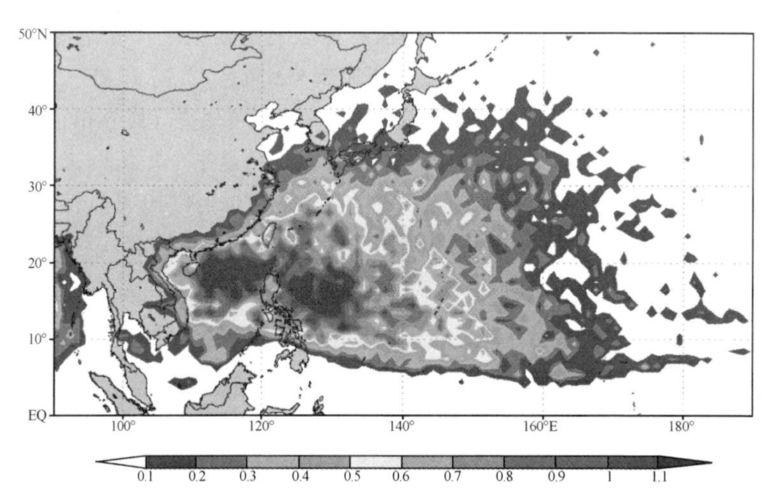

图 4.2　1972—2001 年 TC 年平均出现频数地理分布

TC 的形成源地也有明显的季节变化，1—4 月，大多数 TC 在 10°N 以南形成，尤其集中在 5°～7.5°N；2 月，TC 形成的平均纬度最低，位置偏南，之后逐渐北移；6 月，TC 形成的范围和频数明显向北扩大；8—9 月，TC 形成的纬度最北可达 30°N 附近，其形成最集中的纬度也逐月北抬，可达 16°N；9 月以后，TC 形成的纬度逐月南移，直至最南的位置。

TC 频繁活动的区域，其季节变化与 TC 形成源地非常相似，1—3 月，TC 频繁出现在 10°N 附近；4 月，10°～20°N 开始出现 TC 的分散活动带，此后，频繁活动带明显扩大，并经历一个先北上再南下的过程；12月，TC的最频繁活动带在15°N，活动的频率与5月相当。

由此可见，TC形成的纬度有明显的季节变化，其特征与西太副高位置的季节变化基本一致。

(2)登陆TC的统计特征

我国东濒太平洋，南临南海，有着长达18000 km的海岸线，是TC频繁登陆的国家之一。从1949—2008年的统计结果可知，有410个TC在我国沿海地区登陆，平均每年有6.83个，其中登陆时为热带风暴、强热带风暴、台风、强台风和超强台风的TC分别占登陆总数的19.19%、37.23%、30.02%、10.82%和2.74%，台风以上强度的TC占总数的61.90%。另据统计，TC登陆最多的是1971年，有12个；最少的是1950年和1951年，各有3个。

从登陆的月份看，1949—2008年，除了1—3月尚未有TC登陆我国之外，其余月份均有TC登陆，每年7—9月是我国登陆TC最活跃的季节，期间登陆数占全年总登陆数的78.33%。具体而言，7—9月各月平均有1.8、1.8和1.75个TC登陆，分别占登陆总数的26.35%、26.35%和25.63%，其余依次是6、10、5、11月，4月和12月登陆我国的TC最少。

据1949—2008年资料统计，多年平均第一个TC登陆我国大陆和台湾的日期约为6月19日，而2008年热带风暴“浣熊”登陆时间为4月18日，比多年平均日期早了两个月，是最早登陆我国的TC。多年平均最后一个TC登陆我国的时间是10月11日，2004年12月4日“南玛都”登陆台湾，是最晚登陆我国的TC，而最晚登陆我国大陆的TC是7427号，登陆日期为12月2日。

由于我国沿海海岸线的分布和部分TC路径等因素，少数TC会出现多次登陆的现象，因此，登陆我国的TC年平均为8个，但年平均登陆次数达11次。按平均登陆次数统计，我国沿海自北向南均有TC登陆，其中广东是登陆最多的省份，约占35.2%，然后依次是海南、台湾、福建、浙江和广西，其余各沿海省(直辖市)TC登陆次数很少(李英等，2004)。

通常从春到夏，我国TC登陆点的纬度逐渐北移，8月达最北，登陆点的平均纬度在24°N，9月开始又逐渐南移。

4.2 热带气旋的形成

4.2.1 TC形成的基本条件

气象工作者长期以来对TC的成因进行了大量的研究工作。一般认为，TC的形成需要如下几个基本条件。

①有足够广阔的热带洋面，且从表面到 60 m 深，海温必须在 26℃以上。

②从海面到对流层中层，要有深厚的高湿度层，促进深厚积云对流和对流层垂直运动的发展以及云中降水，进而有利于潜热的释放。

③对流层风速垂直切变要小，有利于气柱内凝结潜热的集聚和暖心结构的形成，进而导致地面气压下降，形成低压环流。

④高空辐散有利于 TC 发展。

⑤有强的且经常出现的对流不稳定($\Delta\theta_{se}/\Delta P>0$)。

⑥低层有正的绝对涡度，这与低层的相对涡度有关。观测表明，低层涡度场为正的区域才有可能形成 TC，TC 总是由热带洋面上的初始扰动(热带低气压或水平尺度为 5～6 个纬距的云团)发展而成，特别是在热带辐合带(ITCZ)中形成的 TC。另外，在赤道附近没有地转偏向力的作用，不能形成气旋性涡旋。

4.2.2 TC 形成的主要过程

TC 形成是一个非常复杂的过程。陈联寿等(1979)的研究和一些观测结果表明，在西太平洋地区，TC 形成可归纳为如下几种过程。

(1)热带辐合带的作用

在西北太平洋，TC 大多由热带辐合带(ITCZ)中的热带云团(含季风云团和热带云团)发展而成。通常，一个 ITCZ 演变过程可形成 1～2 个 TC，有时在有利条件下，如 ITCZ 很强并延续，可相继或同时形成多个 TC。在 ITCZ 中的季风槽，常有低压或涡旋发展成 TC；而信风(东风)槽中不容易有扰动发展为台风。

以 135°E 为中心，10 个经距范围内的 ITCZ 活跃区也是 TC 形成的密集区。ITCZ 较强的年份通常当年多 TC 活动。ITCZ 又分为季风辐合带和信风辐合带。在季风辐合带中，较容易有低压或涡旋发展成 TC，而信风辐合带中形成的 TC 要少得多。图 4.3a 是 2008 年 6 月 14 日 20 时的 850 hPa 风场，ITCZ 位于 10°N 以南，从 120°E 伸展到 150°E，在这条 ITCZ 上，有一个热带扰动，位于 142°E 附近。这个热带扰动一直沿着 ITCZ 缓慢向偏西方向移动，由于其北侧的偏东信风稳定维持，而南侧的西南季风逐渐加强，增强了低层的气旋性环流。在 CISK(第二类条件不稳定)机制作用下，这个热带扰动逐渐加强，6 月 18 日 20 时发展为热带低压，如图 4.3b 所示。6 月 19 日 08 时又进一步加强为热带风暴，命名为“风神”。

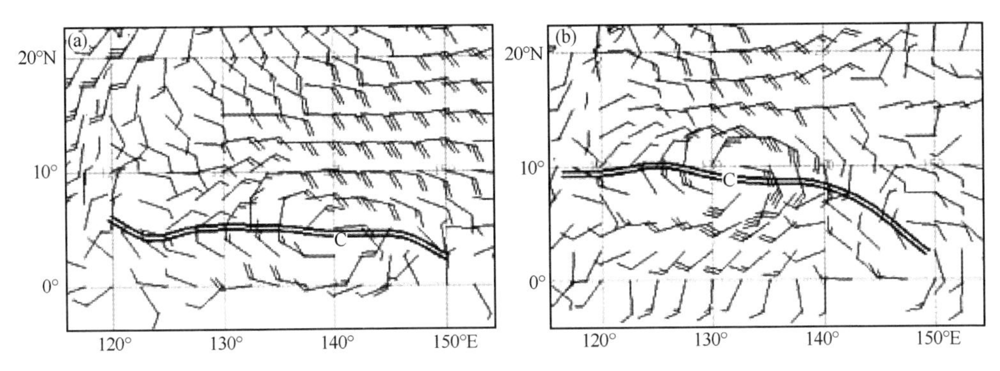

图 4.3　2008 年台风“风神”在 ITCZ 中形成的风场分布

(a)扰动阶段:6 月 14 日 20 时;(b)热带低压阶段:6 月18 日 20 时

(图中双线为 ITCZ,使用 ECMWF 模式分析资料)

(2)东风波的作用

王蔚等(2008)指出,东风波形成 TC 约占 10%,分两种情况:一种是东风波作为初始扰动最后发展为 TC;另一种是东风波移到一个已存在的低层扰动之上,激发其发展为 TC。第一种情况下,西移的东风波在高空辐散流场、高空槽前或低层流入加强等任一系统作用下,均有可能发展为 TC。在形成过程中,往往经历东风波动阶段、增暖阶段和发展阶段。第二种情况是高空东风波西移至低空低压扰动之上时,槽前的辐散作用可以促使低压扰动迅速发展,加强为 TC。例如,2004 年 7 月 25—26 日,南海东北部海面存在一个热带扰动,当一个东风波从西太平洋经台湾上空移到华南近海上空时,这个热带扰动 27 日在粤东近海突然加强成为第 11 号热带风暴。林良勋等(2006)指出,在南海海面,由东风波形成的 TC 需具备 3 个条件:700 hPa 高度上的波动较强,波上东南风和东北风风速＞10 m/s;南海中南部西南风风速＞12 m/s;东沙、汕头为负变压和成片雨区。

(3)冷空气的作用

一般情况下,强冷空气不利于 TC 的发生发展。冷空气强度不同、路径不同,南海和华南天气系统配置不同,冷空气的影响和作用差别会较大。但在过渡季节,适量的冷空气入侵有利于 TC 的发生发展。冷空气入侵使不稳定空气发生明显扰动,形成大范围降水,引起潜能大量释放,加速上升移动;增加了 TC 外围的气压梯度,加强了热带扰动北侧的东北或偏东风。由于冷空气造成的斜压性,存在较强的温度梯度和部分斜压能量的释放;冷锋产生大量对流云是热带扰动发展的有利环境条件。

(4)太平洋中部高空槽的作用

太平洋中部高空槽(TUTT)一般由中纬度西风槽振幅加大而伸展到热带形成。TUTT 南侧或西南侧的辐散气流叠加在低层热带扰动上空，在东北方和西南方各有一条流出通道，如图 4.4 所示，使其发展为 TC。TUTT 内的冷涡势力较强时也会伸展到地面，诱发出东风波和低压扰动，这些扰动在有利的环境条件下可以发展并形成 TC。但这种方式形成的 TC 在西太平洋并不多。冷涡从冷心变成暖心的过程目前也不是十分清楚。

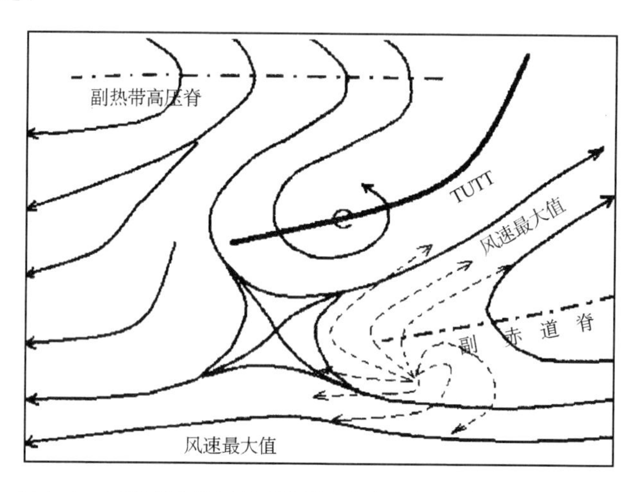

图 4.4 有利 TC 发展的 TUTT 及高空环流型(Sadler,1978)

4.3 热带气旋中心位置和强度的确定

确定 TC 中心位置和强度是制作 TC 预报和发布 TC 预警的第一步，因为 TC 预报的质量依赖于 TC 初始定位和定强的精度，这种精度不仅会影响 TC 路径和强度预报的质量，同时也会影响到 TC 所带来的狂风、暴雨和风暴潮预报的质量。尤其是当 TC 即将登陆时，高精度的 TC 定位和定强对短期预报至关重要，而较大的定位和定强误差则往往会导致 TC 业务预报出现重大失误，TC 定位误差造成的影响往往会左右预报员的思路，尤其是对未来移向出现严重分歧时更是如此。因此，确定 TC 的准确位置和强度，是 TC 分析的基础，是 TC 实时预报业务中重要工作之一，也是从事 TC 分析和预报的工作者必须掌握的技术。按照中国气象局《台风业务和服务规定》，国家气象中心负责 TC 的定位，不负责定位的时次，各省(自治区、直辖市)气象台可根据需要自行定位(中国气象局，2001)。

目前，我国气象部门通过已建成的国家级和省级气象台观测站网，对 TC 实施从生成至消亡的全程监测。对 TC 的监测主要包括:地面探测、高空探测、雷达观测、其他特种观测和遥感探测等。地面探测主要是对 TC 影响时近地面层和大气边界层范围内的各种气象要素进行观察和测定;高空探测一般是利用探空气球携带无线电探空仪器升空进行,可测得不同高度的大气温度、湿度、气压,并以无线电信号发送回地面,利用地面的雷达系统跟踪探空仪的位移还可测得不同高度的风向和风速。多普勒天气雷达可对 TC 进行监视、跟踪,雷达探测的降水强度、回波高度、范围和分布状况等可为 TC 实时监测以及临近预报提供重要参考依据;特种观测包括 GPS/MET 水汽监测、边界层气象要素梯度探测、陆地移动"追风"探测、飞机气象探测、海面船舶探测等;遥感气象探测主要是利用气象卫星、雷达和其他遥感仪器等设备进行的气象要素探测。

图 4.5 是 1211"海葵"登陆前后卫星图像,从图中可以看到"海葵"登陆前后结构、强度、路径的演变。登陆前(图 4.5a～c),台风密闭云区都成圆环状,外围螺旋云带丰富、层次分明,结构对称,眼区清晰呈正圆形,云顶亮温低,内核区最低值普遍在 −70℃以下,在 7 日 20 时的时候,云顶亮温极值最低,接近 −74℃,这说明这个时次前后台风强度最强,在近海以后,强度还在加强。台风靠近陆地后(图 4.5d～f),陆地对台风的结构造成了一定的破坏,亮温上升,8 日 14 时,亮温最低在 −50℃左右,台风强度明显减弱。但是密闭云区和螺旋云带都还比较完整,结构也基本对称,范围也没有明显减小。

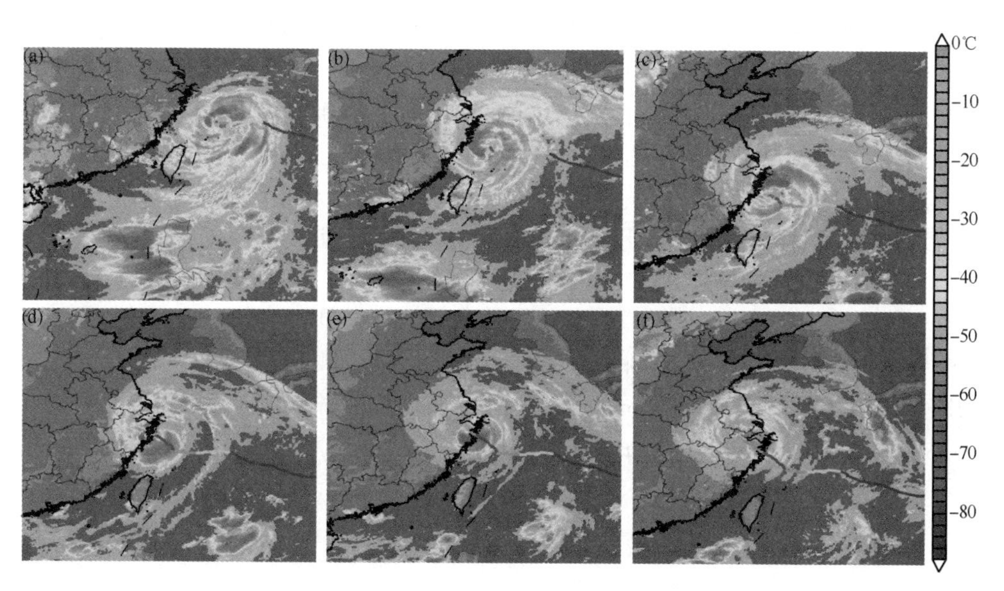

图 4.5　1211"海葵"登陆前后卫星图像

(a)6 日 20 时;(b)7 日 17 时;(c)7 日 20 时;(d)8 日 02 时;(e)8 日 08 时;(f)8 日 14 时

4.3.1　TC 中心位置的确定

TC 中心定位正确与否直接影响 TC 的预报。其影响主要表现在 4 个方面：对 TC 前期路径趋势分析出现偏差；对当前时刻 TC 是否发生变化产生误判；对未来时段的(外推)预报造成人为失误；对客观预报方法的预报结果产生较大影响。

随着探测手段和分析技术的进步，TC 定位的精度呈逐步提高的趋势。20 世纪 70—80 年代，定位误差为 31～49 km。近年西太平洋地区各主要预测机构的 TC 定位平均误差已减小到 20 km。

(1)卫星定位

气象卫星探测图像是确定台风中心位置最常用的资料。气象卫星上有 3 种基本的传感器，两种为被动式，一种为主动式。第一种传感器是卫星上的电视系统，能够给大气"照相"，早期的卫星只提供这种照片。第二种传感器是高级辐射仪，它能够收集来自大气和地面的上行辐射，并可调整合适的波段观测不同的大气特征。对确定台风中心位置特别有用的是可见光、近红外和微波传感器，此外还有水汽通道传感器。可见光传感器只能在白天使用，它能够直接反映出云层的外观和台风的环流结构；红外传感器可在白天或夜间使用，它能够探测由云顶所释放出的红外射线，由于红外线是由物体热能转化而成的射线，因此它能提供云顶温度的分布，并区分不同层次的云；水汽通道传感器能够提供整层大气水汽含量的图像，对弱的和正在发展的台风，使用这种图像可以对可见光和红外资料定位提供有益的补充。第三种传感器是主动传感性的，它发射能量脉冲，并且测量后向散射部分，包括微波雷达和激光雷达，微波雷达能够观测云中的液态水。如美国 NASA 的 QuikSCAT 卫星所观测的海面风场资料，它通过卫星上的雷达发出回波扫描地球海面上波浪的大小来估算海面风场的分布，这对于掌握较弱台风的中心位置和强度有很大帮助。

目前在台风监测业务中使用的上述 3 种卫星图像可由我国的风云 2 号系列卫星(FY-2C、FY-2D 静止气象卫星)和风云 1 号系列卫星(FY-1D 极轨气象卫星)以及日本的 MASAT 静止气象卫星等获得。微波辐射易穿透云层且很少衰减，因此可用于对台风暖心结构等的分析，目前在业务中使用的微波图像可由美国的 TRMM(Tropical Rainfall Measuring Mission)、SSM/I(Special Sensor Microwave/Imager)以及 AMSU-A/B(The Advanced Microwave Sounding Unit-A/B)等极轨卫星所获得。图 4.6 是微波资料揭示的 201215"布拉万"台风热力结构，可以很清楚地看到暖中心位于 300 hPa 附近。

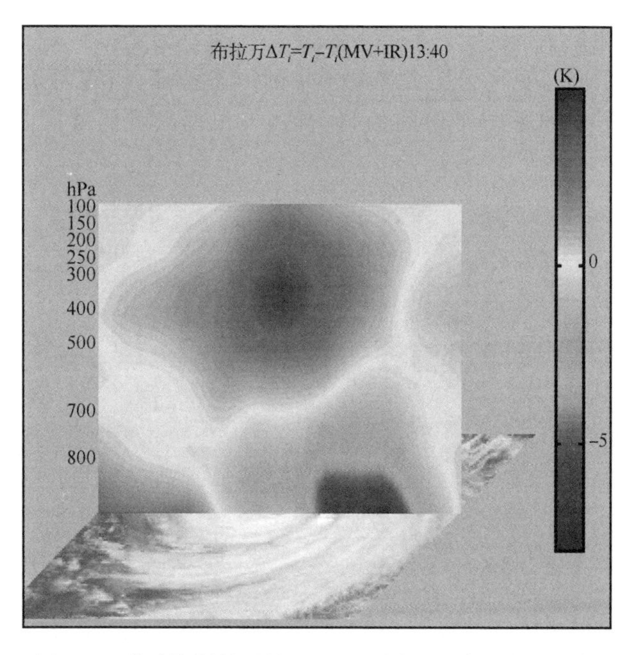

图 4.6　微波资料揭示的 201215“布拉万”台风热力结构

卫星云图定位主要包括以下几种方法。

①台风眼定位

对于有规则的眼的 TC，依据红外云图和可见光云图眼区定位一般较准确，小而圆的眼即台风中心（图 4.7a）；大而圆的眼，中心定在眼区的几何中心（图 4.7b）；不规则的大眼，中心定在红外云图上眼区内最黑区的几何中心（图 4.7c）。

图 4.7　具有不同特征台风眼的卫星云图

(a)小而圆的眼(2005 年 9 月 25 日 12 时)；(b)大而圆的眼(2005 年 9 月 25 日 20 时)；(c)不规则的眼(2005 年 9 月 27 日 02 时)

②螺旋云带定位

分析红外云图和可见光云图上螺旋云带的形态特征，当有两条或两条以上云带时，TC 中心通常位于这些云带中间的晴空区，可根据云带的共同曲率中心确定(图 4.8)。

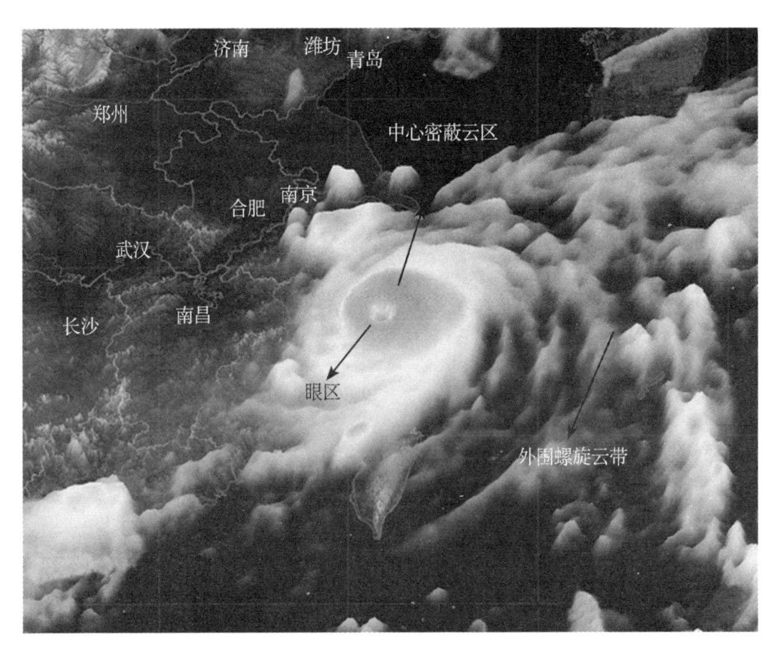

图 4.8　2006 年 8 月 10 日 15:25"桑美"红外卫星云图

③密蔽云区定位

当 TC 中心位于没有眼的密蔽云区内时，中心定在圆形对称的密蔽云区几何中心；如果密蔽云区一侧边界光滑，另一侧有明显的卷云流出，那么中心有可能靠近边界光滑一侧的边缘；当密蔽云区减弱，有舌状干空气侵入时，TC 中心位于干舌的顶端。

④可见光云图的积云线定位

当 TC 强度较弱，中心部分或全部暴露于对流云区之外的少云区时，可根据可见光云图上的积云线定位，气旋中心在积云线的曲率中心。

用卫星云图确定 TC 的中心位置，首先要对卫星云图的经纬度网格进行校正，一般可将可见光云图上的地形(如海岸线)与画出的地图边界进行对比。此外，对远离星下点(卫星和地心连线与地面的交点)的 TC 还要进行斜视校正，一般往星下点方向订正 0.1 个经纬度。最后，对比前期 TC 路径及变化情况进行合理性检验。

目前在业务上有国家卫星气象中心、日本气象厅和美国的卫星定位报可供参考。

(2)雷达定位

雷达探测和卫星探测的不同点在于,气象卫星是从约 36000 km 的高度上(地球静止卫星)由上向下探测,可以观测到 TC 全貌;而雷达是由地面向上探测,受到地球表面曲率的影响,我国的气象雷达探测范围在 460 km 以内。当 TC 进入雷达的探测范围时,雷达探测可以作为确定 TC 中心位置的重要依据。

①台风眼定位

一个发展较成熟的 TC,在其眼周围有“手环状”或“半月状”的圆形、长圆形或椭圆形等形状的对流回波,称为眼壁回波,如图 4.9 所示,其强度特别大、高度高,是 TC 中心定位不可缺少的依据之一。只要探测到眼壁回波,就可将台风眼的几何中心定为 TC 中心位置。小而规则的(圆形)眼定位误差较小,眼区大且不规则时误差较大。

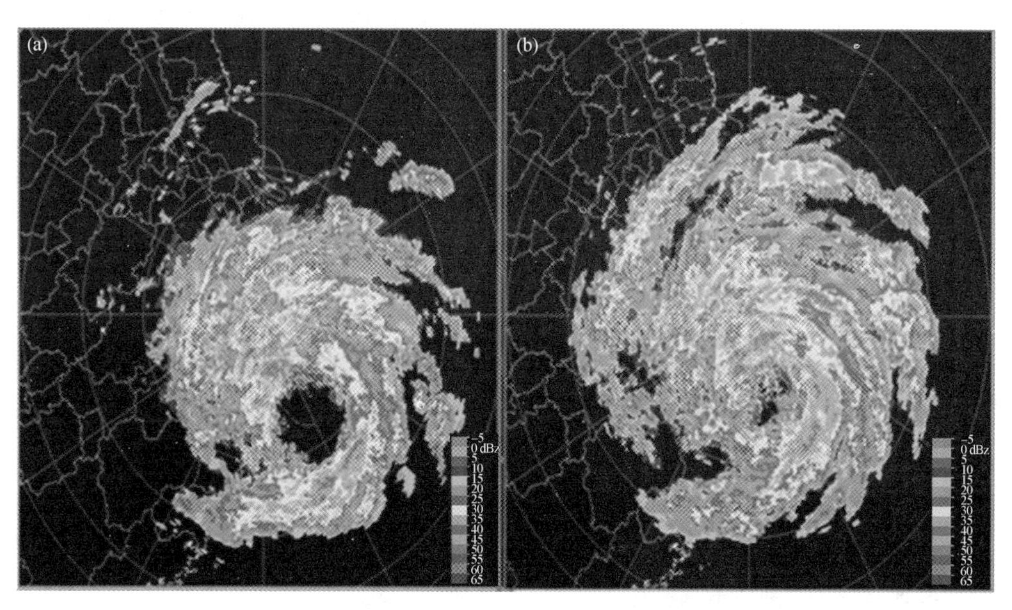

图 4.9　1211“海葵”登陆前(a)后(b)眼壁回波

②螺旋雨带回波定位

如果 TC 中心离雷达测站较远,无法测到台风眼区,或由于 TC 强度弱,没有台风眼,但测到明显的螺旋云带,在这两种情况下可用螺旋雨带定位,通常采用螺旋线套叠法。当 TC 中心尚未进入雷达有效测距内,如果螺旋云带比较完整,可选取合适的多个螺旋线并进行套叠,找出螺旋线原点,定出 TC 中心位置。

在实际业务中,通常事先在透明纸上绘出 10°、15°、20°三个不同螺旋角的螺旋线,探测时选择合适的螺旋线套在气旋螺旋回波带上即可根据螺旋线中心确定气旋中心。

③回波反射率和径向速度特征定位

首先根据反射率资料的序列动画确定TC中心的大致范围，然后在同一时次的径向速度图上找出径向速度梯度最大处，将光标放在零速度线与正、负速度极值区连线的交点上，据此确定TC的中心位置，如图4.10所示（张培昌等，2001）。

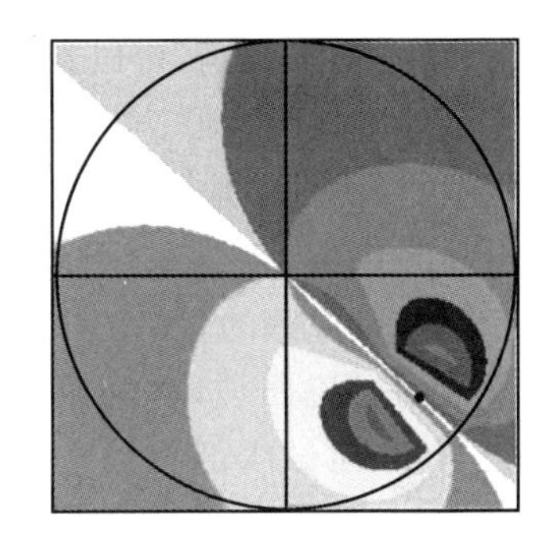

图4.10 兰金(Ranking)模式模拟的标准TC水平风场的多普勒雷达特征（图中黑色圆点为TC中心）

(3)地面资料定位

根据TC影响区域的风、气压、变压等主要气象要素的特征定位，风场的辐合中心和气压最低处即TC中心。

由于海岛和船舶资料比较少，观测的误差大，所以，在定位时应对TC周围的观测记录进行细致的判断。应用地面天气图资料进行定位时，必须综合分析各种要素的特征，进行合理的配置，所确定的TC位置是风场的辐合中心，气压的最低处，且位于正、负变压的中心线上。

近年来，我国自动气象站网已经非常稠密，大大提高了登陆TC的定位精度，但是使用时必须剔除故障的、代表性较差的站点。

(4)TC的综合业务定位

目前，业务发布的TC中心位置是基于各种定位方法的综合定位。通常，TC在洋面上活动时，主要基于卫星云图定位，其次是天气图的船舶资料定位；TC靠近海岸，并进入雷达探测范围时，主要基于雷达和卫星定位；TC在登陆阶段或在陆上，主要基于天气图和雷达定位。由于不同的定位方法特性不同，定位的差异较大，因此，需要进行综合的交叉使用和对比分析，才能定出较准确的TC位置。

4.3.2 TC强度的确定

TC的强度是决定其危害大小的重要因素之一。表征TC强度的要素有中心附近的最大风速和中心最低海平面气压。

TC强度的确定主要取决于TC的探测手段。西太平洋上现有卫星、雷达、常规观测、自动站和船舶观测等探测手段。下面介绍应用这些探测资料确定TC强度的方法。

(1)用卫星探测确定TC的强度

目前世界各国（包括中国、美国和日本等国家）主要是采用美国科学家Dvorak研发的Dvorak分析技术，根据静止气象卫星在红外和可见光波段观测的TC云型特征及其变化确定 TC 的强度，该技术于 1987 年由世界气象组织推荐使用，已成为在缺少飞机探测地区监测 TC 强度的世界标准(裘国庆等，1995)，也是强度预报最通用的方法。Dvorak 技术给出了用于表征 TC 强度的 TC 现时强度指数(CI，Current Intensity)，然后由观测统计得到的现时强度指数与台风近中心最大风速的经验关系，得到台风近中心最大风速，最后再由台风中心最低海平面气压与台风近中心最大风速的风压统计关系确定台风中心最低海平面气压。

在卫星云图上，TC 强度是 TC 云型结构多种特征的综合反映。这些特征包括：TC 的环流中心、中心强对流云区的范围及外围螺旋云带等。通过对卫星云图中的这些特征进行分析判断，分别给出各个特征的强度指数，TC 现时强度指数就是这些特征的强度指数之和。

①环流中心特征指数(T_1)的确定

有台风眼时，分无规则眼、大而圆眼、小而圆眼和清晰小圆眼，对应 T_1 的值分别为 2.0、2.5、3.0 和 4.0；无台风眼时，分环流中心在密蔽云区的外部、边缘和内部，对应 T_1 的值分别为 0.5、1.0 和 1.5。

②中心强对流云区特征指数(T_2)的确定

T_2 以中心强对流云区经向与纬向距离的平均值表示，即

$$T_2=0.5\times(\text{云区东西向平均长度}+\text{云区南北向平均长度})$$

T_2 的单位是纬距。

③云带的带状特征指数(T_3)的确定

T_3 由外围螺旋云带和中心强对流云带的特征确定，详见表 4.2。

表 4.2　T_3 数值表

螺旋云带	无带	半环状带	环状带	一环半状带	双环带	强对流云带
值	0	0.5	1.0	1.5	2.0	3.0

TC 现时强度指数 CI 是上述 3 项之和，即

$$CI = T_1 + T_2 + T_3$$

需要指出的是，在上述确定台风强度指数的过程中，并没有考虑台风眼区的温度及中心密蔽云区和螺旋云带的最低云顶温度等与 TC 强度有关的其他因素，因此在确定 TC 强度的实际业务过程中，情况要复杂得多。此外，确定的 TC 强度精度还取决于 TC 预报员的长期实际业务经验。

在得到 TC 现时强度指数(CI)后，就可以由观测统计得到的现时强度指数与 TC 中心附近最大风速的经验关系，得到 TC 中心附近最大风速，TC 中心最低海平面气压则是应用风压关系得到的。风压关系是利用历史观测资料得到的台风中心附近的风速与最低气压之间的一种经过纬度和季节订正的统计关系，该统计关系随地理区

域的不同而有所差异。

表4.3给出了TC现时强度指数*CI*与TC中心最大持续风速和海平面气压的对应关系。

表4.3　TC现时强度指数*CI*与TC中心最大持续风速和海平面气压的对应关系

现时强度指数*CI*	最大持续风速(n mile/h)	最大持续风速(m/s)	海平面气压(hPa)
衰减			
1.5	25	13	1004
2.0	30	15	1001
2.5	35	18	997
3.0	45	23	989
3.5	55	28	984
4.0	65	33	978
4.5	77	39	969
5.0	90	46	959
5.5	102	52	948
6.0	115	59	933
6.5	127	65	920
7.0	140	72	906
7.5	155	79	894
8.0	170	87	882

(2)用雷达探测确定TC的强度

在实际业务中,通常利用雷达探测眼的形状、眼壁高度、厚度、眼区直径、螺旋角的大小、螺旋雨带的紧密程度和范围等,来判断TC中心附近最大风力。其主要方法如下:

①根据TC雷达回波最小螺旋角与中心最大风速的经验统计关系来确定,若允许误差在±5 m/s以内,其准确率为92%(表4.4)。当最小螺旋角>20°时,TC强度通常达不到热带风暴。

表4.4　TC雷达回波最小螺旋角与中心最大风速的关系

螺旋角度数	对应近中心最大风速		与对应的近中心最大风速频率±5 m/s	
	最大风速(m/s)	准确率(%)	最大风速(m/s)	准确率(%)
6°	50	70	45～55	93
8°	45	66	40～50	83
10°	40	82	35～45	96
12°	35	78	30～40	98
14°	30	57	25～35	100
16°	25	71	20～30	86
18°～20°	20	52	15～25	91
平均		68		92

②根据统计和经验得出各回波参数特征与风速的关系，组成 TC 强度查算表（表 4.5）。用各贡献量之和，作为最大风速的参考。

表 4.5　各回波参数特征对 TC 中心最大风速贡献量(m/s)查算表

回波特征＼贡献量	1	2	3	4	5	6	7	8	9	10	11	12	14
眼壁高度(km)		无眼	1～4	5～6	7～8	9～10		11～12		13～14		15～16	>16
眼壁宽度(km)	无眼		≤10	11～20		21～30		>30					
眼壁直径(km)		无眼	≥56	46～55	36～45		26～35		16～25		≤15		
眼区形状		无眼	破碎不闭合	多边形		半圆环		椭圆闭合		圆形闭合		双眼环闭合	
气旋中心离测站距离		≤100		101～200		201～300			301～400				
螺旋云带微观结构	回波散乱	块状单体成带	块状片状			均匀片状		带片状			粘合成片		
螺旋云带横切角		>25（或无）	21～25		16～20			11～15				≤10	
气旋紧密度		松散		中等				紧密					

(3)用地面观测确定 TC 的强度

用地面天气图上的海岛、船舶和海洋石油平台的观测记录（风）来校正和确定 TC 中心附近的最低气压和最大风速，这也是 TC 预报业务中常用的方法。海上的风和气压记录，越靠近气旋中心其参考的分量越重。TC 登陆后，可参考常规气象站、自动站的紧密观察记录确定中心附近的最低气压和最大风速，应注意记录的可靠性和代表性。考虑到观测网不一定恰好在正点记录到最低气压和最大风速，还可以参考前后 10～20 min 的观测记录。

4.4　热带气旋强度的预报

TC 强度预报的对象是 TC 近中心最大风速或中心最低气压。在目前的 TC 强度业务预报中，一般是通过对影响 TC 强度的多个气象因子进行综合分析，同时结合一些强度客观预报方法来制作 TC 强度预报的。由于目前的 TC 强度客观预报的准确率不高，在实时 TC 强度业务预报中，预报员除了参考 TC 强度客观预报的结果，还要通过对影响 TC 强度的多个气象因子的分析对 TC 强度的变化趋势给出定性分析，最后还要结合预报员的主观经验对 TC 强度客观预报的结果进行订正。

4.4.1　影响 TC 强度变化的因子

TC 形成的基本条件在前面已讨论过。一般只要出现有利于 TC 形成的因素，都有利于 TC 的维持与加强；反之，TC 将减弱。

(1)海温条件

一般而言，如果其他条件有利，当 TC 处于或移向高海温区时，强度将维持或加强。在盛夏和初秋，西北太平洋的热带和亚热带洋面以及南海的海温通常都具备适合 TC 维持和发展的条件。但当一个 TC 连续几天回旋少动时，会造成深层的较冷海水上翻，对 TC 发展不利。TC 形成的"冷尾流"不利于在该区域形成新的 TC，对紧随其后的 TC 强度也有明显减弱作用。在过渡季节(如初夏和深秋)，TC 常常会因为移到海温较低的海域而减弱，甚至消亡。如 0621 号超强台风"飞燕"在穿过菲律宾进入南海以后，最大风速仍有 40 m/s，重新进入开阔海面后，本是可以维持或加强的，但由于 11 月 13 日到达南海中西部海面后，海温在 27℃以下，使其强度不断减弱，15 日 02 时后在西沙附近消失。

(2)环境流场

在影响 TC 强度的因素中，环境流场至关重要。低层辐合是 TC 形成和发展的条件之一，西南季风、过赤道气流和副高南部边缘的偏东信风在低层辐合中扮演着最重要的角色。流入 TC 的西南季风和过赤道气流加强，TC 往往也会随之加强。这两支气流常常从孟加拉湾到中南半岛或从菲律宾群岛到马来西亚及以东的洋面上，通过 850～700 hPa 层向东或向北伸展输送到 TC 的区域。气流的强风速带一般达 10～14 m/s，有时可达 16～20 m/s。在卫星云图上，输入云带从 TC 的西南—南侧外围卷入中心，促使 TC 明显发展。季风云团中常常有很强的深对流发展，为 TC 提供了重要的能量来源，也为暖心结构提供了重要的热力条件。如果这两支气流减弱或其来源被切断，TC 的强度将减弱。同样，副高在 TC 的北侧加强西伸，偏东气流加强，也利于 TC 加强，反之，则不利于 TC 的加强。在过渡季节，偏东风也可以是变性高压脊南部的偏东风或东北风。

高层的流场对 TC 强度的影响也不容忽视。当 TC 处于高空辐散场中，由于高空辐散的抽吸作用，使 TC 低层的质量辐合作用加强，有利于 TC 中的能量和水汽输送，TC 强度将会加强，反之则会减弱。高空辐散在散度分布上表现为正散度，最大正散度中心位于 TC 中心或其附近的高空；在卫星云图上，辐散场通常表现为 TC 中心的上空有向外流出的卷云羽，特别在 TC 上空卷云羽从中心向东北、东、南和西南几个方向流出，表明 TC 上空存在强的辐散场。

大量的观测研究表明，环境垂直切变对 TC 强度的影响具有抑制作用，即垂直切变能阻止 TC 在环境切变气流中发生和发展。但是，也有一些数值模拟结果表明，在一定的垂直切变场中，如东风切变将有利于 TC 的产生和发展，这主要是因为当 TC 以整层平均速度移动时，低层的辐合和高层的暖核仍然保持同位相，因此有利于 TC 发展。Holland(1980)的数值研究则表明，垂直切变会使 TC 增强的速率减缓，但它并不影响 TC 达到它的最大可能强度。可见，观测研究与数值模拟结果并不一致，而同样是数值模拟其结果也不一样。由此可见，垂直切变对于 TC 强度变化的影响，并不是简单的阻止或有利于 TC 强度的发展，而且以上的研究忽视了它在 TC 发生、发展以及消亡的各个阶段的不同作用。

(3)冷空气

冷空气可使 TC 变性而具有温带斜压特征。这种结构特征将使涡旋获得斜压能量，位能转化成动能而使涡旋得以迅速加强发展。弱的冷空气将使涡旋位势不稳定能量聚集，造成强对流发展而使弱的涡旋再生。经验表明，沿海低空降温 1～4℃，有利于 TC 发展。由于冷空气活动过程中，经常伴有高空低槽发展，尤其是当高空有强的低槽发展时，槽前经常形成一支高空西南急流，如果在急流轴的南侧或东南侧有 TC 存在，一般距槽前西风急流南缘 8～12 个纬距，槽前正涡度平流，将加强 TC 高空的辐散场，同时，由于西南风急流轴之右侧，风场的水平切变是反气旋性，也将使 TC 高空的辐散场进一步发展，抽吸作用加强，有利于 TC 强度加强。

但如果冷空气较强，且大量卷入 TC 内部，它会破坏 TC 的暖心结构，从而使 TC 快速填塞消失。如 7514 号台风 10 月 14 日在珠江口外海面遇较强冷空气，6 h 内最大风速从 35 m/s 减小到 20 m/s，从台风强度到 TC 消失只用了 12 h。

(4)地形

地形是影响 TC 强度迅速减弱的最重要的原因之一。地形对 TC 强度的影响主要是由于地表摩擦力加大，径向风速加大，使 TC 强度迅速减弱。一般来说，地形越复杂，山脉越高，对 TC 减弱的作用就越大。

几乎所有的 TC，当其中心距离大型岛屿或陆地 200～400 km 时，就可能受到地形的影响而减弱，TC 中心靠近陆地 100 km 以内到登陆之后，其减弱的速率较大；当 TC 强度越强时，则其受地形影响而减弱的速率就越大。对于登陆台湾的 TC，地形对 TC 的影响早在登陆前 6～18 h 就已经开始。在 TC 离开陆地进入开阔海域后，强度往往会重新加强，如登陆华东沿海转向进入东海的 TC 和登陆菲律宾后进入南海的 TC。在比较平坦的河网地带，如果其他条件有利，TC 的强度减弱较慢。陈联寿等(2004)指出，内陆大范围水面和饱和湿土的潜热通量输送对登陆 TC 在陆地维持有利。

综上所述，TC 强度变化是一个非常复杂的过程，也是多因素共同作用的结果，它需要有利于发展的环流形势和物理因子的配合，如果有两个以上有利于 TC 发展的因素同时发生作用,TC 的加强往往会比较迅速和明显。

4.4.2 TC 强度客观预报方法概述

全球各 TC 预报中心在业务中使用的强度客观预报方法包括外推、统计、统计动力和数值天气预报方法。由于 TC 强度变化涉及复杂的多时空尺度相互作用(从对流尺度到天气尺度),对相关物理过程认识的缺乏制约了客观预报技术的发展。从长远看,TC 强度客观预报水平的提高将依赖于业务数值预报系统的发展,包括大气—海洋—波浪耦合、各种资料(特别是卫星遥感资料)的同化及对流活动的显式描述等。

常用的外推法是 Dvorak(1984)提出的,基于对大量的 TC 卫星云图特征的统计得出的典型的 TC 强度日变化率为正负 1 个 *CI* 指数,最快和最慢的日变化率为±0.5~±1.5,因此,可根据云型和环境场特征进行调整后做外推 24 h 预报。

较早在业务中使用的统计预报方法是 Jarvinen 等(1979)研制的 SHIFOR(Statistical Hurricane Intensity Forecast)方法。该方法基于气候持续性因子(包括 TC 的当前位置和强度及过去 12 小时的变化趋势等)进行 3 天的预报,适用于大西洋和东北太平洋海域。我国目前使用的 TC 强度气候持续性预报方法(余晖等,2006)于 2004 年投入业务运行,预报时效为 3 天,适用于西北太平洋海域。类似方法还有 Sampson(1990)基于气候学因子的相似预报法、Kaplan 等(1995)和 DeMaria 等(2006)的登陆台风衰减模型、金龙(2005)的南海 TC 强度遗传—神经网络预报法。这些统计预报方法一方面是 TC 强度业务预报的参考依据,另一方面用于评估和检验其他预报方法的技巧水平。如果某个预报方法比此类简单统计预报方法性能好,则认为该方法有预报技巧。另一类统计预报方法除考虑气候持续性因子外,还引入当前和前期大气环境因子、洋面温度因子及卫星图像因子建立预报模型。

TC 强度的统计动力预报方法则是依托数值天气预报模式,考虑未来大气环境和海洋状况的变化建立预报模型。此类方法一般都假定数值天气预报模式可以准确地预知未来大气环境的变化,而且对 TC 未来移动路径的预报也是准确的,即“完美预报”法,同时假定 TC 未来所要到达海域的海洋状况不随时间发生改变。

值得注意的是,统计动力预报方法的部分误差源自数值天气预报模式对未来大气状况的预报误差、TC 路径预报误差及统计动力预报方法选用的预报路径与模式预报路径之间的偏差。

目前进行 TC 强度预报的数值天气预报模式有很多,包括全球模式、区域模式及专门的 TC 模式(Knaff et al.,2006)。美国海军全球分析和预报系统(NOGAPS)、日本全球谱模式(JGSM)、美国国家环境预报中心(NCEP)的全球预报系统(GFS)、英国气象局(UKMO)全球模式、国家气象中心 T213 TC 模式等均能实时提供 TC 强度预报结果。因为空间分辨率低,这些结果通常是将模式预报的强度变化趋势叠加在初始观测强度上而得出。空间分辨率较高的区域和台风模式有美国地球物理流体动力学实验室(GFDL)的飓风模式、日本台风模式(JTYM)、美国海军海洋大气耦合中尺度预报系统(COAMPS)、澳大利亚台风有限区域预报系统(TC-LAPS)和美国空军天气局(AFWA)业务运行的 MM5。GFDL 飓风模式是区域模式中较为先进的一个,初始条件和边界条件取自 GFS,三重嵌套网格,最高分辨率约 9 km,与三维海洋模式耦合,并从全球模式的分析场中剔除原有粗分辨率涡旋,加入三维人造涡旋。在实时业务中,由于模式运行需要一段时间,当预报结果传送到预报员时,往往已经有最新 6 小时的实况,模式预报结果一般会在根据最新实况进行订正后提供给预报员使用。总体来讲,当前数值模式的 TC 强度预报能力仍然不如统计或统计动力预报模型。

集合或集成预报是提高天气预报准确率和分析预报不确定性的一个有效手段。目前,国外越来越多地发展 TC 预报集合或集成预报,包括强度的基础预报。由于集成成员彼此有很高的相关性,集成方案相对单个成员预报的改进并不如路径集成预报那么显著,但我们有理由相信,随着数值预报模式和集成方案的不断改进,预报效果也会不断提高。

4.5　热带气旋路径的预报

随着沿海地区的经济和城市化程度的快速发展,精确的台风路径预报为台风影响下人员疏散和撤离以及财产保护等方面提供科学的防台减灾指导具有非常重要的作用。如果台风路径预报出现较大的偏差,往往可能导致台风暴雨预报、大风预报和风暴潮预报都可能出现大的偏差,甚至使预报完全失败。

4.5.1　TC 移动的基本路径

我国西北太平洋 TC 移动的路径可概括为如下三类(图 4.11)。

(1)西移路径

TC 从菲律宾以东洋面一直向偏西方向移动,经过南海,在华南沿海和海南岛或越南沿海一带登陆。这类路径的 TC 对华南沿海地区影响最大。

(2)西北移路径

TC 自菲律宾以东洋面向偏西北方向移动,横穿台湾和台湾海峡,在粤东到福建沿海一带登陆或穿过琉球群岛在华东沿海登陆。这类路径是袭击和影响我国的主要路径,对我国东部地区的影响最大。

(3)转向路径

TC 在菲律宾以东洋面先向西北方向移动,之后从东海北上,呈抛物线状。视转向点的位置的偏东程度，大多影响日本、朝鲜半岛，也会影响辽、鲁沿海，甚至南至台湾一带。

对我国无影响的 TC 一般都是转向点较偏东的转向路径，这类 TC 一般在 130°E 以东转向东北。从气候统计上看，7—8 月 TC 主要以西北行或北上为主，其余时间多为西行和偏东转向。

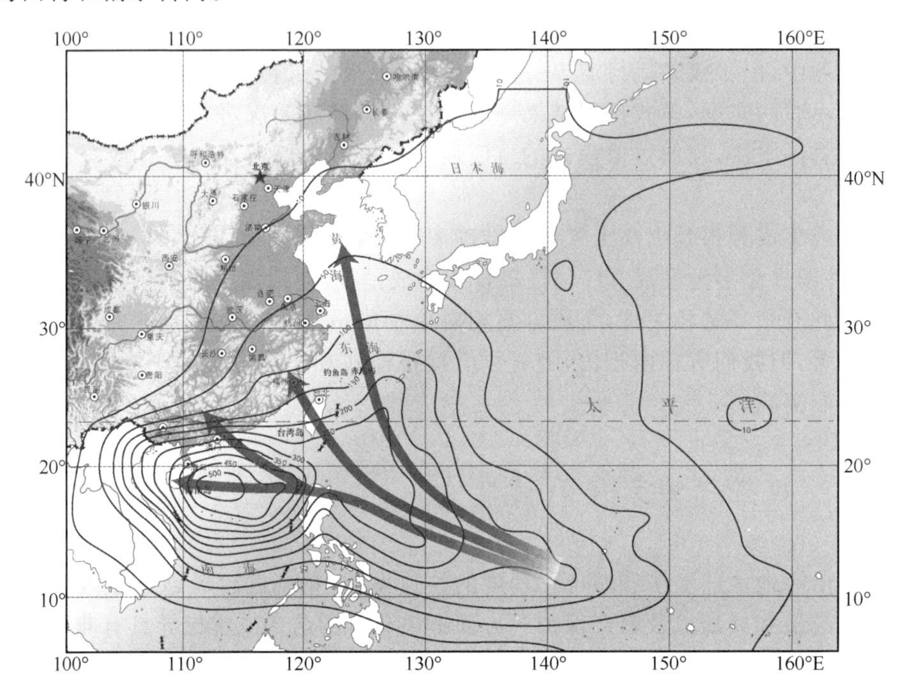

图 4.11　影响我国西北太平洋 TC 的基本路径图（中国气象局，2007）

（图中等值线为 1951—2006 年 TC 影响总频数）

TC 的移动速度非常复杂，一般来说，在低纬度移速较慢，以 15～25 km · h^{-1} 为主，到了中高纬度移速较快，可大于 30 km · h^{-1}。事实上，在同一纬度 TC 的移速差别也很大。TC 在转向时的移速较慢，打转时最慢，转向后的移速明显加快。

4.5.2　TC 移动的影响因子

影响 TC 移动的因子错综复杂，与多方面的因子和物理过程有关，其中包括气旋内部因子的作用和环境条件的影响。

(1)环境引导气流

根据引导气流的原理，TC 是沿着大型流场的平均方向移动的，其移动速度相当于各层大型流场速率的平均值。在东风带中，气压梯度力指向南，TC 向西移动；在西风带中，气压梯度力指向北，TC 向东移动。大型流场的地转风越大，TC 的移速也越大。尺度较小的 TC 基本沿着引导气流的方向移动。由于内力的作用，TC 在东风带中西移时，其路径偏于引导气流的右侧；在西风带中东移时，TC 路径偏于引导气流的左侧。业务预报中，通常用一层或几层的平均气流作为引导气流。当引导气流强而少变时，TC 的路径比较有规律；当引导气流较弱或多变时，TC 的路径往往也比较多变。

过去，预报员一般会使用 500 hPa 或 700 hPa 上的气流作为引导气流，但实践证明，对于不同季节、不同强度的 TC，各层次的引导气流所起的作用是不同的。一般来说，盛夏季节较强的 TC，从低层到高层的引导气流都起作用，中层以上更重要；对于发生在过渡季节强度较弱的 TC，中低层的引导气流所起的作用更大，有时甚至地面较强的东北季风的作用也不容忽视。在业务预报中，主要考虑副热带高压和中纬度西风带中的槽脊系统的特征和变化以及 TC 与它们之间的相对位置。

陈联寿等(2001)发现，冷空气与冷锋相遇往往会导致 TC 停滞或打转。如 2006 年台风“西马仑”沿 WNW 方向进入南海以后，越过已断裂的东西两环副高的脊线，似乎已进入西风引导气流之下，但因为遇到低层强烈的东北季风压制，在南海东北部打了一个转之后，折向西南方向移动，最终在南海南部减弱消失(图 4.12)。所以，实际业务中，通常用某气层内的平均气流作为引导气流。TC 的移动速度相当于此气层内流场速率的平均值。

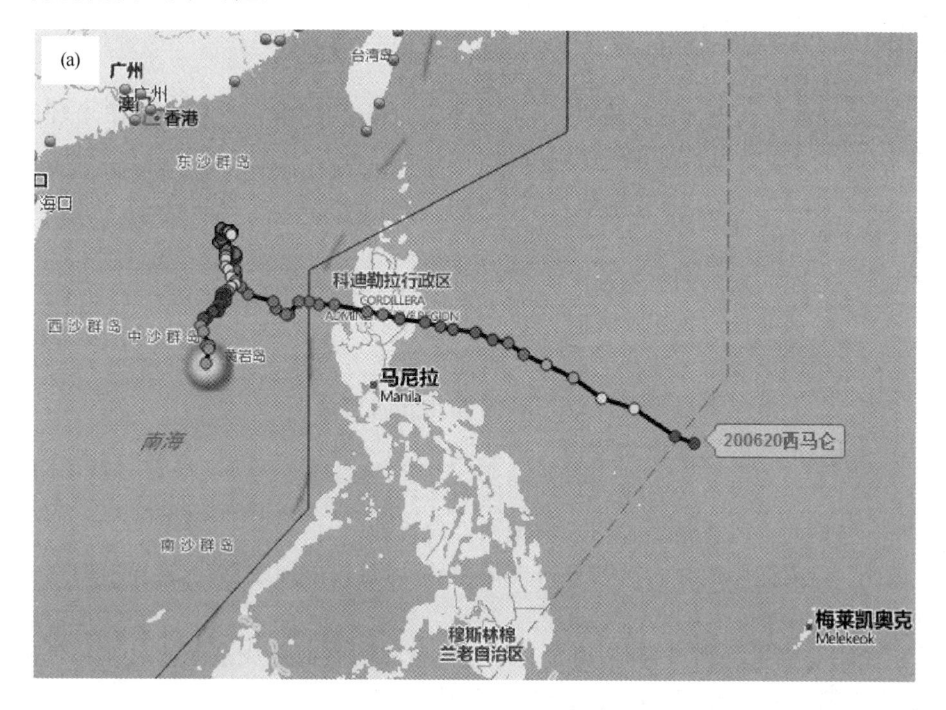

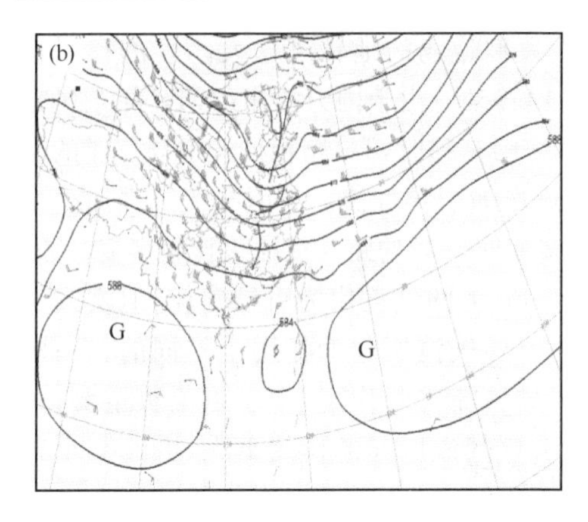

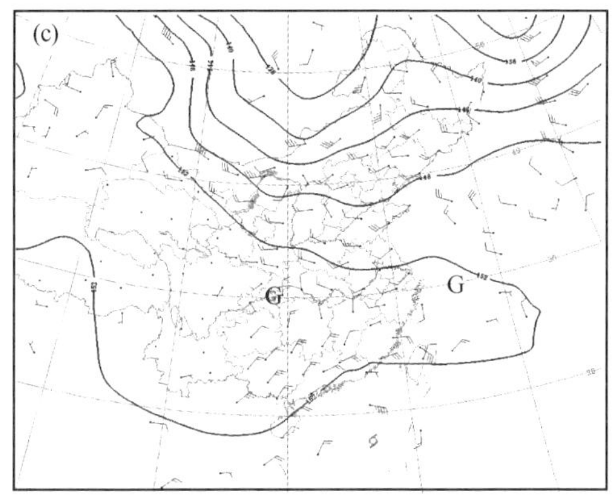

图 4.12　0620 号超强台风“西马仑”的路径(a)及其在南海打转折向西南时 500 hPa(b)和 850 hPa(c)天气图

(2)TC 的内力

通过理论推导可知,在地转偏向力的作用下,TC 的切向速度会产生一个向极地(在北半球向北)的内力,TC 的辐合上升运动会产生一个向西的内力(陈联寿等,1979)。TC 范围越大,所处的纬度越低,内力也越大。但是,与外力的牵引相比,内力的作用要小得多。所以,只有在 TC 纬度较低且未靠近副高时,或在环境引导气流很弱的情况下,内力的作用才较明显。

(3)TC 的非对称性结构

TC 的移动与其内部的结构有关,由于气旋的偏心结构(即其中心与整个环流的几何中心不一致)引起风速和气压梯度分布不均匀,导致一侧风速和气压梯度大,另一侧风速和气压梯度小,这种结构造成了气旋的偏心运动。一般情况下,TC 沿风速大的一侧的风向移动。并具有如下关系:

①当 TC 东北象限的风速最大时,TC 向西北方向移动;

②当 TC 西北象限风速最大时,TC 向西南移动;

③当 TC 西南象限风速最大时,TC 可能向偏南方向移动;

④当 TC 东南象限最大风速时,TC 向偏北方向移动;

⑤当 TC 东部的风速最大时,TC 向西北方向移动;

⑥当 TC 西部风速最大时,TC 向西南移动;

⑦当 TC 北部风速最大时,TC 向偏西方向移动;

⑧当 TC 南部风速最大时,TC 可能向西移动,也可能向东移动,甚至有时对热带气旋的移动无影响。

例如,TC 刚进入西风带时,由于其东南侧紧靠副高而造成东南侧风速和气压梯度大,中心偏于东南侧,TC 将快速向东北移动。

(4)海温

研究发现,海水表面温度既是影响TC发生发展的因素之一,也是影响TC移动的一个非气象因子。TC具有"趋暖性",即有朝高海温区移动的趋势,在引导气流较弱时,TC的这种趋暖运动特征往往表现得更为突出。海温与TC之间会相互影响,当较强且移速较慢的TC移过海面时,会使得海水翻滚和混合,冷海水上涌,海表面水温降低,形成"冷尾流"。后一个TC一般不会沿着前一个TC的路径移动,而是避开前一个TC形成的冷尾。由此,可以利用海温的分布预报TC的路径趋势。

(5)地形

地形对TC路径的影响主要表现在使路径发生偏折、加速或者"跳跃"。当TC遇到陆地或山脉时,由于能源被切断,强度迅速减弱,内力减小,外力增大,TC的路径会在引导气流的作用下产生左偏现象;当TC靠近或穿越大型岛屿(如台湾、海南)时,常在TC中心附近的某一部位产生一个诱生低压,原来的中心消亡、诱生低压中心加强为新的TC中心,使热带气旋出现"跳跃"性移动;有时两个中心会同时移动,甚至先后登陆。

陈瑞闪(2002)认为,在环境引导气流较弱的情况下,正面登陆华东地区的TC会加速移动,并向西南偏折。同样,对于南海北上登陆华南的TC将向西北方向偏折加速运动。毛绍荣等(2003)研究发现,TC容易在较平坦的地方登陆,移向与海岸线交角(入射角)较大时容易登陆,"入射角"较小时不易登陆,并可能会沿海岸线移动。

4.5.3 TC路径预报着眼点

TC移动受到它本身内力与周边环境作用力的共同作用,其中环境作用力主要是TC周围环境系统加于TC的引导力,而起主导作用的是副热带高压(简称副高)南部的东风引导气流,但它对TC的引导作用因东亚至西太平洋副热带流型的改变而改变,而副热带流型的改变不是孤立的,它受中高纬度西风带和热带低纬度东风带大型环流调整的影响,从分析东、西风带大型环流的调整对副热带流型的影响入手,根据影响TC路径的天气系统和天气过程的变化,可以得到一些TC路径预报的着眼点。

(1)副高的变化与TC的移动

副高是影响TC移动非常重要的大尺度天气环流因子之一,它的形状特征及其相对于TC的距离和位置,以及它与西风槽之间的相互作用等,均对TC路径造成影响。随着副热带高压的北跳和南落、东退和西进,TC均会出现路径的同步变化。当副热带高压呈带状分布时,天气形势比较稳定,西风带环流比较平直,多数TC在副高南侧偏东气流引导下向西—西北方向移动,以登陆广东、福建为主;当副高呈块状分布时,经常会与比较活跃的西风带低槽相配合,有时还可能伴有东风波活动,是一种不稳定的环流形势,容易因形势发生变化导致块状高压的加强和减弱,从而导致TC路径发生转折;当副高断裂或明显减弱东撤,呈"两高型"时,也是一种非常不稳定的形势,应重点分析其对TC

的停滞和打转的影响。打转 TC 发生在东西两环高压势均力敌的情况下,表现为西太副高偏西(130°E 以西),脊线偏北(30°N 以北),亚洲地区中纬度西风带环流平直,TC 北侧低压槽东移北缩,大陆高压稳定或增强,中心向西南掉,其东侧有支偏北气流使 TC 向东南移动、打转。若太平洋上高压主体偏东,脊线偏南,TC 则不易打转,可能会在大陆高压操纵下左折。若大陆高压偏弱,中纬度经向环流大,则 TC 多在东环高压控制下转向。2003 年 8 月 31 日—9 月 2 日,台风"杜鹃"就是受加强的副高的影响而快速西行(图 4.13)。

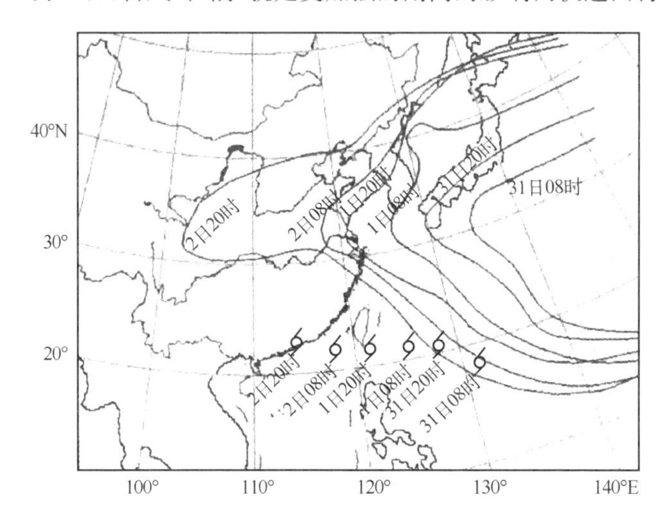

图 4.13 2003 年 8 月 31 日—9 月 2 日 588 dagpm 线及台风"杜鹃"的动态(林良勋等,2005)

王志烈等(1987)还统计了 TC 和副高脊线距离与台风转向的一些特征:

①距离相同时,位于副高单体西南方的 TC 转向可能性最大,南方的次之,而东南方的可能性最小;

②当 TC 同北侧副高脊线的距离小于 4 个纬距时,位于副高单体南侧和西南侧的 TC 未来 1~3 d 转向的可能性超过 80%;

③离副高脊线 5~8 个纬距时,位于副高南侧和东南侧的 TC 转向的可能性较小,80%以上以西行路径为主;

④离副高脊线 9 个纬距以上的台风,90%以上以西行为主,尤其当距离超过 13 个纬距时,未来 3 d 之内几乎不会转向。

这些结果有助于通过天气图直观地判断 TC 未来的移动趋势。

(2)槽脊的活动与 TC 的移动

中纬度槽脊的活动直接影响副高的进退和强弱,进而影响 TC 的移动。当高纬度长波槽在东亚沿海发展,中纬度波动与它反位相时,常见中纬度亚洲西部出现横槽,东亚盛行西南风急流,不利于冷空气南下,有利于 TC 西移;位相一致时,南北波动叠加发展,冷空气南下,副热带高压减弱,有利于 TC 槽前转向。此外,东亚长波槽北收时,槽底偏北，东亚中纬度盛行平直西风，有利于 TC 西行；东移或延伸，则有利于 TC 转向。

如 2002 年台风“森拉克”在带状副高作用下，在 25°N 以北一直西行超过 20 个经度登陆浙江苍南（图 4.14a）；中纬度低槽在东亚发展，冷空气南下，副高减弱，有利于 TC 槽前转向（图 4.14b）；东亚长波槽西退或北收，有利于 TC 西行，副高东移或延伸，则有利于 TC 转向；西风带的脊东移与副高叠加，将使副高加强西伸，有利于 TC 西进。如 0515 号台风“卡努”在向西北移动到达冲绳以南洋面时，黄河下游到湖南有一个深槽，出现了槽前转向的形势，但 130°E 附近高纬地区有一个明显的脊东移与日本以南的副高叠加，使副高加强西伸，高空槽停滞并向北收缩，台风继续向西北移动登陆浙江。

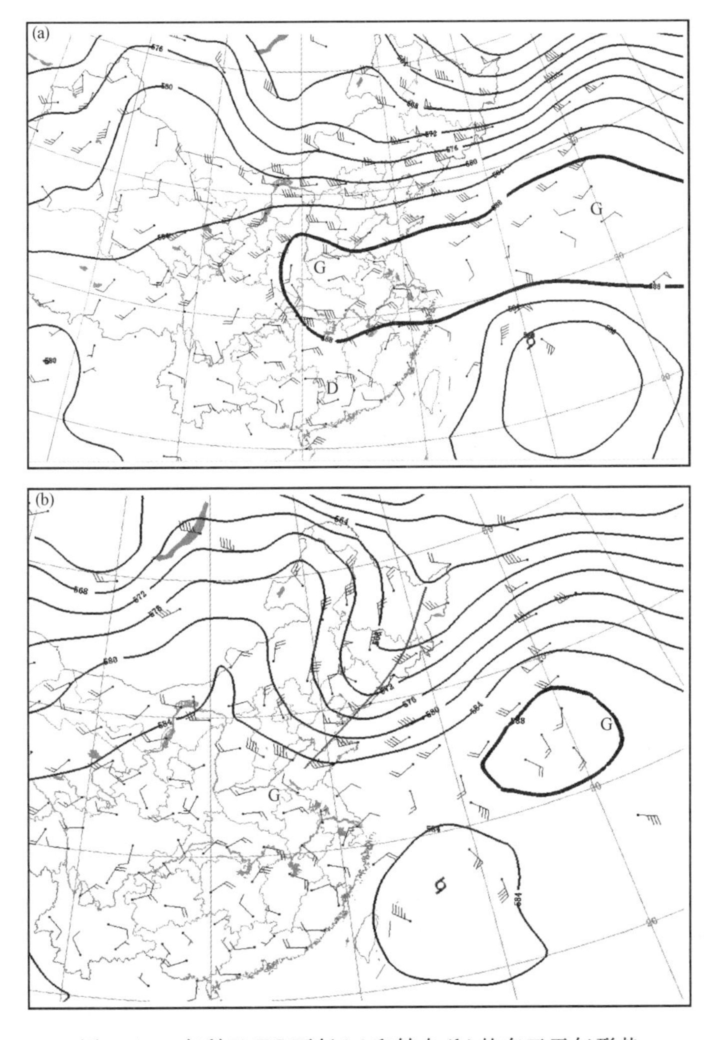

图 4.14　有利于 TC 西行(a)和转向(b)的东亚天气形势

TC转向后与阻塞形势相遇，由于阻塞高压（简称阻高）南缘的东风引导作用，折向西移影响我国。东亚阻塞形势的建立和崩溃，大多有利于TC的转向北上，但崩溃的阻塞高压与副高合并时，高压南侧的东风加强有利于TC西进。

南支槽前的西风急流伸展到东亚沿海时，不利于长波槽延伸到低纬度地区，对冷空气南侵起阻挡作用，使副高稳定西伸，TC西行；当南支槽与东移长波槽叠加时，诱发冷空气南下，副高减弱，有利于TC转向。产生在ITCZ中的TC，延续的ITCZ有利于TC西行，断裂的ITCZ则有利于TC转向。

TC的路径还与赤道反气旋和南亚高压的位置和强度有关。赤道反气旋稳定和加强时，有利于TC东移、停滞或打转。当南亚高压稳定时，有利于东亚长波槽加强，TC北上或转向；当南亚高压向东移出时，高原东面的槽将减弱，副高明显西伸，有利于TC西移。

4.5.4 TC疑难路径的诊断

所谓疑难路径，是指TC的移向突然转折、回旋、停滞、蛇形路径等移动轨迹曲折的路径和移速发生异常的路径。疑难路径的出现是因为大气环流形势发生了急剧的调整或环境流场中存在着多种支配TC移动的因子，预报难度非常大。在西太平洋，疑难路径出现的概率约为29%，常因预报失败造成严重灾害，因此必须引起足够的重视。

（1）倒抛物线路径

TC形成后，一般向偏西北方向移动或呈抛物线型转向东北方向移动，但少数TC与此相反，折向西南方向移动，呈倒抛物线路径。

这类TC路径的形成一般与TC北侧的副高、较强冷空气和双台风有关。在盛夏，孟加拉湾风暴登陆，使南亚高压崩溃，高压主体东移并与西太平洋高压合并，导致副高明显加强，从而使TC突然转向，形成倒抛物线路径。在过渡季节，北方有较强的冷空气南下，低层在TC的北侧形成明显的高压坝，TC向西北或偏北方向移动受阻，出现折向西到西南方向移动，形成倒抛物线路径。此外，双台风的相互作用也可能形成倒抛物线路径。

（2）打转路径

TC打转是异常路径中出现最多的，约占异常路径的20%，全年各月均可能发生，分布的范围也比较广，但主要出现在菲律宾以东的洋面和南海的中、北部。打转路径可分为顺时针打转和逆时针打转。前者多发生在基本气流比较弱的环境场中；后者往往发生在多种引导气流并存和相互作用的环境中。TC出现打转以后，常常会选择另外一条新的路径移动。

TC出现顺时针打转的原因比较复杂：①TC强度较弱，内力作用不明显，并活动在均压场（鞍形场）中；②在东北气流引导下，引导气流对TC作用的外力与气旋的内力达到平衡时；③环境流场的强迫作用，如深秋季节TC北上进入中高层西风带开始转向时，遇到南下的强冷空气和东北季风的压迫，转向西南移动。

TC逆时针打转多与双台风相互作用有关。有时，当TC较弱且被较强的副高包围时，也容易造成TC路径的逆时针打转。

因此，在考虑热带气旋路径是否会出现打转时，应该着眼于环境流场对热带气旋的综合作用和引导、多热带气旋的同时活动、弱热带气旋移入均压场或高压的薄弱区域中。

(3)蛇形路径

TC的移动出现左右摆动的现象称为蛇形路径。这种路径表现为热带气旋北移时出现的东西摆动和西移时出现的南北摆动。形成蛇形路径有自由摆动和强迫摆动两种原因。TC在气压分布均匀、环境气流很弱的流场里容易出现摆动路径(自由摆动)。在TC南北两侧的基本气流相互抵消的流场中也容易摆动(强迫摆动)，这时的摆动往往是TC内力和作用在TC整体上的惯性力相互作用的结果。

造成TC北上并出现东西摆动的流场背景是气压分布均匀、气流很弱(自由摆动)，或TC在东西两环副高之间移动或基本气流连续多变的流场(强迫摆动)。出现西移并南北摆动的流场背景是东风波从TC北侧掠过或TC在带状副高和赤道反气旋之间移动(强迫摆动)。

陈联寿等(2002)指出，在蛇形路径中，强迫摆动比自由摆动的周期长，前者2 d左右，后者1 d左右。强迫摆动的摆幅比自由摆动摆幅大。摆幅的大小具体由产生强迫作用的环流系统的尺度和移速决定。

(4)两个以上TC互旋路径

当两个TC距离足够近(<12个纬距)时，常常见到它们会出现逆时针方向的互旋，并存在互相吸引的趋势。双TC的回旋移动主要发生在7—9月，在7月和8月最集中，西北太平洋和南海是全球TC发生最多的地区。观测事实和分析发现，在有利的环境流场和其他条件下，双TC可能发生相互旋转、相互吸引和合并、停滞打转等异常运动。

Lander等(1993)认为，双TC相互作用的过程起初为相互靠近，通常是反气旋式靠近。然后，经历相互捕捉过程，接着发生长时间互旋，互旋过程中双TC可能相互接近，也可能分离。两者相互作用的结果可能有两种情形，一是其中之一消失，合并到主导台风环流中；二是其中之一从相互影响中迅速远离。实际情况是后者大大多于前者，据统计，只有15%的双TC会合并。根据一些个例研究发现，双TC接近的过程开始时往往是走在前面的TC减速，后面的TC加速，相互靠近到一定程度后开始互旋。如0724号台风“米娜”和0725号台风“海贝思”从11月23日两者距离约15个经度时出现停滞，24日出现气旋性互旋，“米娜”向西北移动，“海贝思”调头向东移动，互旋时间达54 h(图4.15)。双TC发生作用的距离与TC的范围和强度有关，范围大、强度强的 TC，其发生双台风效应的距离相对大一些。在互旋的过程中，强度强、范围大的一方往往起主导作用，路径受影响改变较小，而较弱一方则路径改变较大。如 0917 号超强台风“芭玛”在与 0918 号超强台风“茉莉”发生双台风效应时，“芭玛”强度已比较弱，在吕宋岛附近先后出现停滞、打转、互旋，而“茉莉”的路径则表现为较正常的抛物线路径(图 4.16)。

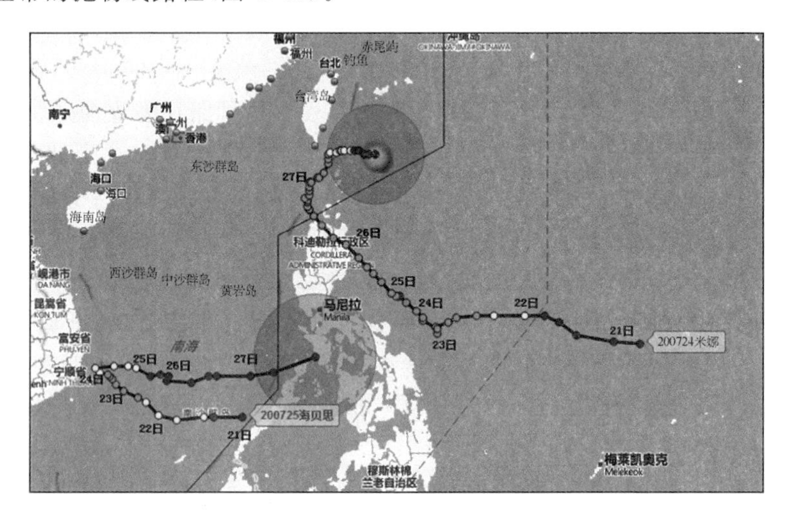

图 4.15　0724 号台风“米娜”和 0725 号台风“海贝思”路径图

(图中路径上标注的数字为日期，标数字的点是当日 02 时位置)

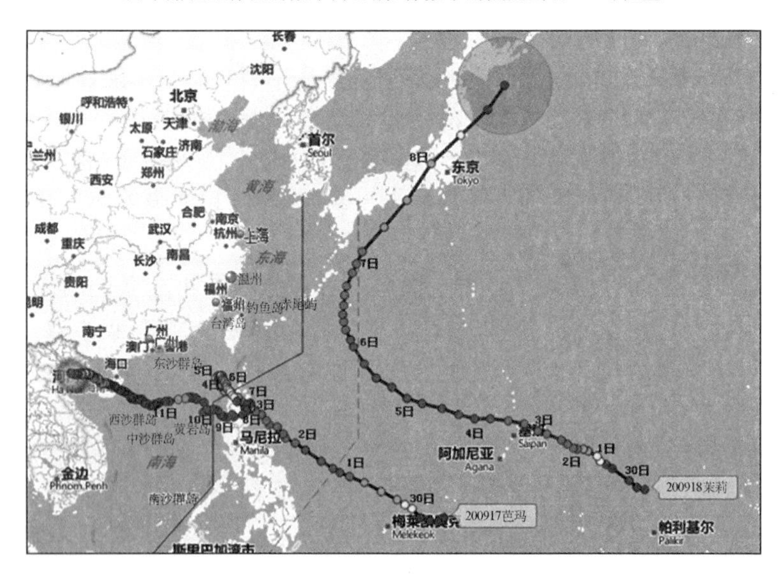

图 4.16　0917 号超强台风“芭玛”和 0918 号超强台风“茉莉”路径图

(图中路径上标注的数字为日期，标数字的点是当日 08 时位置)

双 TC 中的西 TC 停滞打转是业务预报的难题之一，预报时遇到这种情况，多采取观察、监视的办法，“以不变应万变”。造成西 TC 停滞打转的原因目前还不完全了解，有研究认为，可能是东 TC 移到西 TC 的东北方时，使西 TC 与北侧副高主体隔开，引起 TC 环境流场明显减弱而出现西 TC 的停滞打转。西 TC 的停滞打转，一般出现在东 TC 移到西 TC 中心相同纬度附近(−2.5～1.0 个纬距)时开始的。当两个热带气旋中心的距离相隔 15 个纬距时，如东 TC 的移向为偏北到西北西，则东 TC 移到西 TC 所在纬度以南 1～2 个纬距时，西 TC 便可能开始打转；在相同的距离情况下，东 TC 的移向越偏西，引起西 TC 打转的位置越偏北。

西 TC 停滞打转的持续时间由东 TC 决定。一般开始打转后一直要持续到东 TC 转向移入西风带或在海上消失，此时副高脊重新靠近西 TC，外力作用加大。

根据环流形势判断西 TC 打转的结束，大体可从两方面入手：一是副热带高压减弱或主体分裂，东西向的脊线方向发生变化或副热带高压的主体南落；二是赤道反气旋加强北移，这是西热带气旋停止打转的一种常见形势。

(5)快速西行路径

西行 TC 的平均速度一般为 20 km/h。但是，有些 TC 的速度往往达到 30 km/h 以上，比正常速度快 50%以上，这往往使海上船只和陆上防御措手不及，容易造成严重损失。如 9615 号强台风“Sally”从巴士海峡以东洋面到在广东吴川登陆速度始终在 30 km/h 以上，最快时近 40 km/h。由于来不及采取周密防御措施，“Sally”给湛江及广东西部沿海各市县带来严重财产损失和人员伤亡。

据研究分析(黄忠等，2004)，快速西行 TC 具有如下特点：

①快速西行的 TC 基本上都发生在 7—9 月。

②有利于 TC 快速西行的西风带形势为欧亚中高纬两槽一脊或亚洲中纬以纬向环流为主的平缓波动，110°～130°E 西风槽底有近 9 成在 28°N 以北，槽底的纬度与台风中心的纬度差 12°以上。

③TC 快速西行期间，副高或者呈带状分布，西脊点一直在 110°E 以西，或者逐日加强西伸到 110°E 以西，中心在日本以南洋面到琉球群岛一带，中心强度多数≥592 dagpm，并逐渐西进，脊线绝大多数在 25°N 以北。

④副高中心和 TC 之间的高度梯度，或加强西伸的副高脊与 TC 或 ITCZ 之间的高度梯度是引导 TC 快速西行的偏东气流得以加强和维持的关键。如果 500 hPa 以上 TC 南北两侧都维持偏东环境流场，更有利于台风快速西行。

⑤快速西行 TC 未来 24 h 内移向一般比较稳定，大多数 TC 直到登陆前方向变化都不大。

4.5.5　TC路径预报方法概述

TC路径预报业务的方法归结起来主要有三类，分别是数值模式预报、客观预报和主观预报。最终的业务预报主要是预报员综合数值模式预报、客观方法预报以及天气学原理和经验做出的。

客观预报方法目前是台站业务预报中的常用方法，大致可分为三种，即统计预报、统计—动力预报和集合预报。在20世纪70—90年代，我国各地建立的客观预报方法较多，如江苏的概率方法、上海的统计动力方法、浙江的中期预报方法和统计释用方法，以及广东的三层权重引导气流方法等。这些方法在当时均发挥了一定的参考作用。至2009年，正在使用的有江苏概率、上海集成和广西遗传神经等方法。

(1)气候持续性方法

在统计预报中，气候持续性(CLIPER)方法最具代表性。其基本原理是，TC受当前和未来环境的各种力的作用，在路径上能得到反映，当两个TC的初期局部路径特征相似时，反映了初期环境条件有很多共同点，其演变过程也相似，即后期路径也相似。于是，根据前期路径特点，找出历史相似TC路径，可以反映某一季节、某一海区TC活动的气候规律。但到了某一海区，路径特征会发生变化，气候条件也相应改变。当TC中心移到新的位置以后，需考虑新的气候规律，即分段计算路径相似。此外，运动着的物体都具有惯性，即过去作用于TC的各种力，在一段时间内仍维持不变或少变。实践表明，当环境场较稳定时惯性作用明显，在短期内TC外推路径与实际路径较一致，但后期惯性作用减小。

(2)相似路径法

在日常业务中，预报员常常根据历史台风资料，以过去12～24 h路径为参考，寻找满足相似判据的TC个例，结果对当前台风可能的影响区域具有指示意义。相似判据包括活动时间相似、位置相似和移向相似。上海台风研究所的西北太平洋台风检索系统和广东省建立的台风业务系统等软件平台都可查找相似路径。图4.17是用上海台风研究所的检索系统查找的，2000年至今，与台风“彩虹”路径相似的分布图中可看出，类似当前“彩虹”路径的历史TC路径主要分3类：一直西行在广东沿海登陆；西北行在广东沿海登陆；西北偏北行在广西东部向东北转向再向西南偏西转向。登陆我国广东沿海的概率较大。

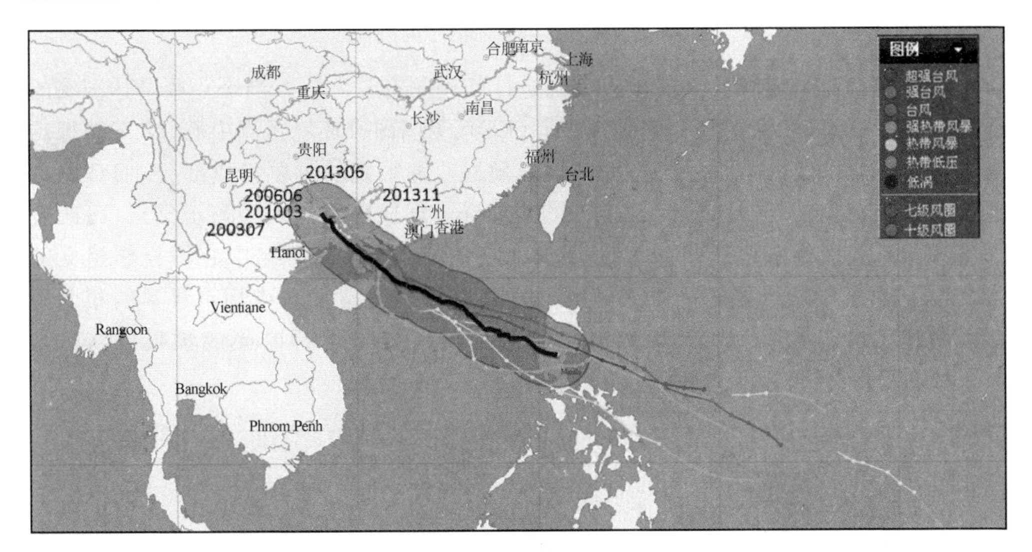

图 4.17　2000 年至今与台风"彩虹"(201522)相似路径查询结果(附彩图 4.17)
(图中黑色粗线是彩虹的移动路径,灰色阴影区表示台风中心 200 km 范围)(引自上海台风研究所"西北太平洋热带气旋检索系统"V3.4)

(3)TC 路径数值预报和集合预报

由于对 TC 观测资料的缺乏,模式初始场中的 TC 与实际状况有较大的差异,因此 TC 路径数值预报首先要解决的问题是 TC 初始场的形成技术。我国国家气象中心以及上海和广州运行的台风路径数值预报模式、美国的 GFDL 模式、日本的台风模式(TYM),以及在各国全球预报模式中都有针对台风的初始化模块。

目前,我国国家气象中心运行的是基于 T213 的全球台风数值预报系统。除国家气象中心外,沈阳区域气象中心、上海区域气象中心和广州区域气象中心分别建立了东海和南海的台风路径数值预报系统。

在日常业务预报中,我国各级台站预报员也经常参考 EC、JMA 和 T639 等数值预报产品,分析环境系统和环境流场的变化以及 TC 的预报位置(用预报产品的地面气压场和风场确定)。模式对某些 TC 的预报非常准确,如 EC 对 0801 号 TC"珍珠"在南海中部出现 90°右折的预报就非常成功。根据涂小萍等(2010)对 EC 模式在 TC 预报中的检验,EC 72 h 以内客观预报比美国联合台风警报中心(JTWC)和 JMA 的综合预报差,但 EC 对于 96 h 和 120 h 的 TC 中期路径趋势比 JTWC 综合预报有更好的参考价值。在使用过程中,要分析模式预报的变化,如果一个模式过去几个时次对 TC 路径的预报均往某个方向偏,宜将业务预报路径往相反方向订正一些。根据预报员的经验,模式对发生在夏季的 TC 预报较在深秋季节活动的 TC 预报要好一些。

集合预报是目前解决天气预报不确定性问题的有效办法。当今一些发达国家的天气预报中心，如欧洲中期天气预报中心（EC）、美国国家环境预测中心（NCEP）等均已建立了各自的集合预报系统作为其数值预报业务系统的重要组成部分。TC 路径的集合预报，是将不同模式的预报作为集合成员，集成多个模式的预报结果，可改进路径预报。美国佛罗里达州立大学（FSU）与美国国家环境预测中心等合作建立的 TC 路径“超级”集合预报系统已在美国国家飓风中心投入业务应用。日本的集合预报系统也已投入使用。上海集成方法是目前我国业务运行的集成预报方法。图 4.18 是上海台风研究所对超强台风“灿鸿”的一次集合预报。

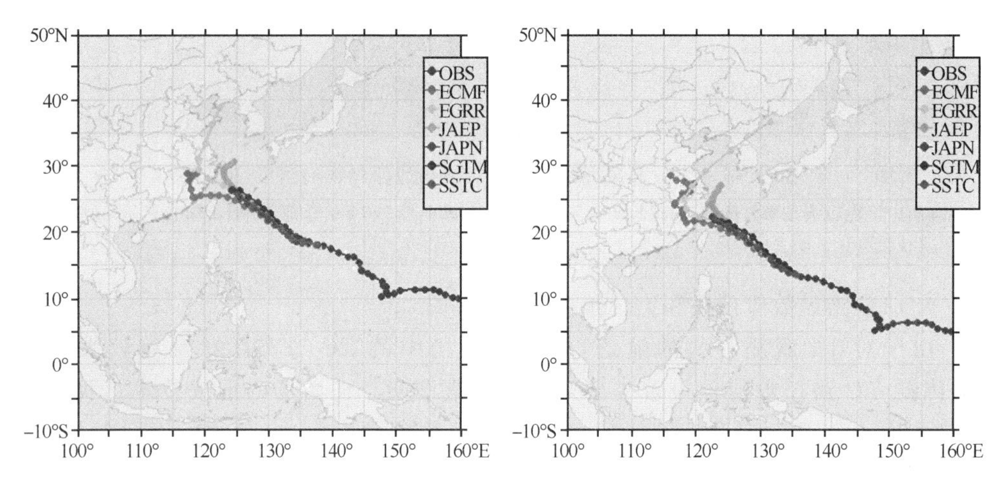

图 4.18　上海台风研究所 2015 年 7 月 7 日 08 时(a)、20 时(b)对台风“灿鸿”的集合预报(附彩图 4.18)
（预报时效分别为，ECMWF：144 h；EGRR 英国数值：144 h；JAEP 日本集合：120 h；JAPN 日本数值：90 h；SGTM 基于 GRAPES 建立的台风路径数值预报模式：72 h；SSTC 上海集成：72 h）

近年来，美国联合台风警报中心（JTWC）、日本东京区域专业气象中心向外发布的 TC 路径预报都是在集合预报的基础上，最后经预报员订正的结果。这两个中心的 24 h 预报误差为 110～130 km，48 h 预报误差为 180～230 km。图 4.19 是 2015 年 7 月 7 日 08 时 ECMWF-EPS（ECMWF 模式的台风路径确定性预报）、JMA-TEPS（日本集合平均预报系统）、NCEP-GEFS（美国 NCEP AVN 全球模式台风预报）和 JMA-WEPS（日本台风数值预报系统）的 120 h 台风路径集合预报。

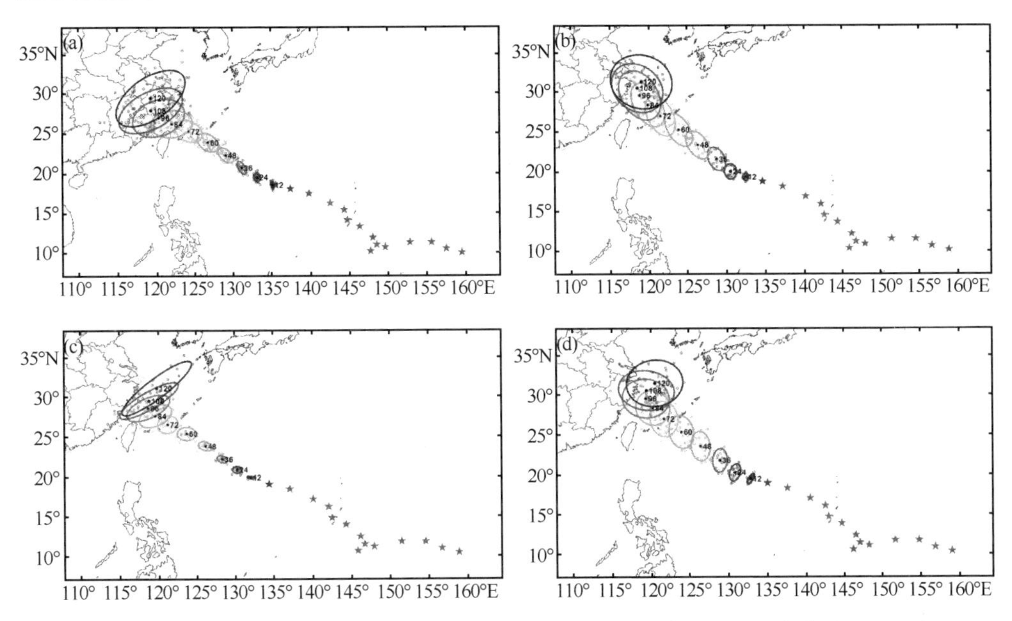

图4.19 2015年7月7日08时对台风“灿鸿”的120 h集合预报(附彩图4.19)

(a)EC;(b)JMA;(c)NCEP;(d)JMA(由上海台风研究所张喜平提供)(图中数字为h+n小时的观察定位,椭圆为70%概率)

4.6 热带气旋天气的预报

在TC整个生命史中,虽然较长时间是在海上活动,在陆上的生命史较短。但它对人类造成的灾害主要发生在其接近陆地及登陆以后。TC致灾的天气包括由热带气旋引起的暴雨、大风、风暴潮和局部强对流天气等。另外,由于TC外围的下沉气流和焚风作用与副热带高压控制下的大尺度下沉气流相配合,产生大范围的高温酷热天气。可以说,TC的研究和业务预报的最终目的是对其影响程度的预报,即预报TC袭击时可能造成的各种灾害性天气的强度、出现和维持时间、落区等,以便做好防御工作,尽可能减少灾害损失。本节重点讨论TC暴雨和大风的预报。

4.6.1 TC暴雨预报

TC是我国东南沿海地区夏、秋季节主要的降水系统,TC降水有时会造成巨大的灾害。我国多个特大致灾暴雨都是TC造成的。在陆地上,TC带来的暴雨及其引起的洪涝和地质灾害造成的损失甚至比大风更为严重。例如,“75·8”河南特大水灾的“元凶”是7503号热带风暴“Nina”;2006年的“龙王”“碧利斯”和2009年的“莫拉克”带来的主要灾害都是由暴雨引起的。提高TC暴雨预报的水平,减轻TC暴雨造成的损失,具有非常重要的意义。

(1)TC降水的时空分布特征

我国各地对TC暴雨特征的研究较多。程正泉等(2007)对1960—2003年我国TC降水的时空分布特征进行了详细的研究。

从气候平均值看,我国疆域一半以上的面积可受到西北太平洋TC影响而产生降水,包括华南、华东、华北、东北、华中、西南以及西北的小部分地区。TC年平均降水南方大于北方,沿海大于内陆。最大降水量出现在华南和东南沿海地区,这些地方的TC年降水一般占全年降水的10%以上。

通过各常规站点TC日降水量的历史极值分布发现,华南、东南、华东和华北的部分沿海地区普遍在200 mm/d以上,海南大部地区在400 mm/d以上,远离沿海的偏西内陆地区一般在50 mm/d以下,其余绝大部分地区均能产生100 mm/d以上的强降水。同时,内陆有一部分离散站点也具有很大的降水极值,如河南林庄。

TC平均最大过程降水出现在8—9月,而7—8月登陆TC导致的强降水站次最多;不同登陆地段的TC,其降水也不一样。在TC登陆较多的几个省当中,除海南站数少无比较意义外,在福建登陆的TC过程雨量最大,其产生的强降水站次也最多,其次是浙江,两者均超过登陆最多的广东。这可能与华东两省(尤其是福建省)沿海地区均分布着与海岸线近似平行的山脉地形有关,TC登陆时强烈的地形辐合作用有利于暴雨的增幅。而广东境内海拔较高的山脉主要分布于南岭山脉,沿海地区地势较低。

(2)TC暴雨的成因

一般情况下,形成TC暴雨有三种主要情形:TC由环流内部产生的暴雨,包括螺旋云带暴雨、眼壁和中心密蔽云区暴雨;TC低槽产生的暴雨,包括TC倒槽暴雨和气旋北上后的TC槽暴雨;边缘中尺度风暴造成的局部暴雨。

TC暴雨的成因比较复杂,除必须具备充沛的水汽、强烈的上升运动和较长的持续时间条件外,与TC的强度、路径、登陆后的维持时间和移动速度、热带气旋周围的环境场密切相关。此外,冷空气的侵入、夏季风的爆发与加强以及地形的作用,对TC暴雨的形成也有重要作用。下面讨论TC降水的主要成因。

①TC强度

TC眼区周围是强烈的辐合和上升运动,对流活动十分活跃。通常情况下,较强的TC低层辐合、高层辐散比较明显,垂直伸展高度比较高,登陆后维持时间相对较长,对降水更有利。程正泉等(2007)研究发现,最大过程降水与TC强度有较好的关系,一般来说,TC强度越强最大过程降水可能越大。但是由于影响TC降水的因子复杂,两者之间并非严格的线性关系。沈树勤等(1996)统计发现,影响华东地区TC中心强度在990 hPa附近出现暴雨最多。在华南地区,也有不少强台风降水不如热带风暴的例子。原因是降水除了受TC强度影响之外,还受许多其他因子影响。

②TC路径

TC的暴雨与TC的路径密切相关,一般的暴雨经常出现在TC经过的附近地区或略偏于路径方向的右侧。不同路径下的TC暴雨的空间分布明显不同,对相似的一种路径,暴雨的分布也会因TC的强度和其他因素的差异而不同。

③TC登陆后维持的时间长

显而易见,如果TC本身较弱,登陆后很快消失,则暴雨的强度和范围都不会很大。如果TC登陆后维持的时间长,并与其周围的天气系统发生相互作用,则降水的时间会更长。如"75·8"河南驻马店特大暴雨是7503号TC造成的,该TC从登陆到消失维持了4 d。由于其本身环流较强,又先后与低空急流、锋面、东风扰动、西风槽和冷空气等天气系统相互作用,造成历史罕见的特大暴雨。2005年的"麦莎"和"泰利",均长时间维持并深入内陆与其他系统相互作用,造成致灾暴雨。

判断TC登陆后维持时间的长短,主要看其未来所经区域是否位于高层辐散区与负涡度区下方,低层是否处于扰动辐合区中,是否维持顺畅的水汽输送通道和TC上空风的垂直切变是否很小。此外,Chen(1998)指出,如果登陆后的台风环流停滞在一块大的水面(如湖泊、水库)上或一块被台风暴雨浇出的饱和湿土上,则能维持较长时间,同时台风暴雨下饱和土壤层和积水对台风产生水汽反馈,反过来加剧该地的暴雨。数值试验表明,陆地水面对减低登陆TC的衰减率有利,衰减率与陆地水体的深度有直接的关系。

④TC的移速缓慢

TC移速缓慢甚至停滞少动,有利于TC暴雨的持续。TC移速越慢,它在一地上空逗留的时间越长,因而造成累积雨量也越大。往往一个登陆后快速移动的TC,其造成的降水量相对较小。

⑤环境场的作用

TC北上与西风带系统(如低槽)相遇,由于槽后冷空气流入TC中层暖湿空气之上,加上位势不稳定能量,促使TC内部对流进一步发展,有利于TC暴雨的出现。弱的冷空气入侵,使TC环流外部的斜压性加强,登陆后TC在水汽供应被切断后,仍可依赖斜压位能的释放而得到维持。冷空气对TC暴雨的增幅作用,在许多研究著作中都十分强调,并为广大预报员在长期的预报实践中所证实。在相同路径、不同季节登陆同一个地区的TC造成的暴雨往往相差很大,这主要与冷空气的作用有关。但是,如果冷空气太强,干冷空气入侵,反而会使TC降水减弱。因此预报TC暴雨时,要高度注意适量冷空气的卷入及其对暴雨的作用。

TC与其他天气系统的相互作用也能进一步加剧TC暴雨。这些系统包括ITCZ、东风扰动、西南季风等。

如果ITCZ跟随TC一起北上,往往在TC之后产生大范围、长时间的降水过程;

如果没有ITCZ跟随北上，一般不容易形成持续时间长的暴雨以上降水。特别是在TC登陆后，副热带高压快速西伸，降水往往随之减弱和较快结束。如2007年热带风暴“帕布”在珠江口西侧近海回旋时，与之相联系的ITCZ给雷州半岛带来特大暴雨，最大日雨量达1174 mm。

东风扰动随TC北面东风气流西移也常常形成暴雨，一旦与冷空气相遇，降水会更加明显。

西南季风的爆发和加强表现在低空输送水汽和不稳定能量的急流增强。当TC与强盛西南季风两者相结合时，降水往往明显增强。0604号强热带风暴“碧利斯”的大范围强降水就与强西南季风有关。

⑥TC内部的中尺度系统

TC环流内部通常存在着诸如中尺度辐合线、中尺度涡旋等中尺度系统。螺旋雨带也属于中尺度系统，有时候甚至出现龙卷等尺度更小的系统。2006年台风“派比安”边缘的云带中就出现了三个龙卷，并出现了日雨量＞300 mm的特大暴雨。

⑦地形对TC暴雨的增幅作用

复杂的下垫面的摩擦作用会使TC减弱，但地形对TC暴雨又有增幅作用。主要有如下几方面：迎风坡强迫抬升，加强湿空气的上升运动；地形辐合线（区）中有利于中尺度雨团的产生使TC降水量加剧；雨团大多沿山谷、河道等低洼地带移动，从而使雨团频繁经过和移速减慢的地区雨量增大；山脉作用可导致TC环流分裂，形成新的低压中心和新的暴雨区。我国东南和华南沿海地区多山地和丘陵，TC深入内陆后更会受到武夷山、南岭等山脉地形的影响，造成暴雨增幅。

(3)TC暴雨预报的主要思路

一次TC暴雨过程是多种因素综合作用的结果，既有TC本身的结构特征的影响，也有大尺度、天气尺度、中小尺度等环流特征的作用，而且在每个过程中都不完全相同，因此在制作TC暴雨预报时，必须进行综合分析和判断。

①TC路径预报是预报TC暴雨的先决条件

TC暴雨与TC的路径关系最为密切，可以说，如果TC的路径预报基本准确，根据不同的登陆点和登陆后的路径，结合TC的路径与TC暴雨的关系，TC的暴雨预报就不难制作出来，预报的误差当不会太大。

②TC环流内部产生的暴雨

根据预报的TC登陆点、登陆时间、登陆后的移向移速和强度的变化大致预报TC环流内部所产生的降水，一般情况下，TC的主要降水区应沿着预报路径两侧来预报。但是，有时即使是中心经过的地方，降水也不一定大，TC降水会偏离中心，出现严重不对称。0812号台风“鹦鹉”、0906号台风“莫拉菲”降水都位于中心的西侧或西南侧，中心经过的地方雨量不大。其中，“莫拉菲”降水严重不对称的主要原因是低层辐合和不稳定区位于TC的西到西北部。垂直切变强也会使对流云偏于高空强风的下风方向。所以，还必须根据卫星云图、雷达回波、大气稳定度、风的垂直切变以及低层辐合等因素做出调整。

③强的带状副高

副热带高压的活动，不但影响TC的路径和强度，也直接影响TC暴雨分布和维持时间等。一般情况下，在强的带状副高南缘以较快速度西行的TC主要降水区偏于路径的左(南)侧，这是因为北侧紧靠副高，降水不大，而这种移向的TC一般与近东西向的ITCZ相联系，在TC西侧，沿着辐合带也会出现暴雨，所以南侧降水较大。西北和偏北移动的TC主要降水中心偏于路径的右侧，特别是在有干冷空气入侵的情况下。如9119号台风从南海东部北上，10月2日登陆广东饶平(与福建相邻)，广东只有在台风中心经过附近的5站下了暴雨，而福建则出现了较大面积的暴雨。

④螺旋雨带

很多TC暴雨往往是螺旋雨带造成的。螺旋雨带往往与急流或强的水汽输送带相联系，而且容易造成“列车效应”。图4.20是台风“派比安”的云图，其后部的云带给珠三角西部带来了特大暴雨和龙卷。9608号台风后部的螺旋云带也给闽南沿海造成大暴雨到特大暴雨。实际预报中，要注意分析雷达回波的回波带或卫星云图上强对流云带及急流的位置，TC位于块状副高西侧比较容易出现这种情况。

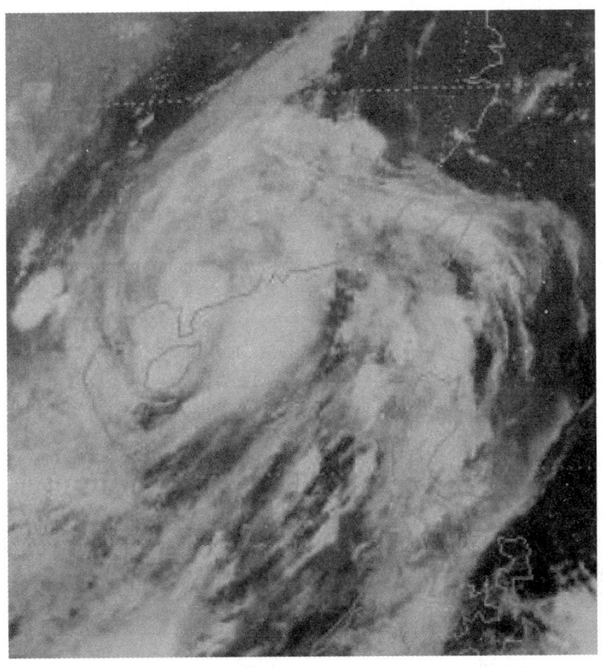

图4.20　2006年6号台风“派比安”8月4日01:32红外云图

TC登陆后，如果副高主体偏东，副高西伸较慢，降水也结束较慢；如果副高快速西伸，暴雨将很快结束。

⑤强夏季风气流

在强夏季风气流随TC登陆而明显向北涌的情况下，不但要注意提高雨量级别的预报，还要注意沿海地区因强季风北涌而出现暴雨。如8707号台风登陆浙江并北上，导致南海季风北涌，广东出现连续暴雨。又如0604号强热带风暴"碧利斯"虽然在闽北登陆，却在粤东和闽南地区造成比登陆点附近大得多的特大暴雨。虽然数值预报产品预报降水中心在南海东北部，粤东的降水并不大，但却给了一个强季风降水的信号，预报员可以根据这个信号进行暴雨预报的订正。

⑥TC倒槽

TC倒槽是指从TC向北或东北伸展的低压槽，在低压槽中有明显的东南(或偏南)气流与东北气流辐合。可以说，TC倒槽暴雨是较常见的现象。如1999年9月4日凌晨，9909号台风位于粤东沿海时，东南沿海出现明显倒槽，导致温州出现特大暴雨(郑峰，2005)。"麦莎"等TC登陆华东转向北上时，其倒槽也多造成华北、山东等地暴雨到大暴雨(何立富等，2006)。所以，预报TC暴雨时必须关注这些部位。

⑦适量冷空气的侵入

适量冷空气的侵入，常会使暴雨加大。0801号热带风暴"浣熊"在粤西登陆，但粤东的降水比登陆点附近大得多，主要是从东南沿海南下的弱冷空气与TC东半圆的东南气流相遇的结果。TC到达中纬度以后，更容易与西风带的高空槽、切变线或低涡相遇，暴雨将加大。根据雷小途等(2001)的研究，西风槽强度的变化可使热带气旋降水突然增幅30%。图4.21是TC与高空槽相遇造成北方暴雨的形势。也有研究指出，冷空气侵入，会使倒槽和周围地区雨量加大，而使TC减弱致使TC中心雨量减小。所以，在预报时要特别分析中纬度的天气系统和冷空气活动。

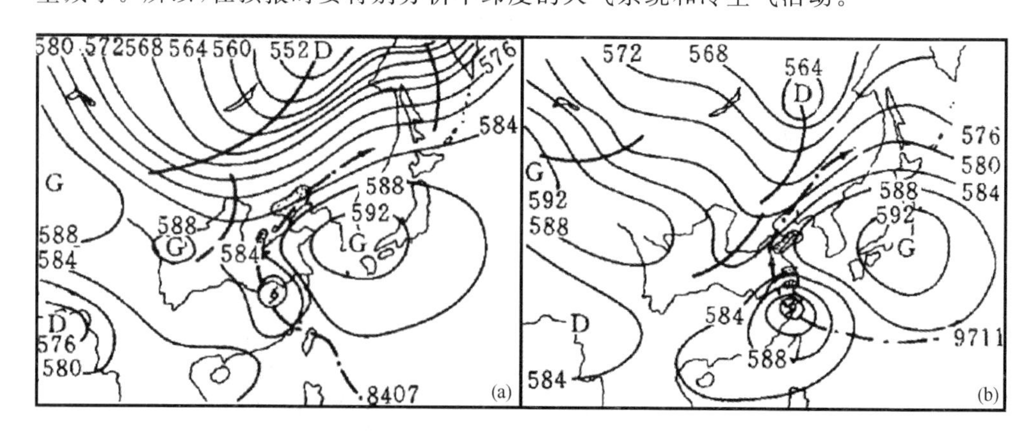

图4.21　TC北上造成我国华北(a)和山东(b)特大暴雨的500 hPa天气形势(朱官忠等，1998)

福建沿海、浙东、粤东和粤西沿海多山地丘陵，TC 登陆时，迎风面雨量预报宜考虑地形的增幅作用。

⑧科学使用数值预报产品

在预报中，如果模式的预报路径与业务预报路径差异不大，重点考虑数值预报产品中 TC 中心经过的附近地方、模式预报的 TC 中心外围来自海洋的偏南和偏东急流的位置和强度、TC 北侧中低层和地面倒槽的位置和模式预报的其他气流辐合的区域(如 ITCZ)、冷空气与 TC 的偏南气流结合的部位等，还必须考虑 TC 登陆后强度的变化及移速和副高跟进的速度。在业务预报的路径和模式预报的路径基本一致的前提下，参考模式的落区预报，再考虑地形、模式以往的偏差等因素对降水量级进行订正是理想的选择。例如，在 2006 年“碧利斯”登陆期间，模式预报粤东地区降水并不大，主要降水在南海东北部，但模式同时预报在 850 hPa 有很强的西南气流，这有季风降水的明显特征，以往这种情况下粤东会出现很强的降水，因此可以把模式的降水落区往北订正。如果业务预报路径与模式的预报偏差较大，切不可以直接使用模式的降水预报。

4.6.2　TC 大风预报

TC 的大风是另一个致灾因素。如 2006 年超强台风“桑美”在浙江省苍南县马站镇登陆时，中心最大风速达 60 m/s，浙江苍南霞关附近中尺度自动站观测到 68 m/s 的大风，超强的风力给福建、浙江两省造成重大的人员伤亡和财产损失。

(1)TC 大风分布的基本特点

TC 区域的大风分布，越是靠近中心，风力越大，最大风力分布在近中心周围的环形地带，而眼区的风力非常微弱。由于 TC 引起的大风是非常强的，达 50 m/s 以上风速的暴风并不少见。

在低纬海洋地区，TC 闭合等压线近似圆形，故风力的分布也近似于圆对称。随着 TC 向较高纬度地区移动，在周围气压系统的影响下，TC 等压线逐渐变形，因而风力的分布也不对称。一般情况下，当 TC 接近副热带高压或大陆冷高压时，由于气压梯度增大，所以风速更大一些，大风主要分布在临近高压一侧。

TC 大风的分布与 TC 的内部结构有关。一个结构不对称的 TC，特别是风场分布不对称的 TC，往往表现为不同的部位风速的大小差异较大，而且这种风速分布不对称随时间变化，大多会沿着 TC 环流作逆时针的传播。

TC 中的大风具有明显的阵性特点，阵风与平均风速差可达 30 m/s 以上，不少 TC 会以较大的阵风造成破坏。如 0413 号台风“杜鹃”就具有阵风大的特点。

因此，为了客观全面地表征 TC 的大风，业务上采用中心最大风力、阵风、6(8、10)级大风范围半径等因素来描述。应该注意的是如果有地形的影响，大风范围半径代表性较差，诊断时要特别小心。

(2)影响 TC 大风的因素

①气压梯度的作用

TC 大风主要是由于中心气压很低，形成很大的气压梯度引起的。TC 范围内的气压梯度越靠近中心越大，当 TC 的范围很大时，其外围半径可达 500 km 以上，由于 TC 减压的作用，气压梯度逐渐加大，开始出现≥6 级的大风。我国计算南海和西太平洋的 TC 中心最大风速的经验公式是以气压差为主要因子得出的，相关性较好，见下式：

$$V_{max} = 5.7(\Delta P_0)^{1/2}$$

式中，ΔP_0 为 TC 最外围闭合等压线气压值与中心最低气压值之差。

在日常的业务预报中，气压梯度的大小是考虑风力大小的重要因素，预报员往往习惯使用固定测站之间的气压差来估计风速的大小，如东西向或南北向的气压差等。

②地形的影响

地形对 TC 大风的影响很大，由于地形的影响，TC 的大风分布更加复杂。一般山地风力比平原小，平原地区又比海面小。在内陆地区，只有当气压梯度造成的风向与河谷的走向一致时，外围风力加大。大风持续的时间以沿海和山顶最长，河谷和湖泊地区次之，丘陵山区最短。TC 深入内陆以后，经常会有中心附近风力已很小，但华东沿海和华南沿海风力仍有 7～8 级的情况。

对西太平洋和南海 TC 而言，台湾岛、海南岛、台湾海峡和琼州海峡等地的地形对 TC 大风影响明显。其中，台湾和海南地形对大风的影响主要是台湾的中央山脉和海南的五指山，对 TC 构成一道天然的屏障，台湾海峡和琼州海峡对大风的影响主要是它们的狭管作用。

③环境系统的作用

TC 环流与副高接触一侧气压梯度通常比较大，因而风力也比较大。如果 TC 与另一个低值系统相邻，两者之间气压梯度必然比与副高相邻一侧小，因而这一侧的风力和大风范围相对较小。比如盛夏季节，广西、云南一带经常出现热低压，TC 移到南海西北部时，其西侧和西北侧风力远比靠近副高的东(北)半圆小。秋季，由于冷空气的入侵，冷高压和 TC 之间梯度变大，使沿海的大风持续时间长、范围广。例如，1978 年 10 月 28 日，7822 号台风“Rita”位于南海中部，最大风速 35 m/s，但由于与强冷空气相遇，远在 500 多千米之外的广东上川岛平均风力达 29 m/s，阵风 37 m/s。冷空气变性东移出海时，变性高压脊和 TC 之间也会构成较大的气压梯度，使靠变性高压脊一侧大风的范围扩大。

④TC 中的中尺度对流系统的作用

通常有这样一种现象，在与中心距离大致相同且气压梯度大体相同的地方，被强对流云覆盖的区域比对流云区外风力大，这归功于中尺度对流系统。

(3)TC 大风的预报思路

与 TC 暴雨预报一样，TC 大风预报也要建立在正确的 TC 路径和强度预报的基础上。所以，如果业务预报的 TC 路径和强度变化与数值模式的预报相似，且有时间尺度足够密的产品可用，那么数值预报的地面风预报比数值预报的降水量预报更具参考性。预报员首先要根据业务预报的 TC 路径、强度与大风范围半径的变化，推算出在 TC 及其周围天气系统（如冷高压、变性高压、副高等）共同作用下，本责任区出现大风的时间和强度，还要参考卫星云图、雷达回波，因为强对流云区和强回波区中风力往往比同等气压梯度下的少云或弱回波区风力大。此外，也要考虑地面、船舶观测资料和本责任区的地形特点，对数值预报的大风预报进行订正。但是，因为数值预报的大风预报只代表该时刻的瞬时风力，如果产品的时间间隔过大，其可参考价值也就不大。

4.7　热带气旋实例分析

随着经济的发展和科学技术的进步，地方政府的决策服务、社会公众的气象服务，对天气预报提出越来越高的精细化要求。同时，气象现代化建设和信息网络也带来的海量信息。在这样的背景下，有一种过分依赖数值预报产品、不注重天气形势天气实况分析的倾向，应该认识到，天气分析仍是预报分析技术的基础。对于形势实况及演变趋势的科学分析不仅为天气预报提供了依据，也为数值预报产品的释用提供了思路，特别是对于一些突发性、局地性灾害天气以及预报难度较大的复杂天气更是如此。本节以 1208 号台风“韦森特”为例，结合李霞(2014)、郑浩阳(2014)等人的研究成果，分析此台风的路径突变、近海加强及登陆后暴雨的成因，旨在帮助读者初步掌握台风个例分析的着眼点。

4.7.1　“韦森特”概况

1208 号台风“韦森特”移动路径和强度变化见图 4.22。7 月 20 日 08 时（北京时，下同）位于菲律宾以东洋面的热带扰动发展成热带低压，之后快速向西北偏西方向移动，21 日上午进入南海东北部海面，强度逐渐加强，22 日早晨“韦森特”突然减速在原地打转将近 24 h 后，23 日凌晨开始缓慢北上，23 日 10 时“韦森特”升级成为台风，并折向偏西北方向移动，强度继续加强，24 日 04 时 15 分在台山市赤溪镇登陆，登陆后西北转偏西行，强度逐渐减弱。

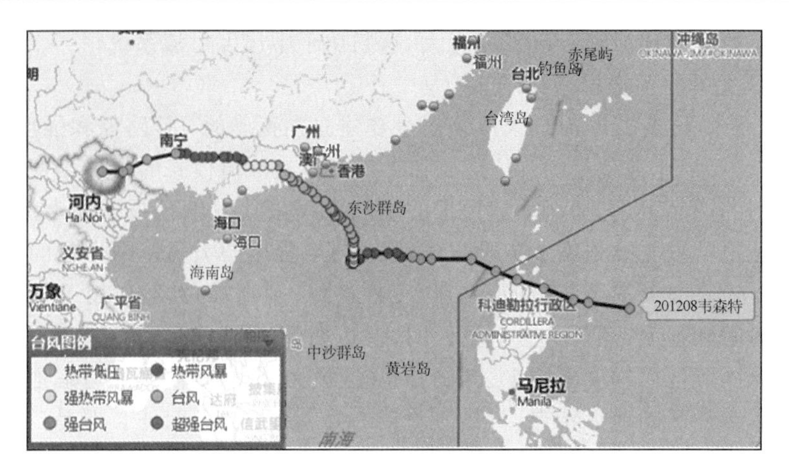

图 4.22　1208号台风“韦森特”移动路径和强度变化(附彩图 4.22)

“韦森特”具有两个显著特点。①路径曲折。“韦森特”的路径经历了西北西—打转—偏北—西北西四个阶段。20 日“韦森特”在菲律宾吕宋岛东部海面上形成后稳定向西北西方向移动，22 日 06 时—23 日 02 时，其连续 20 h 在南海少动、回转，其中 12 h 在原地未动，这在盛夏季节的西太平洋台风中非常罕见，直到 23 日凌晨“韦森特”才缓慢向北移动，23 日下午其转向西北西方向移动。②近海加强。“韦森特”在靠近陆地的过程中快速加强，23 日 05—10 时短短 5 h，中心风速就从 25 m/s 加增强到 33 m/s，达到台风强度，并在登陆前 5 h 再度加强到 40 m/s。

中央气象台对“韦森特”24 h 和 48 h 路径预报的平均误差分别为 167 km 和 235 km，而在 2012 年全年中中央气象台 24 h 和 48 h 路径预报误差年平均值分别为 100 km 和 178 km。说明“韦森特”的奇异路径给预报带来一定的困扰和误差。

受“韦森特”影响，广东省沿海和海面均出现了 11～13 级的大风(图 4.23)，其中上川岛镇录得最大阵风 44.6 m/s(14 级)，珠江三角洲、云浮、肇庆等地陆地风力也达到 6 级阵风 8 级。7 月 24 日 13 时，“韦森特”开始移出广东省境内，强度减弱为热带风暴，但由于西南季风的卷入，使广东省降水持续，从 7 月 23—27 日广东省大部地区出现了持续多日的暴雨天气，强降水主要分布在珠江三角洲南部和阳江等地。全省共有 185 个气象站录得 250 mm 以上的雨量。其中中山市五桂山镇翠山路录得全省最大雨量 520 mm；有 819 个气象站录得 100～250 mm 的雨量，全省平均雨量 133.1 mm。据统计，台风“韦森特”，致广东省 46.86 万人受灾，3 人死亡，6 人失踪，直接经济损失达 10.76 亿元。

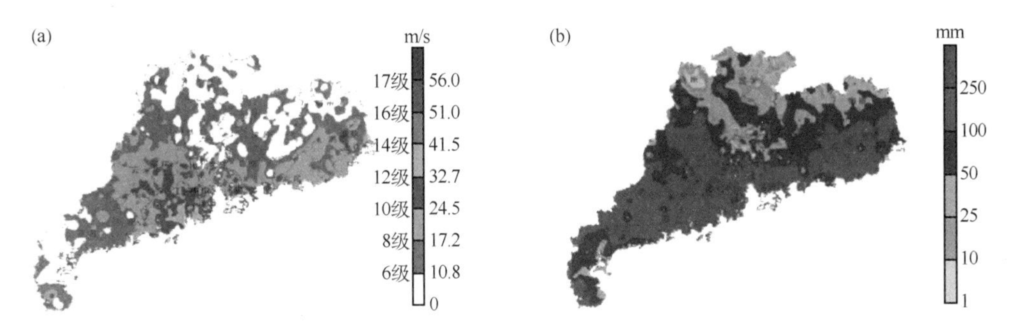

图 4.23　2012 年 7 月 23—27 日广东省最大风速(a)和累计雨量(b)分布图(附彩图 4.23)

4.7.2　“韦森特”长时间打转的原因

(1)副热带高压减弱产生的弱环境场影响

图 4.24a,b 是 20 日和 21 日 08 时 500 hPa 风场和高度场,是“韦森特”路径快速从西北偏西到偏西行路径突变前阶段。这期间西太平洋副高呈带状,主体较稳定地位于日本西南部海域,台风处于副高南—西南侧,环流轴基本呈东西向,受西太平洋副高西南侧东南偏东气流引导,快速向西北偏西方向移动。

图 4.24c 是 22 日 08 时 500 hPa 风场和高度场,与路径突变前相比,此时西太平洋副高的强度和范围明显减弱,586 dagpm 线东退,“韦森特”中心距离副高主体较远,两者相差约 15 个经距,引导气流显著变弱。根据引导气流原理,当引导气流较弱或多变时,热带气旋的路径往往比较多变。因而“韦森特”处于弱的环境场中,是其突然减速在原地停滞徘徊少动近 24 h 的重要原因。

图 4.24d 是 23 日 08 时 500 hPa 风场和高度场,与打转时相比,副高重新加强西伸,台风处在副高西南侧,受偏东南气流引导“韦森特”较稳定向偏西北移动直至在台山登陆。

(2)台风不对称结构变化造成的影响

台风位于海上时,在水平环流图上风速一般呈中心对称,台风中心风速较小,强风速区分布在其四周,而“韦森特”却表现为非对称结构,由此产生的偏心运动对其路径影响显著。

图 4.25a 是 22 日 08 时 500 hPa 流线和全风速的图,此时台风风场的最强风速区位于其中心的北侧,22 日 20 时(图略),非对称结构开始发生改变,最强风速区由先前的北侧移到其西北偏西侧,南北轴向特征较之前明显,偏心运动使台风向偏南方向移动。台风风场结构中不对称强风区的转移,造成台风移动合力方向的改变,导致台风移向突变。23 日 08 时(图 4.25b)台风风场的最强风速区分布在其中心的东侧,偏心运动使台风向偏北方向移动,偏东南气流引导和偏心运动的共同作用使台风较

稳定向偏西北移动。

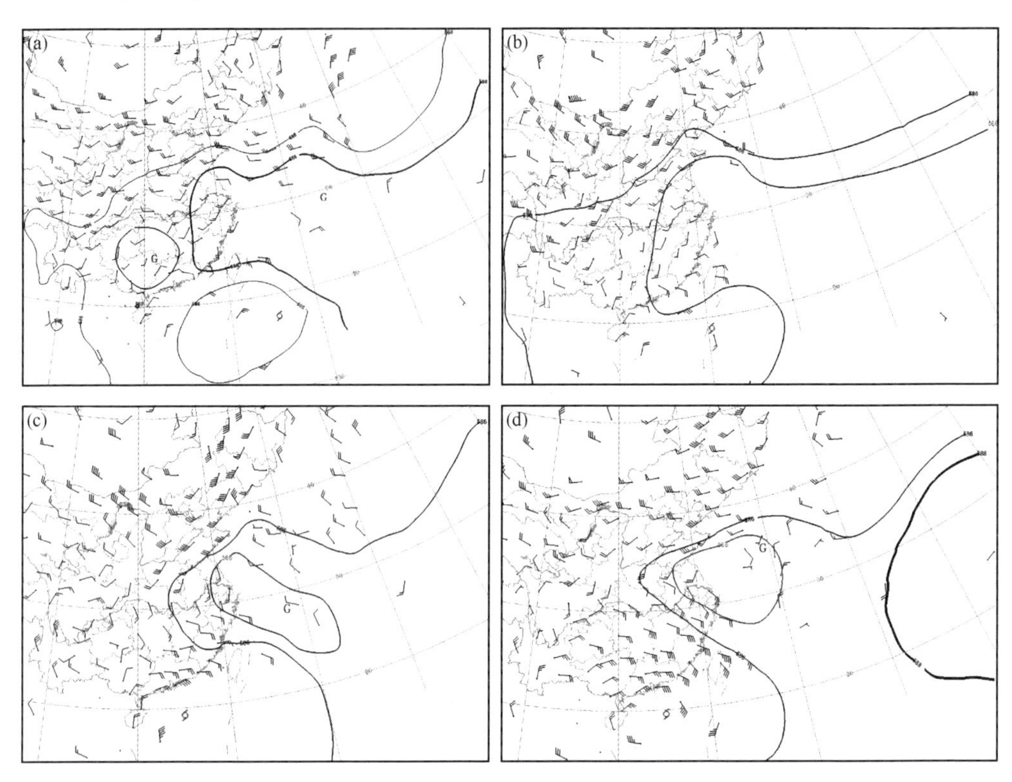

图 4.24　500 hPa 风场(单位:m/s)和高度场(单位:dagpm)

(a)20 日 08 时;(b)21 日 08 时;(c)22 日 08 时;(d)23 日 08 时

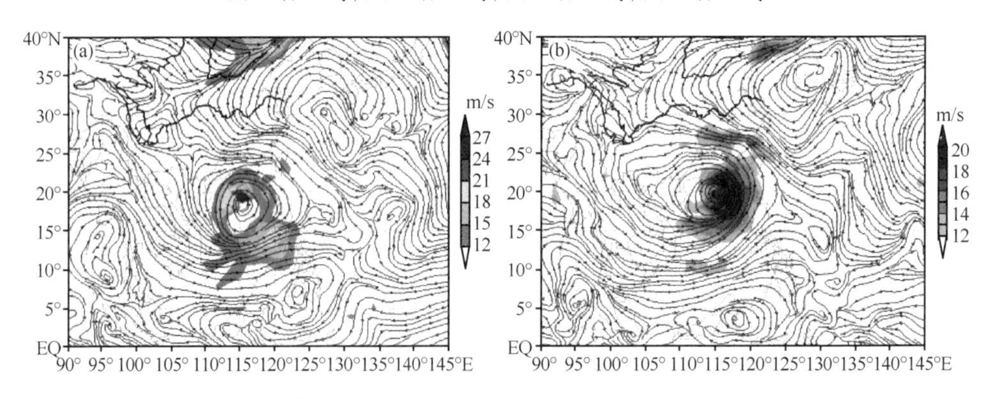

图 4.25　500 hPa 流线和全风速叠加(a)22 日 08 时;(b)23 日 08 时

(图中阴影区表示全风速大于 12 m/s)

由此可知，在“韦森特”路径突变、打转近 24 h 期间，台风风场的最强风速区呈逆时针移动，由先前的北侧移到其东侧。由于台风移动合力方向的改变导致台风移向改变。

对于垂直运动而言，台风在垂直速度剖面图上一般表现为对流层中低层气旋中心呈弱的上升运动区，两侧为较强的上升运动区。上升运动大值中心位于对流层中低层，外围两侧有垂直顺时针环流和逆时针环流相对应。而“韦森特”在垂直速度剖面图上表现出不一样的特征。跟踪“韦森特”中心附近纬(经)向垂直环流和垂直速度的空间分布，发现其在多数情况下都表现为非对称状态。22 日 20 时(图 4.26a)，“韦森特”上空表现为西侧上升气流强而东侧弱的非对称状态，西侧强上升气流向上伸展至 100 hPa，而东侧上升气流弱，伸展高度仅存在于对流层低层。23 日 08 时(图 4.26b)，“韦森特”中心附近上升气流有所增强，但是非对称结构格局发生明显变化，与 22 日 20 时相反，表现为西侧上升气流弱而东侧强的非对称状态，东侧强上升气流向上伸展至 100 hPa，上升气流伸展高度和大值区范围明显加大，而西侧上升气流弱。结合前面分析可以看出，“韦森特”中心结构调整过程经历了最强风速区呈逆时针移动的发展过程，同时最强风速区的范围也在水平尺度和垂直尺度都有所增大。

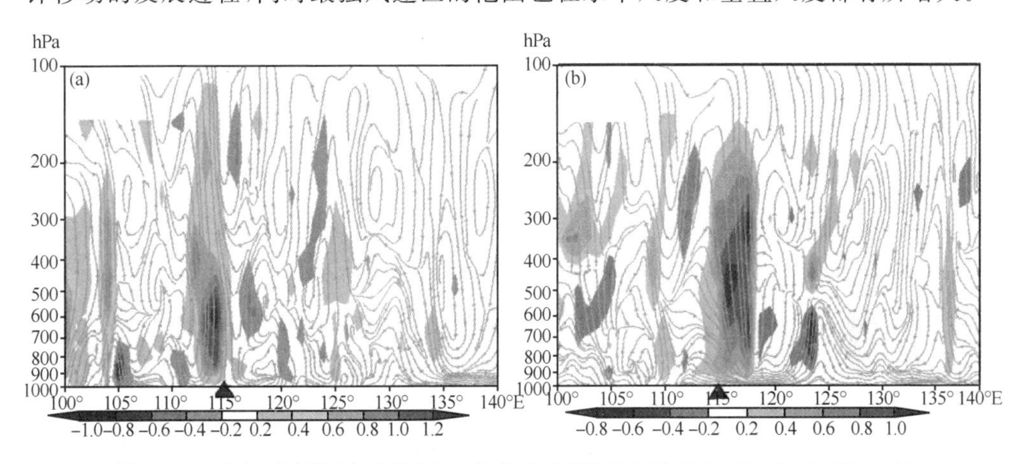

图 4.26　垂直环流沿“韦森特”中心纬向垂直剖面(a)22 日 20 时；(b)23 日 08 时

(图中阴影区表示垂直速度，单位：10^2 Pa/s，▲代表台风中心所在经度)

前面已指出，在“韦森特”徘徊少动阶段，偏心运动使台风向偏南方向移动。与此同时由于其强度明显加强，台风自身内力对其移动路径的影响得以凸显，使其向偏西北方向移动。这两种因素的共同影响，是“韦森特”出现长时间原地打转的重要原因。

(3)台风中心重组的过程

当台风在移动过程中出现打转或者奇异路径时，常会伴随台风中心重组的过程，以下从卫星黑体亮温的分布来分析“韦森特”中心重组过程。从图上可明显看出，22

日 05 时(图 4.27a)“韦森特”环流及其周围有大范围成片的对流云发展旺盛活跃,存在多个强对流中心,周边对流云系向台风中心区域发展。23 日 02 时(图 4.27b),原来活跃的多个对流云团已经并入“韦森特”环流,气旋中心密蔽云区变得密实且范围明显扩大,螺旋结构和眼区愈显清晰,“韦森特”云系发生重组,且向对称型发展。

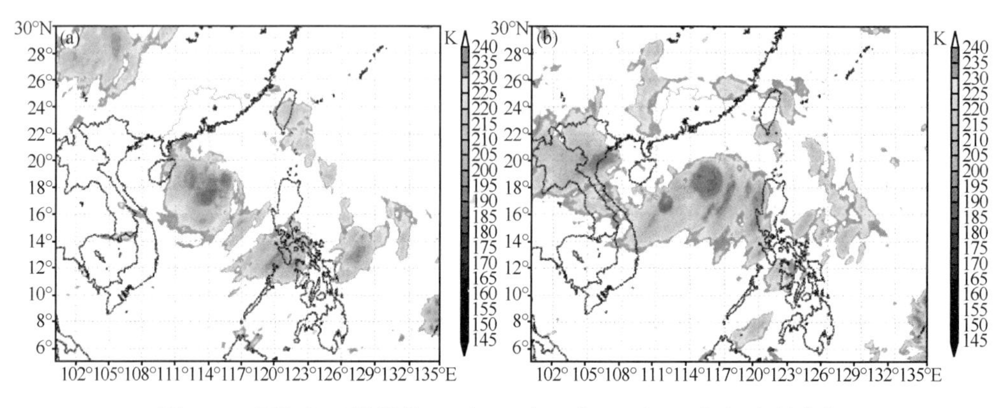

图 4.27　FY-2D 卫星黑体 22 日 05 时(a)和 23 日 02 时(b)亮温分布

这种多个对流云团发展旺盛活跃状态长时间存在,使得周边对流云系不断向台风中心区域发展,对流云逐渐并入台风环流(这实质上也是正涡度输送和聚集过程),也是造成“韦森特”在原地停滞徘徊少动的重要原因。

4.7.3　“韦森特”近海加强的成因分析

(1)中高层环流特征

高空流出气流的强辐散有利于上升运动,进而使对流发展更强盛,有利于台风的维持和加强。在对流层 200 hPa 上,22 日随着“韦森特”快速西行后突然减速停滞后,其中心附近及其西南侧辐散气流开始明显加强,但高空主要为风速的辐散,没有表现出明显向四周辐散的气流。23 日随着“韦森特”进一步发展加强成为台风,其上空出现明显气旋性涡旋环流。24 日“韦森特”登陆后其上空辐散气流减弱,其强度也随之显著减弱。

500 hPa 上在“韦森特”快速西北偏西—偏西行阶段,西太平洋副高呈块状,台风处于副高南—西南侧,环流轴基本呈东西向,“韦森特”北侧有偏东风场卷入,为其强度维持提供动力支持,维持热带风暴强度。进入南海后,青藏高原东部不断有槽东移北上,槽底与“韦森特”北缘相连,槽前脊后的正涡度平流有利于台风的发展。

(2)西南气流输送

众所周知台风的发生发展离不开充足的水汽和能量的供应,分析“韦森特”低空风场(图 4.28),从“韦森特”生成到登陆前始终有明显的西南气流向其供应水汽和能量,在进入南海前(图 4.28a),西南气流输送主要来自南海南部,最大全风速超过 20 m/s,“韦森特”受到菲律宾群岛的摩擦作用,阻碍其进一步增强,维持在热带低压强度。进入南海后(图 4.28b,c),除南海南部气流外又增加一支来自孟加拉湾的西南气流,最大全风速有所增强,超过 22 m/s。在“韦森特”原地打转过程中,西南气流输送不断增强,最大全风速超过 33 m/s,西南气流的范围进一步扩大,使其也随之加强。“韦森特”在近海登陆前持续加强,23 时强度达到鼎盛,中心风速达最大为 40 m/s。15 h 内中心气压由 976 hPa 降至 955 hPa,下降 21 hPa,此时西南气流最大全风速仍超过 33 m/s(图 4.28d),这种强大而稳定水汽和能量的输送是“韦森特”近海加强的重要因素。

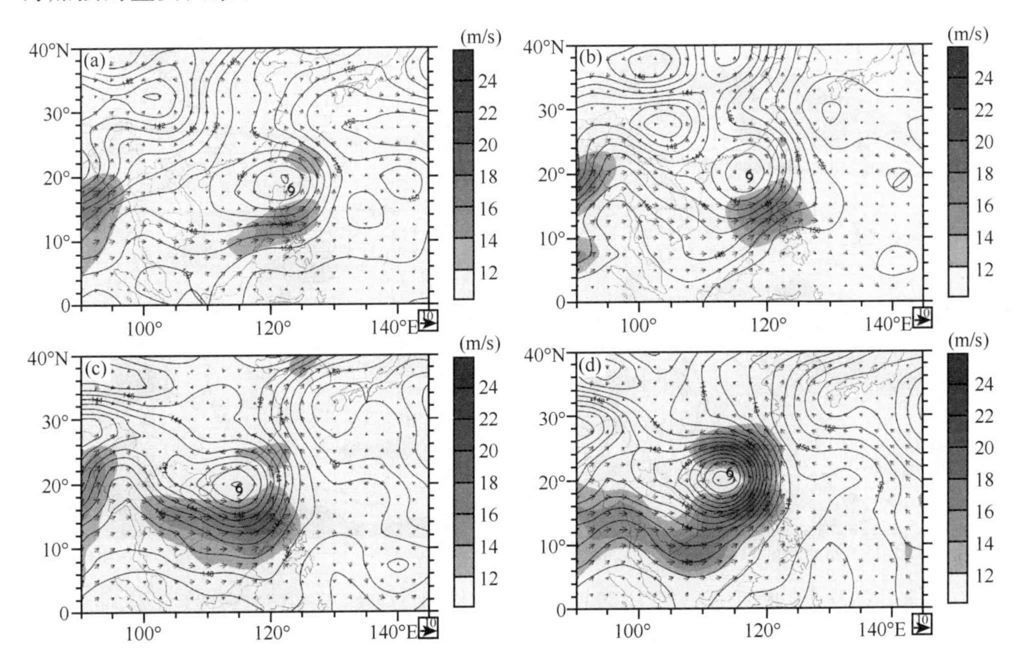

图 4.28　850 hPa 风场、全风速和高度场(实线,单位:dagpm)(a)20 日 20 时;(b)21 日 20 时;(c)22 日 20 时;(d)23 日 20 时(图中阴影区为全风速大于 12 m/s 区域)

(3)环境风场的垂直风切变

垂直风切变的大小对台风的发展变化至关重要,如果垂直风切变很大,积云对流所产生的凝结潜热会迅速被湍流扩散,热量不能在对流层上层集中,这种情况不利于台风暖心结构的维持和加强。用 850 hPa 和 500 hPa 两个层次上 u、v 环境风场的风速平均值来表示高低层的垂直切变并进行分析。图 4.29 是垂直风切变的分布,可以看出 20—21 日(图 4.29a,b),“韦森特”环境垂直风切变较大,均大于 8 m/s,其强度变化不大，且逐渐呈现出向风切变低值区移动趋势。22 日（图 4.29c），环境垂直风切变减小，中心附近小于 4 m/s，中心附近具有强的风切变梯度，“韦森特”强度开始逐渐加强。23 日（图 4.29d）“韦森特”近海加强时期，环境风垂直切变进一步减小，其强度随之明显加强。因此弱的环境场风垂直切变也是“韦森特”近海显著加强的重要因素。

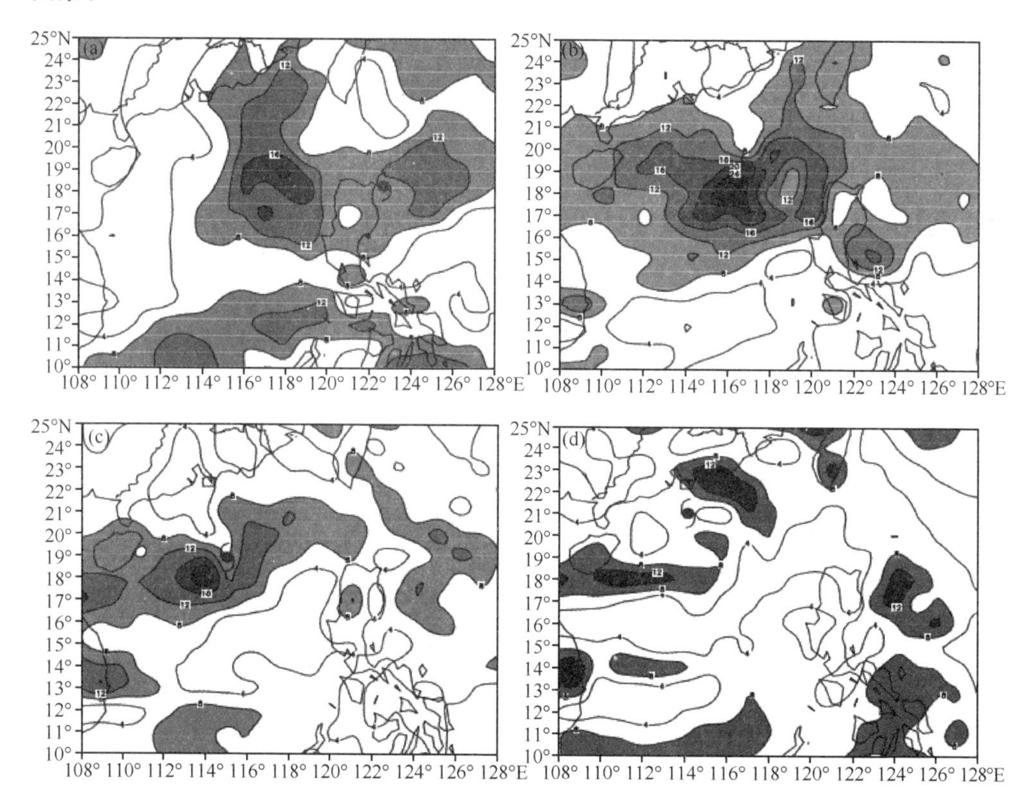

图 4.29　垂直风切变(a)20 日 20 时；(b)21 日 20 时；(c)22 日 20 时；(d)23 日 20 时

（图中阴影区表示垂直风切变大于 8 m/s）

（4）湿热和海温

水汽和温度的变化与台风的路径及强弱密切相关，下面针对反映水汽和温度大小的假相当位温进行讨论，深入分析其分布特征及对“韦森特”产生的影响。从 850 hPa假相当位温（图 4.30）分布可以看出，伴随“韦森特”的移动和加强，其中心附近假相当位温强度较强，均超过 350 K，“韦森特”强度越强假相当位温的强中心区越大。说明“韦森特”整个生命史过程都有较好的湿热条件，这为“韦森特”的维持和加强不断提供能量。

在足够广阔的热带洋面上且海表温度＞26℃是台风发生发展的重要条件之一，

一个成熟台风每天要消耗大量能量，从海表温度分布图(图略)可以看到，“韦森特”所经之处，下垫面洋面海表温度为 29～30℃，这样的高海温海域非常有利于台风暖心结构的维持和加强，这也是“韦森特”明显发展加强的有利条件。

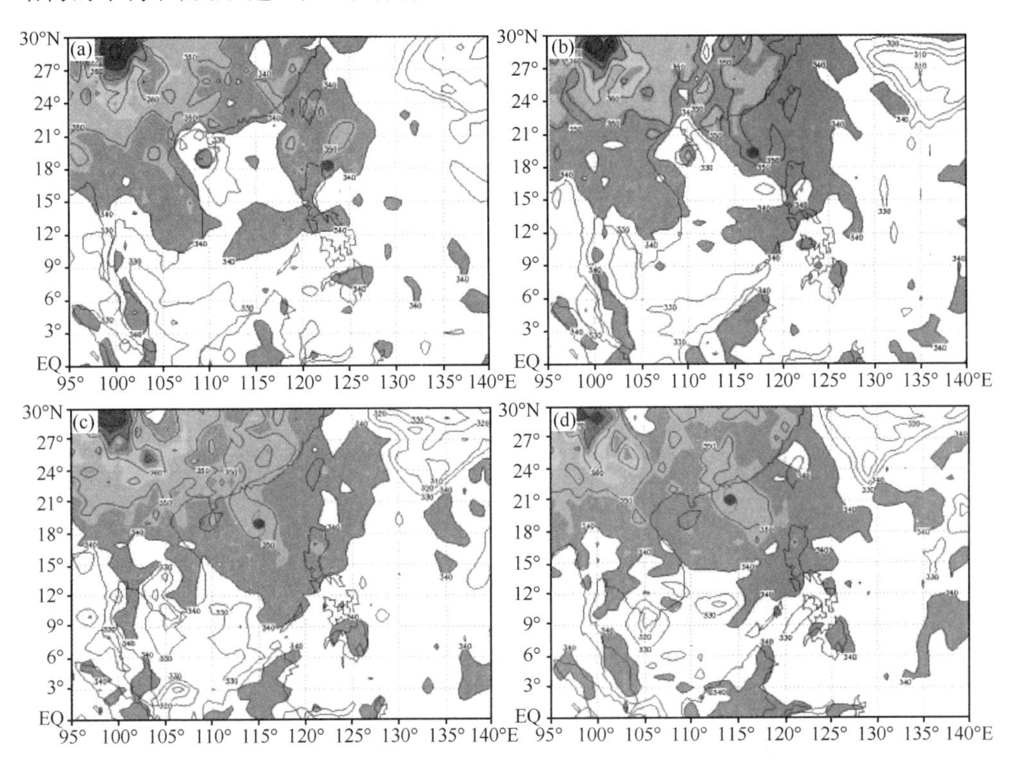

图 4.30　850 hPa 假相当位温(a)20 日 20 时；(b)21 日 20 时；(c)22 日 20 时；(d)23 日 20 时

(图中阴影区表示假相当位温＞340 K)

4.7.4 “韦森特”台风暴雨成因

由于“韦森特”在大陆上的降水中心主要在珠三角南部地区，选取 7 月 23 日 20 时—27 日 20 时珠三角南部(降水中心)附近 9 个遥测站点(中山、珠海、斗门、新会、鹤山、开平、台山、恩平、阳江)的地面 6 小时累计雨量(图 4.31)，发现“韦森特”造成该区严重降水可分成两个主要时段，一段发生在 24 日 02 时—25 日 14 时，另一段发生在 26 日 08—14 时。其中 7 月 24 日 08 时出现过程最大值，6 小时累计各站平均雨量达 56.5 mm，单站最大雨量出现在台山站，6 小时累计雨量达 116.9 mm，过程累计最大值出现在珠海站，达 417.9 mm。

(1)西太副高西伸加强

“韦森特”登陆前后，西太副高西伸明显且强度不断加强，大陆高压则逐渐西退减弱。台风登陆前，西太副高西脊点位于115°E附近，脊线位于32°N附近；台风登陆后，西太副高西脊点西伸至112°E附近，脊线位置基本维持。过程中，“韦森特”处于低压带中，东北侧西太副高的高压脊向西延伸，抑制了“韦森特”的北上，有利于其登陆后移速不致过快，西太副高的西伸加强为“韦森特”西北西行过程中产生持续性暴雨提供了稳定的背景场。

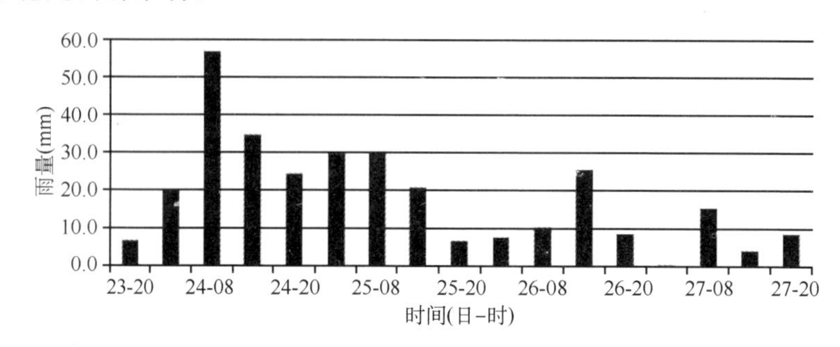

图4.31　2012年7月23日20时—27日20时降水中心各站(9个站)平均6小时累计雨量

(2)850 hPa水汽输送

对850 hPa大气环流及水汽通量进行分析，从图4.32可以看出，“韦森特”的水汽输送带主要来自两支越赤道气流：一支位于105°E左右，一支位于120°E左右。这两支气流在“韦森特”东南侧交汇，为其输送大量水汽。22日14时(图4.32a)，两支越赤道气流相对较弱，“韦森特”东南侧的水汽通量值也较小，之后，105°E越赤道气流明显加强，23日08时(图4.32b)，“韦森特”东南侧的水汽通量值大值区达30 g/(s·hPa·cm)；同时，120°E越赤道气流也加强，23日下午(图4.32c)直至24日凌晨(图4.32d)，“韦森特”东南侧的水汽通量继续加大，为降水的产生提供了源源不断的水汽。

(3)高低层涡度、散度的配置

沿“韦森特”热带气旋中心所在的纬度做涡度和散度的垂直剖面图，如图4.33所示。从涡度场上可以看出，22日08时和23日14时，在热带气旋中心附近上空均为正涡度区，正涡度中心在700 hPa上下，正涡度区从250 hPa附近(22日08时)向上扩展到对流层顶(23日14时)，且其中心值亦明显增大。从散度场来看，22日08时，热带气旋中心附近的低层为辐合区，对流层上层为辐散区，但中间为弱的辐合、辐散相间，23日14时，在热带气旋中心附近，300 hPa以上为明显的辐散区，300 hPa以下为明显的辐合区，且辐散区的值大于辐合区的值，与22日08时相比，高空辐散、低层辐合均有明显的增强。因此，从热带气旋中心附近涡度场和散度场的演变来看，低层辐合、高层辐散为强降水的发生提供了有利的动力抬升条件。

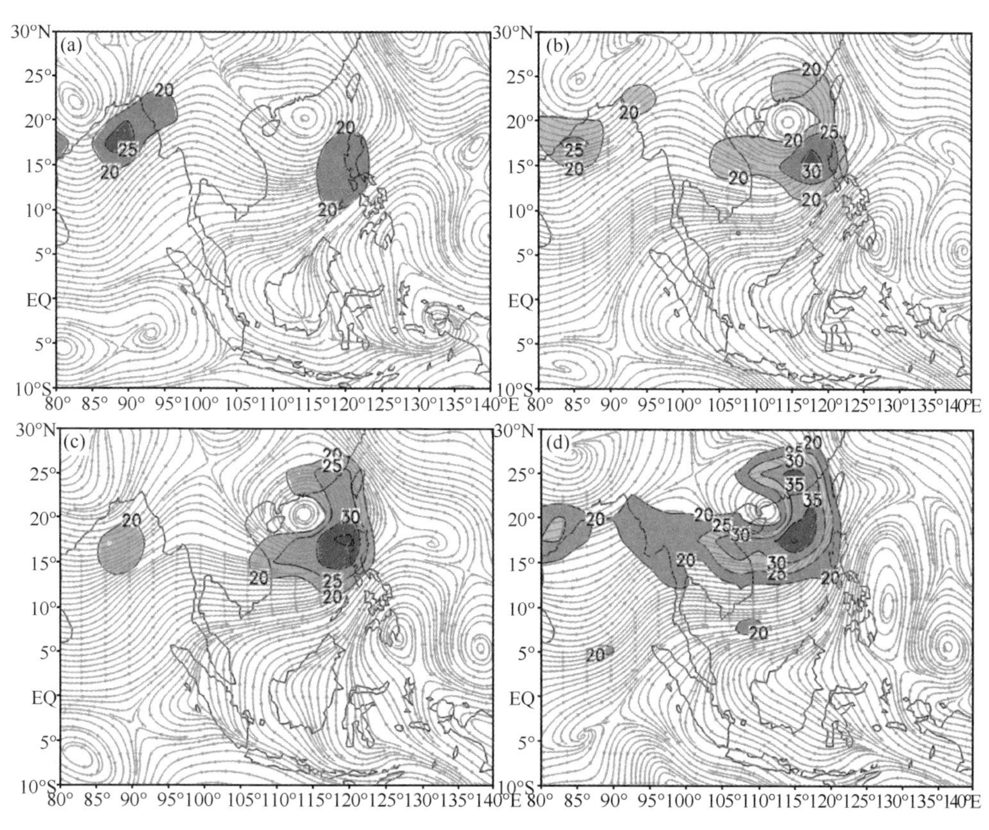

图 4.32　850 hPa 流场及水汽通量图(阴影,单位:g/(s · hPa · cm))

(a)22 日 14 时;(b)23 日 08 时;(c)23 日 14 时;(d)24 日 02 时

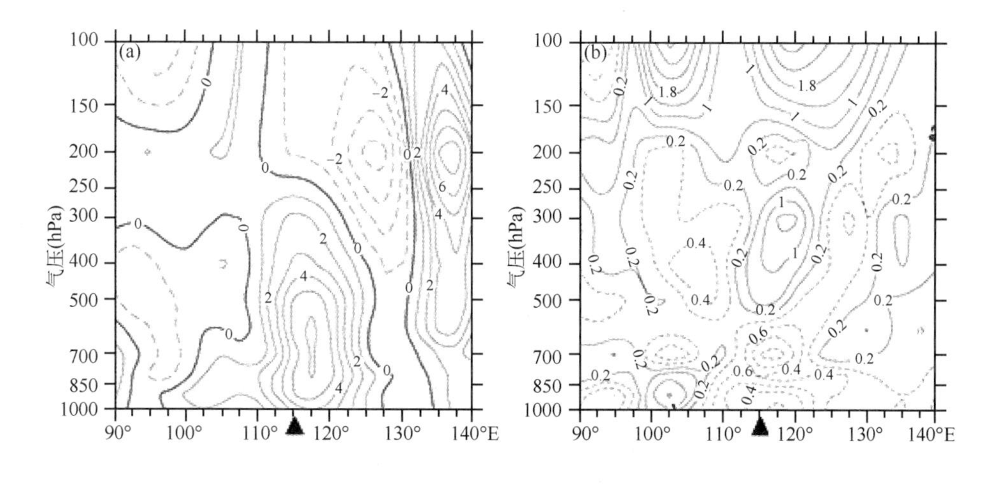

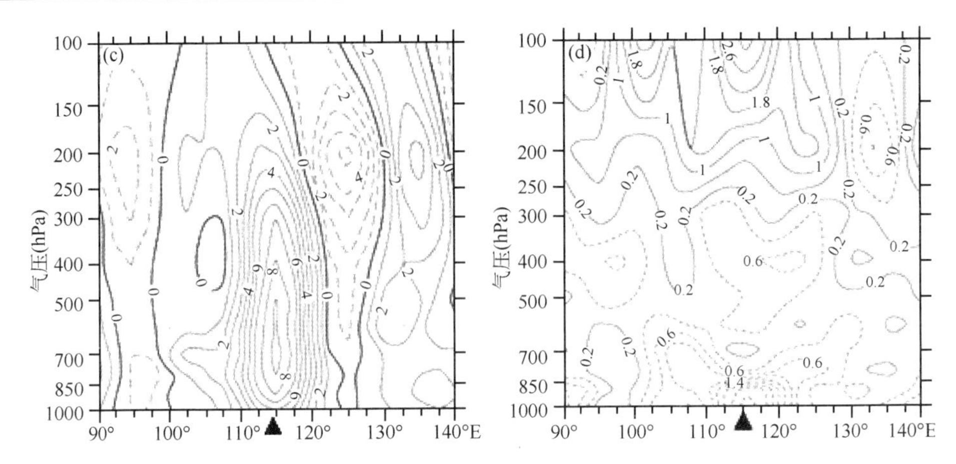

图 4.33　沿“韦森特”中心所在纬度的涡度、散度垂直剖面图(单位:s^{-1},▲为“韦森特”所在经度)

(a)22 日 08 时涡度;(b)22 日 08 时散度;(c)23 日 14 时涡度;(d)23 日 14 时散度

4.7.5　小结

通过分析 1208 号台风“韦森特”的移动路径、强度的变化以及登陆后暴雨发生的一些成因,得到以下结论:

(1)“韦森特”快速偏西行后突然停滞原地长时间打转的奇异路径主要归结于三大因素:西太平洋副高减退导致引导气流明显减弱,使台风路径多变;“韦森特”风场强风速区呈逆时针转移造成台风移向改变;中心重组过程导致中心位置停滞少动。高空强辐散、弱的风垂直切变和中低层强盛的西南气流输送是“韦森特”近海加强的重要原因。较好的湿热条件促进了“韦森特”显著加强。

(2)西太副高高压脊西伸加强,且脊线位置维持,抑制了“韦森特”的北上,有利于其登陆后移速不致过快,为“韦森特”西北西行过程中产生持续性暴雨提供了稳定的背景场;100°E 附近、108°E 附近两支越赤道气流及索马里急流的加强,使西南季风进一步发展,为台风登陆后的降水补充大量水汽、热量和动量,有利于其降水发生维持。同时,水汽输送大值带穿过中南半岛,源源不断地向台风环流输送水汽。随着台风登陆后西北移动和西风大值区北抬的影响,水汽通量大值区和水汽通量散度辐合区相应北抬,对暴雨增幅的发生有一定的作用;高空辐散,低层辐合均有一个明显加强的过程,且高空辐散强于低层辐合,高层流出的气流具有强的抽吸作用,为强降水的发生提供了动力抬升条件。

实习 5　热带气旋个例分析

1. 实习目的和要求

通过对 2015 年第 9 号台风“灿鸿”的个例分析,初步掌握台风路径预报的基本方法，认识台风活动规律，了解台风影响的天气特点。

2. 实习资料和方法

(1)2015年7月10日20时500 hPa、850 hPa和地面参考图各一张(图4.34)。

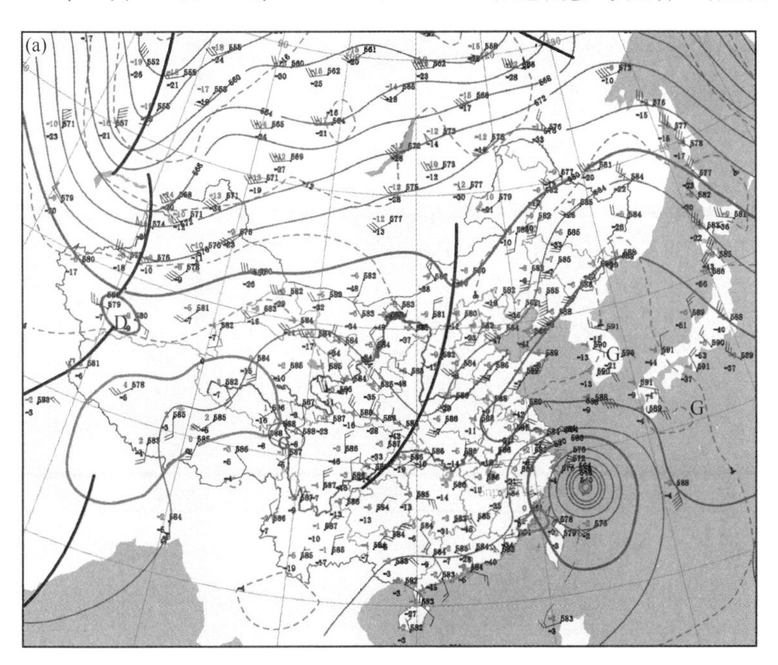

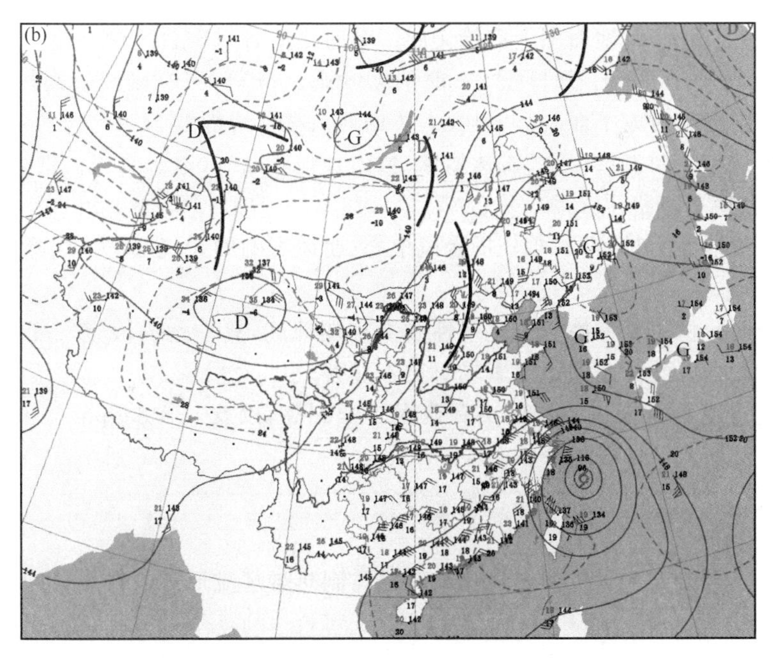

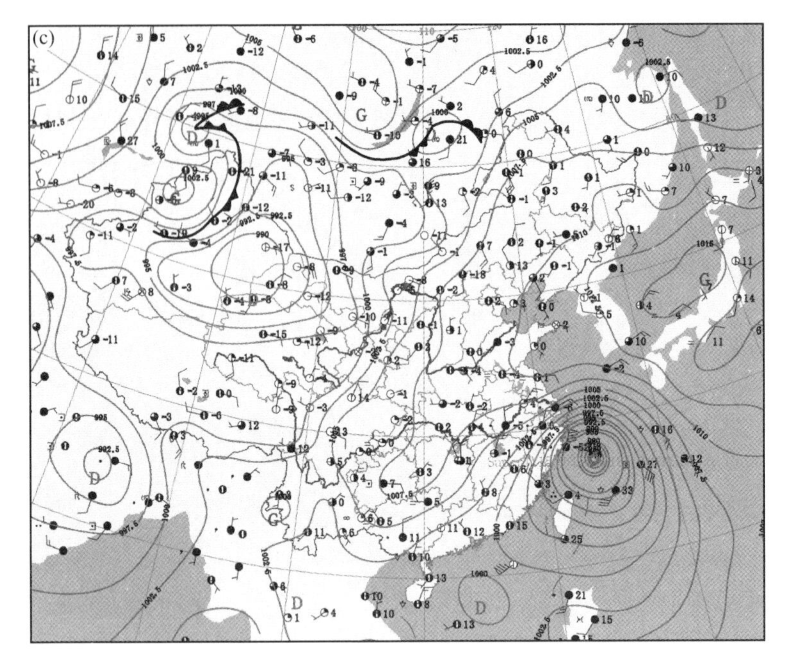

图 4.34　2015 年 7 月 10 日 20 时 500 hPa(a)、850 hPa(b)和地面(c)图

(2)分析 2015 年 7 月 11 日 08 时和 20 时 500 hPa、850 hPa 和地面实况图共 6 张。

(3)在 11 日 20 时地面图上点绘 10 日 08 时之后各时次台风中心位置。

(4)制作 10 日 20 时至 11 日 20 时的 588 dagpm 等高线、副热带高压中心位置(包括大陆副高和西太平洋副高)以及有关的西风槽位置综合图。

(5)分析相关的卫星云图、雷达图像、数值预报产品等(电子文档提供给学生)。

3. 天气图分析提示

(1)分析地面图时,重点要分析台风中心、台风影响的天气区(大风、降水等)以及正负变压中心等。

(2)锋面分析主要考虑历史连续性和高空弱锋区,夏季地面冷空气变性快,且冷空气主力偏北,因此锋面附近要素场对比不显著。

(3)高空图重点分析大陆副高和西太平洋副高,以及 588 dagpm 等值线的范围走向,并注意西风带槽脊的分析。

(4)关注位于南海北部的赤道辐合带。

4. 思考题

(1)此次台风天气过程中台风移动路径与副热带环流形势的特点,以及它们之间的关系。

(2)分析 11 日 08 时台风附近地面要素场配置及有关资料，讨论台风在我国登陆的可能性。

(3)根据以上分析和所学的台风路径预报的基本知识，试预报 11 日 20 时—12 日 08 时台风的移动路径。

5. 1509 号台风“灿鸿”简介

(1)生成发展

2015 年第 9 号台风“灿鸿”6 月 30 日 20 时在西北太平洋洋面上生成，7 月 9 日 14 时发展为强台风，10 日 12 时达到最强，中心气压 925 hPa，中心附近最大风力 58 m/s，13 日早晨在朝鲜西南部地区减弱为热带低压。

(2)移动路径

“灿鸿”在西北太平洋洋面上生成(图 4. 35)，之后向西北方向移动，7 月 10 日 20 时到达我国近海，在 124°E 附近向西北移动，移速为 20 km/h，11 日 16:40 前后以强台风级在浙江省舟山市朱家尖镇沿海登陆。登陆后，于 11 日 17 时转向北偏东方向移动，经过我国黄海海域并向朝鲜半岛靠近，强度逐渐减弱。12 日 23:50 前后，“灿鸿”中心在朝鲜黄海南道沿海再次登陆，登陆时中心附近最大风力 8 级(20 m/s)。

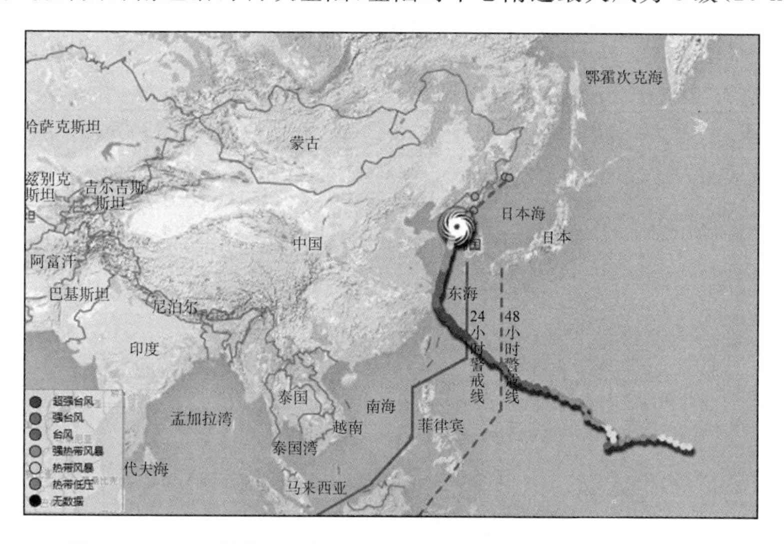

图 4. 35　1509 号台风“灿鸿”移动路径和强度变化(附彩图 4. 35)

(3)天气影响及灾情统计

受其影响，10 日 8 时至 12 日 14 时，浙江中东部和西北部、上海东南部、安徽东南部、江苏南部、山东半岛东部等地累计降雨 100～220 mm，浙江绍兴、宁波、台州和舟山部分地区 250～400 mm，浙江余姚、宁海和象山局地达 420～541 mm。

浙江东部、上海东部、江苏中南部、山东半岛东部等沿海地区及岛屿出现 10～12

级瞬时大风，浙江舟山和象山局部达 13～16 级；其中浙江定海克冲岗最大瞬时风达 53 m/s(16 级)、象山石浦 49.3 m/s(15 级)、舟山蚂蚁 47.9 m/s(15 级)；期间，浙江中北部沿海海面 12 级以上大风持续 12—24 小时。

台风“灿鸿”导致浙江、上海和江苏等省(直辖市)不同程度受灾。截至 7 月 13 日 9 时统计，具体灾情如下：

据浙江省民政厅报告，杭州、宁波、温州等 10 市 84 个县(市、区)276.8 万人受灾，123.7 万人紧急转移安置和避险转移，1.5 万人需紧急生活救助；700 余间房屋倒塌，1400 余间不同程度损坏；农作物受灾面积 177.3 千公顷，其中绝收 22.5 千公顷；直接经济损失 84.4 亿元。

据上海市民政局报告，黄浦、徐汇、长宁等 17 个县(区)12.2 万人受灾，11.7 万人紧急转移安置。

据江苏省民政厅报告，无锡、常州、苏州等 8 市 30 个县(市、区)33.8 万人受灾，5.6 万人紧急转移安置；300 余间房屋不同程度损坏；农作物受灾面积 33.4 千公顷，其中绝收 1.1 千公顷；直接经济损失 1.2 亿元。

6. 有关资料

台风中心位置和强度见表 4.6。

表 4.6　台风中心位置及强度的演变

时间	经度(°E)	纬度(°N)	最大风速(m/s)	中心气压(hPa)
6 月 30 日 20 时	159.5	10.0	18	995
7 月 1 日 02 时	158.7	10.1	20	995
7 月 1 日 08 时	157.5	10.5	20	995
7 月 1 日 14 时	156.6	11.0	20	995
7 月 1 日 20 时	155.6	11.3	23	990
7 月 2 日 02 时	154.3	11.3	25	985
7 月 2 日 08 时	152.8	11.3	25	985
7 月 2 日 14 时	150.6	11.2	25	985
7 月 2 日 20 时	149.6	10.7	28	982
7 月 3 日 02 时	148.8	10.5	33	975
7 月 3 日 08 时	147.7	10.2	33	975
7 月 3 日 14 时	148.5	10.8	30	980
7 月 3 日 20 时	148.5	11.0	23	990

续表

时间	经度(°E)	纬度(°N)	最大风速(m/s)	中心气压(hPa)
7 月 4 日 02 时	148.5	11.8	23	990
7 月 4 日 08 时	148.0	11.9	23	990
7 月 4 日 14 时	147.8	12.5	23	990
7 月 4 日 20 时	146.3	13.3	25	985
7 月 5 日 02 时	145.6	13.7	25	985
7 月 5 日 08 时	144.7	14.1	25	985
7 月 5 日 14 时	144.6	14.1	25	985
7 月 5 日 20 时	144.3	15.4	25	985
7 月 6 日 02 时	143.3	16.2	28	982
7 月 6 日 08 时	142.5	16.3	30	980
7 月 6 日 14 时	141.0	16.9	30	980
7 月 6 日 20 时	139.8	17.5	30	980
7 月 7 日 02 时	138.5	17.9	33	975
7 月 7 日 08 时	137.4	18.1	33	975
7 月 7 日 14 时	136.3	18.3	33	975
7 月 7 日 20 时	135.5	18.6	33	975
7 月 8 日 02 时	134.3	19.0	35	970
7 月 8 日 08 时	133.5	19.4	35	970
7 月 8 日 14 时	132.9	20.4	35	970
7 月 8 日 20 时	132.3	21.0	38	965
7 月 9 日 02 时	130.5	21.7	40	960
7 月 9 日 05 时	130.1	22.1	40	960
7 月 9 日 08 时	129.6	22.5	40	960
7 月 9 日 11 时	129.1	22.9	40	960
7 月 9 日 14 时	128.6	23.3	42	955
7 月 9 日 17 时	128.2	23.8	42	955
7 月 9 日 20 时	127.6	24.2	45	950
7 月 9 日 23 时	127.2	24.7	52	935

续表

时间	经度(°E)	纬度(°N)	最大风速(m/s)	中心气压(hPa)
7 月 10 日 00 时	127.0	24.7	52	935
7 月 10 日 01 时	126.9	24.9	52	935
7 月 10 日 02 时	126.6	25.1	52	935
7 月 10 日 03 时	126.5	25.2	52	935
7 月 10 日 04 时	126.3	25.3	52	935
7 月 10 日 05 时	125.9	25.5	52	935
7 月 10 日 06 时	125.8	25.5	52	935
7 月 10 日 07 时	125.6	25.6	52	935
7 月 10 日 08 时	125.5	25.7	52	935
7 月 10 日 09 时	125.3	25.8	52	935
7 月 10 日 10 时	125.2	25.9	52	935
7 月 10 日 11 时	125.1	26.0	52	935
7 月 10 日 12 时	125.0	26.2	58	925
7 月 10 日 13 时	124.9	26.3	58	925
7 月 10 日 14 时	124.8	26.5	58	925
7 月 10 日 15 时	124.6	26.6	58	925
7 月 10 日 16 时	124.5	26.8	58	925
7 月 10 日 17 时	124.4	27.0	58	925
7 月 10 日 18 时	124.3	27.1	58	925
7 月 10 日 19 时	124.2	27.2	58	925
7 月 10 日 20 时	**124.0**	**27.3**	**55**	**930**
7 月 10 日 21 时	123.8	27.3	55	930
7 月 10 日 22 时	123.6	27.4	55	930
7 月 10 日 23 时	123.5	27.5	55	930
7 月 11 日 00 时	123.4	27.5	55	930
7 月 11 日 01 时	123.3	27.6	55	930
7 月 11 日 02 时	123.3	27.8	55	930
7 月 11 日 03 时	123.2	27.9	55	930

续表

时间	经度(°E)	纬度(°N)	最大风速(m/s)	中心气压(hPa)
7月11日04时	123.1	28.0	55	930
7月11日05时	123.1	28.2	52	935
7月11日06时	123.0	28.4	52	935
7月11日07时	122.9	28.5	52	935
7月11日08时	**122.8**	**28.6**	**52**	**935**
7月11日09时	122.7	28.7	52	935
7月11日10时	122.6	28.9	48	945
7月11日11时	122.6	29.0	48	945
7月11日12时	122.5	29.1	48	945
7月11日13时	122.5	29.3	48	945
7月11日14时	122.4	29.4	45	955
7月11日15时	122.4	29.5	45	955
7月11日16时	122.4	29.6	45	955
7月11日17时	122.4	29.9	45	955
7月11日18时	122.5	30.0	42	955
7月11日19时	122.7	30.1	42	955
7月11日20时	**122.8**	**30.3**	**40**	**960**
7月11日21时	122.9	30.5	40	960
7月11日22时	122.9	30.6	40	960
7月11日23时	123.0	30.8	38	965
7月12日00时	123.0	31.0	38	965
7月12日01时	123.1	31.3	38	965
7月12日02时	123.1	31.3	38	965
7月12日03时	123.1	31.5	38	965
7月12日04时	123.2	31.8	35	970
7月12日05时	123.2	32.0	35	970
7月12日06时	123.3	32.3	35	970
7月12日07时	123.4	32.6	33	975
7月12日08时	**123.6**	**32.9**	**33**	**975**
7月12日09时	123.7	33.3	30	980
7月12日10时	123.8	33.6	30	980
7月12日11时	123.9	34.0	30	980
7月12日12时	124.0	34.4	30	980
7月12日13时	124.1	34.8	30	980

续表

时间	经度(°E)	纬度(°N)	最大风速(m/s)	中心气压(hPa)
7月12日14时	124.3	35.0	25	988
7月12日15时	124.4	35.3	25	988
7月12日16时	124.4	35.6	25	988
7月12日17时	124.5	35.9	23	988
7月12日18时	124.6	36.2	23	988
7月12日19时	124.7	36.5	23	988
7月12日20时	124.8	36.8	23	988
7月12日21时	124.9	37.0	23	988
7月12日22时	125.0	37.3	23	988
7月12日23时	125.2	37.6	20	990
7月13日02时	125.4	38.2	20	990

第5章　强对流天气过程分析

强对流天气通常是指伴有短时强降水、冰雹、雷暴大风、强雷电等现象的灾害性天气。强对流天气具有突发性强、持续时间短、局地性强、强度大等特点，其破坏力极大。造成这类天气的强对流天气系统有时称之为“强雷暴”或“强风暴”。

雷暴(thunderstorms)泛指深厚湿对流(Deep Moist Convection，DMC)现象，狭义上指伴有雷电的深厚湿对流。大气中深厚湿对流的发生需要垂直层结不稳定、水汽和抬升触发三个条件(Doswell，2001)。与经典的贝纳特对流相比，大气中深厚湿对流的发生、发展涉及水的三相变化和降水的发生，因此，除了大气中的热力作用，大气中风向、风速随高度的变化(垂直风切变)以及云和降水的微物理过程对大气中深厚湿对流的形成、结构和演变都有重要影响。大气中的平流(如高空干冷平流和低层暖湿平流)和某些非绝热过程(如太阳辐射对地表的加热)使大气变得湿对流不稳定，而通过雷暴或深厚湿对流过程，大气重新调整回稳定状态。

雷暴在有利的天气背景和微物理条件下可以导致强对流天气。我国是世界上仅次于美国的强对流天气多发地区，主要的强对流灾害是冰雹、雷暴大风和短时强降水，龙卷在我国东部地区常有发生，但其频次远低于美国。

5.1　强对流天气概念及其时空分布特征

5.1.1　基本概念

(1)冰雹

冰雹是强对流天气之一。冰雹是从发展强盛的积雨云中降落到地面的一种固态降水物，多为球状或锥形的冰块，其直径一般为5～50 mm，大的亦可达10 cm以上。冰雹天气来势迅猛、持续时间短，以机械性伤害为主。按照直径分类，冰雹等级可分为四类：弱冰雹(直径＜5 mm)、中等强度冰雹(5 mm≤直径＜20 mm)、强冰雹(20 mm≤直径＜50 mm)和特强冰雹(直径≥50 mm)。2002年7月17—19日，河南中北部地区50多个县市遭受强风暴袭击，禹州、沁阳最大冰雹直径达8 cm，最大积雹厚度为5～6 cm，因灾死亡32人，直接经济损失高达31亿元。

(2)雷暴大风

雷暴大风是指伴随强雷暴天气出现的风力大于 8 级(≥17.2 m/s)的瞬时大风,多发生于春末和夏季,其特点是持续时间短、风力大、破坏力强。2009 年 6 月 3 日午后至夜间,河南北部、东部先后遭受强对流天气袭击,商丘出现历史罕见强飑线天气,永城、宁陵最大风速均突破有气象记录以来的历史极值,分别达 29.1 m/s 和 28.6 m/s(11 级),导致 24 人死亡,直接经济损失约 16.1 亿元。

(3)短时强降水

短时强降水主要指发生时间短、降水效率高的对流性降水,连续 1 h 降水量≥20 mm。一般的暴雨是指日降水量≥50 mm 的降水,而短时强降水的突出特征是"短"。短时强降水常常造成城市渍涝,交通严重拥堵甚至瘫痪;若短时强降水发生在山区,常会引发山洪、泥石流、滑坡等次生地质灾害,严重威胁人类生命和财产安全。如 2010 年 8 月 7 日甘肃舟曲暴雨造成的特大山洪泥石流灾害,死亡千余人;2012 年 7 月 21 日,北京及其周边地区遭遇自 1951 年以来最强暴雨及其引发的洪涝灾害,1 h 降水量普遍达 40～80 mm;最强降雨出现在平谷挂甲峪,1 h 降水量达 100.3 mm(21 日 20—21 时),灾情数据显示,79 人因此次暴雨死亡,160.2 万人受灾,经济损失约 116.4 亿元。

(4)龙卷

龙卷指强烈发展的雷暴云底部高速旋转的空气涡旋,龙卷的水平尺度仅数米至数十米,生命史几分钟到几十分钟。龙卷尺度和影响范围很小,气象观测站很难观测到龙卷过程,所以龙卷记录基本都是依据目击报告。龙卷在我国东部地区时有发生,但其频次远低于其他强对流天气,故不做过多讨论。

5.1.2 时空分布特征

我国强对流天气现象与我国季风活动造成的雨带移动密切相关,同时受地形地貌分布的影响显著。雷电是强对流天气中最普遍、最常见、最基本的现象之一,因此,可以通过雷电在我国的地理分布大致了解强对流天气的空间分布状况。

分析卫星观测的中国 1995—2005 年平均年闪电密度分布(图 5.1),可得到以下三个主要特征。

我国大陆东西部地区闪电密度差异显著——东部地区为闪电密度高值区,且随纬度减小闪电密度升高,南方的粤、桂、滇、川、赣、琼、台湾等省区为闪电密度高值区;西部寒旱地区则是闪电密度低值区。

闪电密度与地形地貌相关——高值带与中尺度地形(如山脉高度、尺度、走向)有关。西部地区的闪电密度高值带主要分布在祁连山南麓青海湖地区、天山向西的伊犁河谷地区;而东部地区的高值区一般出现在南北或东北—西南走向、海拔 500～

1500 m的山脉和丘陵地区附近。

闪电密度与下垫面性质相关——在海滨100 km内的海陆过渡带上，随着距海岸距离的增加平均闪电密度升高；江湖流域、河谷平原的闪电密度往往低于同纬度其他地区；从南到北，闪电密度高值中心出现在一系列有山体和丘陵地形隆起的地区和大城市，这可能与海陆风、山谷风或与城市热岛效应相互作用有关（马明等，2004）。

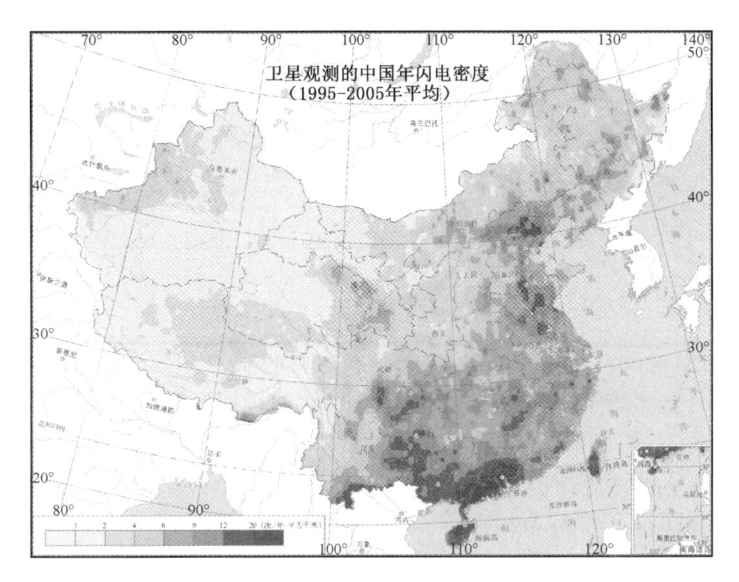

图5.1 卫星观测的1995—2005年年平均闪电密度分布图（中国气象局，2007）
（网格为0.5°×0.5°网格点的闪电密度）

(1)冰雹的时空分布特征

我国冰雹的分布特征是：山地多于平原，内陆多于沿海。青藏高原是冰雹高发区，新疆西部和北部山区、云贵高原、华北中北部—内蒙古—东北地区为相对多雹区，即在青藏高原以东地区有南、北两支多雹地带，且北支的降雹日比南支要多（图5.2）。

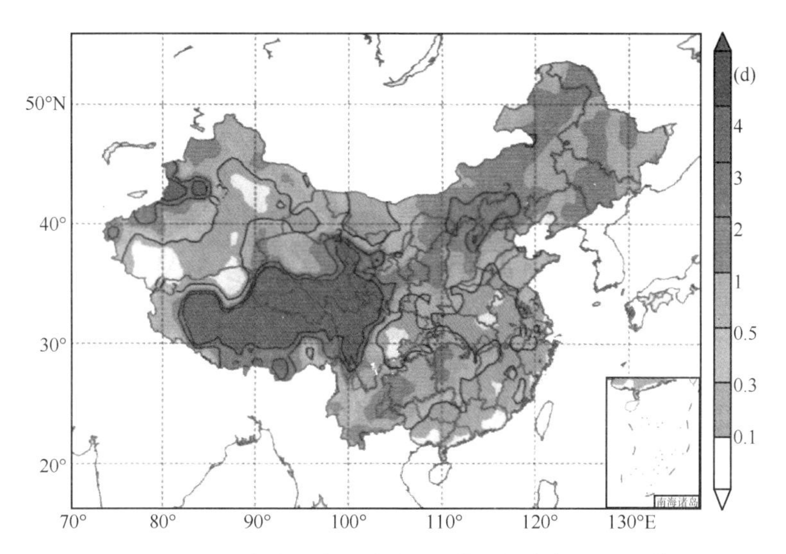

图 5.2　1981—2010 年中国年平均冰雹日数空间分布(孙继松等,2014)

中国降雹具有明显的季节变化特征。成片的雹区主要发生在春、夏、秋三季,其中尤以 4—7 月最多,约占总数的 70%,且有规律地随时间自低纬向高纬地区推移。

冰雹活动还有明显的日变化特征。大部分地区降雹出现在白天,尤其午后至傍晚(14—20 时)是冰雹活动最为集中的时段。

(2)雷暴大风的时空分布特征

我国雷暴大风的时空分布特征与冰雹大致相似,但也有差异(图 5.3)。雷暴大风的分布特征是:高原多于平原,东部多于内陆。青藏高原、新疆西部、陕北及内蒙古中部为雷暴大风高发区。

我国雷暴大风季节变化明显:春季多发于青藏高原中东部、云贵高原和江南;夏季雷暴大风的分布几乎遍布全国;秋季大部地区雷暴大风日数明显减少;冬季全国范围内基本无雷暴大风天气发生。

我国雷暴大风活动具有明显的日变化特征。全国大部地区雷暴大风主要出现在午后至傍晚(14—20 时),其他时段出现频次明显降低,午夜至早晨(02—08 时)频次最低。

(3)短时强降水的时空分布特征

我国短时强降水的时空分布与季风活动和我国主雨带的移动密切相关。由图 5.4 可知,短时强降水主要分布在西北地区东南部、西南地区东部和中东部大部地区,且中东部地区自北向南短时强降水日数逐渐递增,华南沿海地区最多。

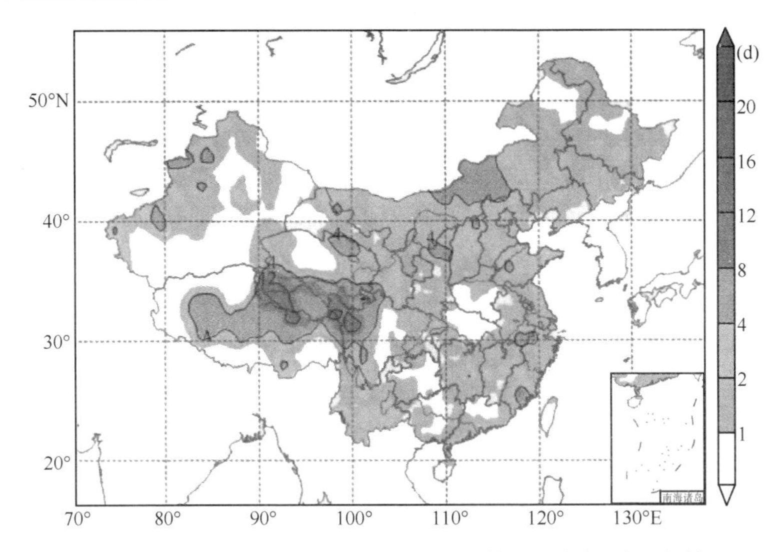

图5.3 1981—2010年中国年平均雷暴大风日数空间分布(孙继松等,2014)

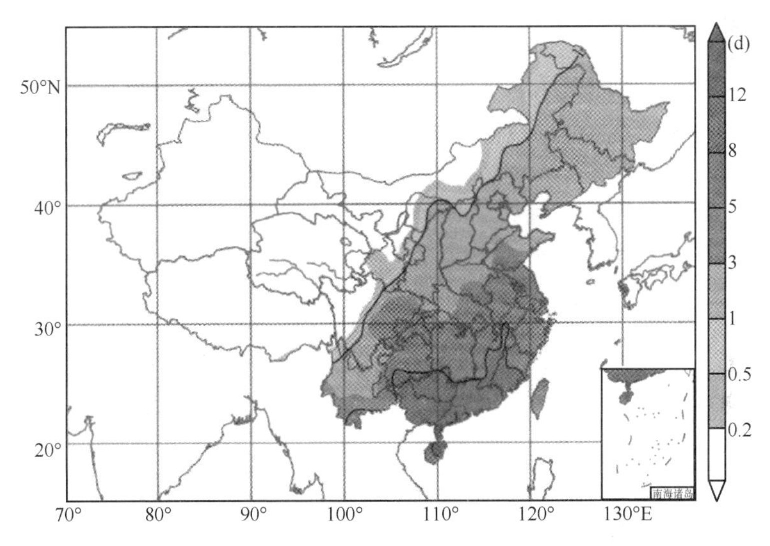

图5.4 1991—2009年中国年平均短时强降水日数空间分布(孙继松等,2014)

我国短时强降水主要发生在春、夏、秋三季。春季多见于长江以南;夏季向北推进直至东北地区,夏季是全年短时强降水出现最多的季节;秋季短时强降水日数明显减少;一年四季中短时强降水发生最少的是冬季,淮河以北地区几乎不出现短时强降水。

我国短时强降水活动的日变化特征有异于其他强对流天气。西南的云贵高原、四川盆地夜雨(20时—次日08时)特征显著,这也印证了"巴山夜雨"之说;而中东部其他地区夜雨特征不明显,长江中游、华南地区白天和夜间短时强降水发生日数基本相当。

5.2　常见的中尺度对流系统

中尺度对流系统MCS(Mesoscale Convective System)是强对流天气的载体,泛指水平尺度为10～2000 km的具有旺盛对流运动的天气系统。Orlanski(1975)按尺度将MCS划分为三种:α中尺度对流系统($M_αCS$)、β中尺度对流系统($M_βCS$)和γ中尺度对流系统($M_γCS$),水平尺度分别为200～2000 km、20～200 km、2～20 km。典型的中尺度天气系统是指γ中尺度和β中尺度系统,其生命史一般为一小时到十几小时。按对流系统的组织形式可分为孤立对流系统、带状对流系统和中尺度对流复合体MCC(Mesoscale Convective Complex)三类。孤立对流系统有三种类型:普通单体风暴、多单体风暴和超级单体风暴。带状对流系统最典型的代表是飑线。以下重点介绍超级单体风暴、飑线、MCC和MCS。

5.2.1　超级单体风暴

超级单体风暴(super-cell storm)是指水平尺度达几十千米,生命期达几十分钟到数小时,比普通的成熟单体雷暴更巨大、更持久、天气更为剧烈的单体强雷暴系统。它具有一个近于稳定的、高度有组织的内部环流,并与环境风的垂直切变有密切关系。超级单体风暴是对流风暴中组织程度最高、产生的天气最强烈的一种形态。据统计,大多数50 mm以上直径的冰雹和F2级以上的龙卷是由超级单体风暴产生的。典型的超级单体风暴在多普勒天气雷达回波上具有以下主要特征。

①在基本反射率图上,有钩状、螺旋状、逗点状回波,常有"三体散射"现象。

②有界弱回波区(BWER)。在距离高度显示器(RHI)显示时有穹窿,其水平尺度为5～10 km,弱回波区经常呈圆锥形,伸展到整个风暴的1/2～2/3高度。

③"V"形缺口。前侧"V"形缺口表明强的入流气流进入上升气流;后侧"V"形缺口表明强的下沉气流,并可能伴有破坏性大风。

④中气旋。超级单体在径向速度图上常有一个持久深厚的中气旋存在。这也是超级单体风暴与其他强风暴的本质区别所在。

以安徽一个超级单体为例,了解超级单体的雷达回波结构和流场特征(阮征等,2004)。图5.5给出了合肥SA多普勒天气雷达观测的2002年5月27日发生在安徽的经典超级单体风暴低、中、高仰角的反射率因子图像和相应的垂直剖面。该超级单体风暴由多单体风暴发展而来,图中所示为其最强盛时刻0.5°、1.5°、3.4°和4.3°仰角的反射率因子图像和垂直剖面。回波中心距雷达130 km,垂直剖面沿着低层入流方向穿过有界弱回波区。从图5.5a中可看出低层的钩状回波,从低到高反射率因子向入流一侧(南边)倾斜,表明低层弱回波区和中高层回波悬垂结构,并可分辨有界

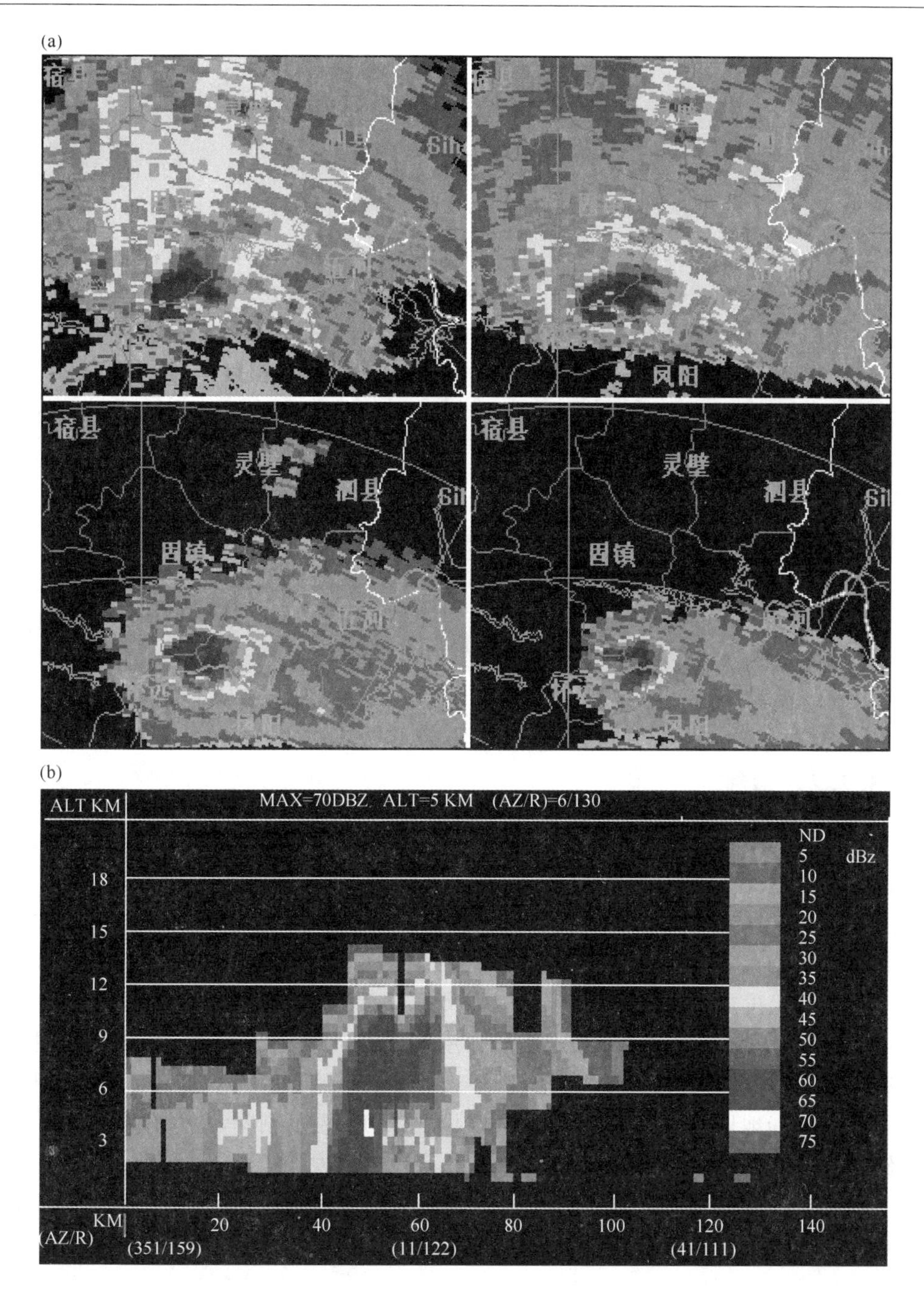

图 5.5　合肥 SA 雷达观测的 2002 年 5 月 27 日发生在安徽的经典超级单体风暴在 16:55(北京时)低、中、高仰角的反射率因子图像(a)和相应的垂直剖面(b)(附彩图 5.5)

弱回波区。相应的垂直剖面显示一个明显的有界弱回波区和回波悬垂结构。从风暴的移动方向看，风暴基本上是向东南方向移动，低层入流缺口和钩状回波位于风暴移动方向的前侧或右前侧。

图 5.6 给出了上述超级单体风暴 0.5°、1.5°和 4.3°仰角的径向速度图，其中心分别对应 1.8 km、4.2 km 和 10.0 km。在 0.5°和 1.5°仰角，可以识别明显的气旋式旋转；而 4.3°仰角呈现强烈的风暴顶辐散特征，风暴顶辐散风正负速度差值达 63 m/s。此次超级单体风暴持续时间超过 2 h，沿路产生强烈的雷暴大风（气象站记录最大瞬时风速为 31 m/s）和冰雹，数千间房屋倒塌或损坏，直接经济损失四亿多元。

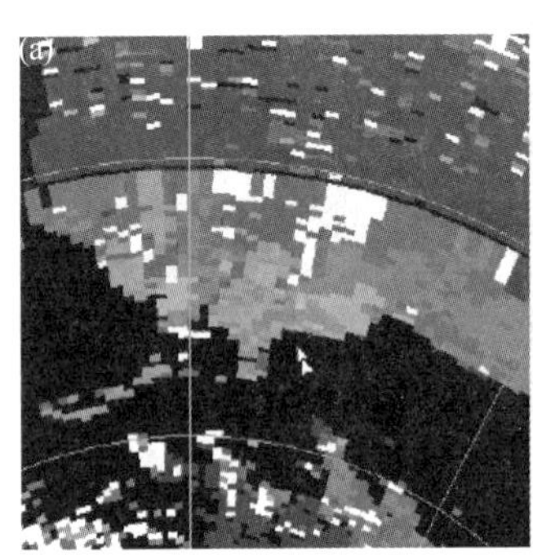

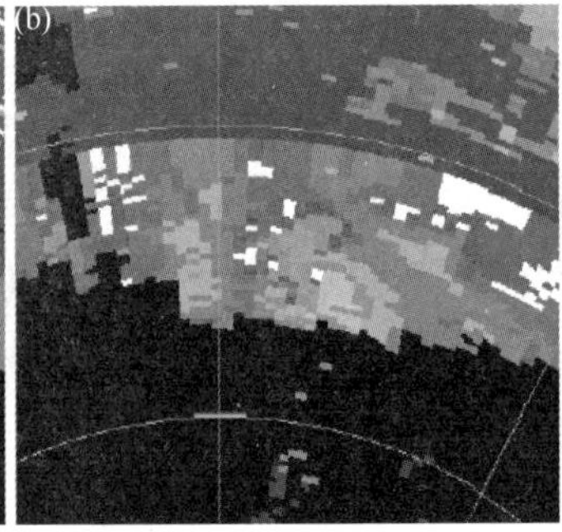

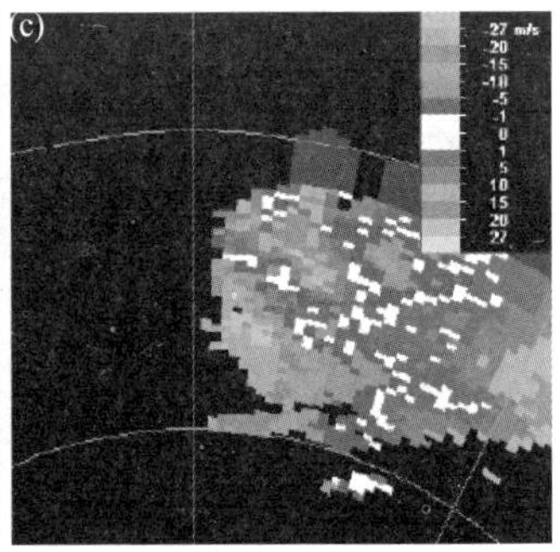

图 5.6　与图 5.5 同时刻的 0.5°(a)、1.5°(b)和 4.3°(c)仰角径向速度图（附彩图 5.6）

5.2.2　飑线

飑线（squall line）早期被定义为任何发生突发性强风（飑）的线。为了将飑线和锋面区分开来，20 世纪 50 年代后期，飑线被定义为非锋面性狭窄的活跃雷暴带。20 世纪 70 年代后期，Houze 等（1982）提出，飑线是中尺度对流系统，包括由雷暴单体侧向排列而成的对流区和非对流区（层状云区）两部分。飑线被认为是带状的深厚对流系统，其水平尺度通常有几百千米，为 α 中尺度或 β 中尺度对流系统，其雷达回波超过 35 dBz 部分的长和宽之比大于 5∶1，典型生命史为 6～12 h。由于飑线系统中强对流云区附近各种气象要素的水平梯度很大，因此当飑线过境时，气象要素将发生急剧的变化，如局地地面风向突变、风速骤增、气压跃升、温度剧降，并伴有雷暴天气，有时还会出现冰雹、龙卷等灾害天气，是一种具有短时巨大破坏力的天气系统。

以 2005 年 3 月 22 日，造成广东、福建等地短时强降水、雷暴大风、冰雹等强对流天气的飑线系统为例，了解飑线的结构（图 5.7）。

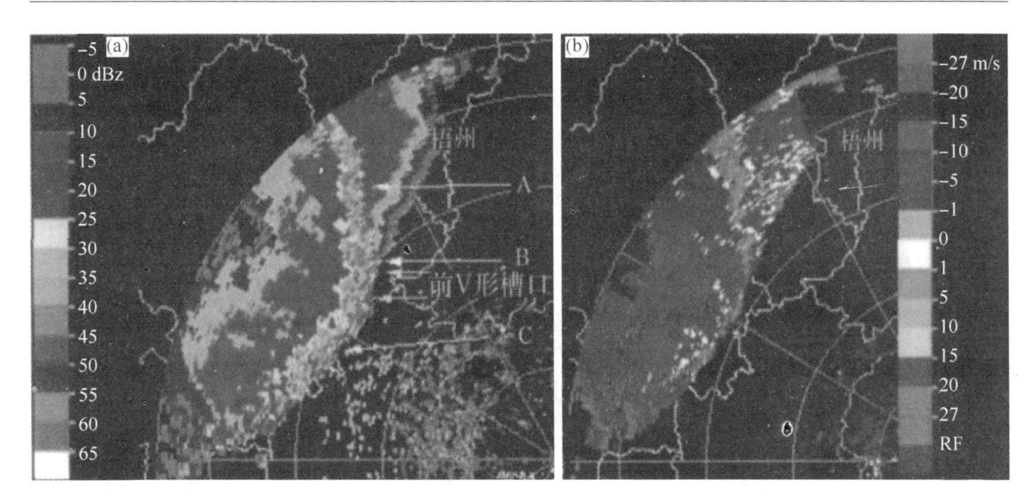

图 5.7　2005 年 3 月 22 日 08:10(北京时)阳江雷达回波图(仰角 1.5°,附彩图 5.7)(谢健标等,2007)
(a)反射率因子;(b)径向速度

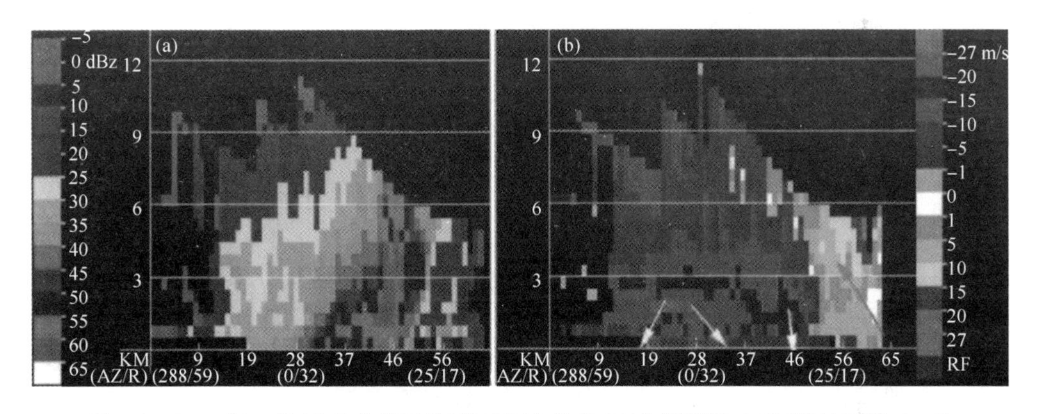

图 5.8　2005 年 3 月 22 日广州雷达回波图(方位角 288°,附彩图 5.8)(谢健标等,2007)
(a)10:57 强度剖面图;(b)11:14 径向速度剖面图(北京时)

图 5.7a 为 1.5°仰角基本反射率图,回波带已呈明显的"弓"形,弓顶最大反射率因子已达 65 dBz,且有前侧"V"形槽口,表明有飑线前方的低层入流进入上升气流,与飑线对应的是一个辐合区(图 5.7b)。从弓形回波部分的强度剖面图(图 5.8a)可知,风暴云顶高约 12 km,最强回波在 3 km 附近。分析速度剖面图(图 5.8b)可知,3 km以下风暴后下部有－27 m/s 的急流,这是产生下击暴流的区域,说明下击暴流来自后部入流,而飑线前部是相对小的径向速度且正速度自下向上加大,表明低层东南入流气流进入强盛的雹云后迅速爬升并有部分向后斜升。

第二个例子是 2002 年 8 月 24 日,安徽自西北向东南出现了一次飑线过程。全省 79 个测站先后有 30 个站出现 17.2 m/s 以上的瞬时大风,其中最大风速达 26 m/s,

同时还伴有冰雹和强降水。分析加密自动站资料以了解飑线结构及其造成的气象要素变化发现，飑线中的雷暴下沉气流夹卷相对干的环境空气导致水滴蒸发使得下沉气流降温，获得较大负浮力的下沉气流以较大速度冲向地面，导致地面急剧降温形成快速推进的冷堆及其前沿的阵风锋。该阵风锋导致地面急剧降温和大风，其后部即为雷暴高压(图 5.9)。

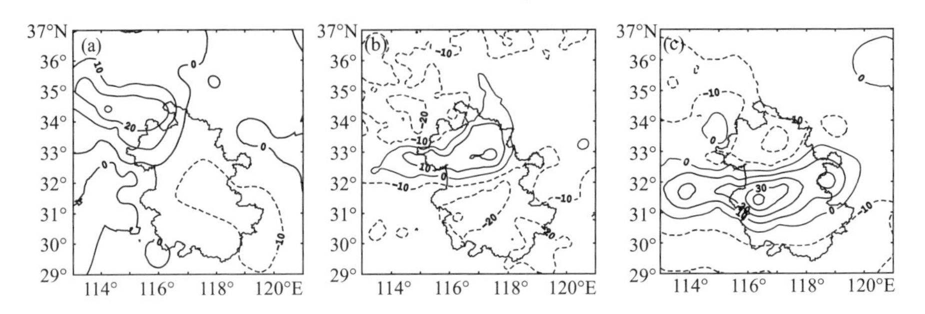

图 5.9　2002 年 8 月 24 日 11 时(a)、14 时(b)和 17 时(c)三小时变压(单位:hPa)(姚叶青等,2008)

将 11 时、14 时和 17 时大风到达位置和同一时间的三小时变压(图 5.9)对比可知，飑线后部存在明显的雷暴高压。分析风、气压、温度等气象要素的时间序列图(图 5.10)，发现飑线经过时气象要素出现突变，风向突变、风速突然加大、气温骤降、气压陡升。系统影响前后气象要素的剧变、雷暴高压的存在等，说明这是一次典型的且持续时间较长的飑线系统过程。

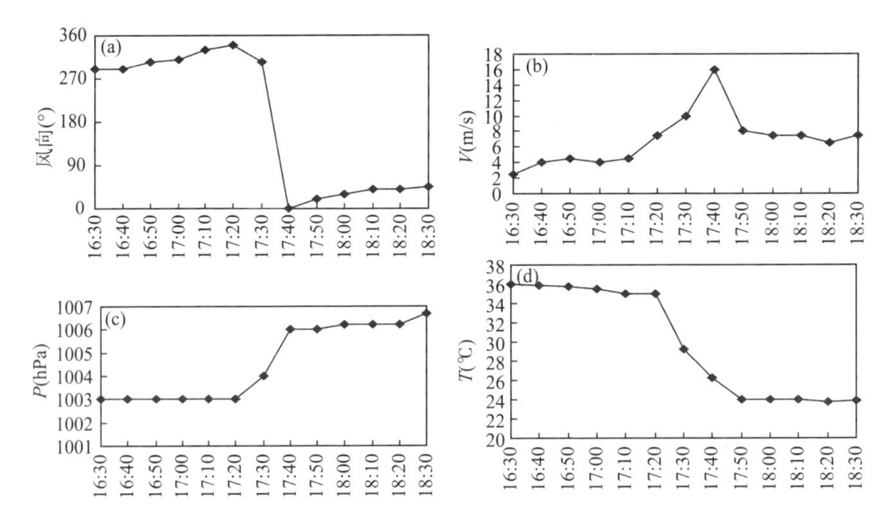

图 5.10　2002 年 8 月 24 日 16:30—18:30 安徽宣城气象站的风向(a)、风速(b)、气压(c)和温度(d)的记录(姚叶青等,2008)

5.2.3　中尺度对流复合体 MCC 和中尺度对流系统 MCS

上述超级单体风暴和飑线等对流系统主要是通过天气雷达进行观测和识别的。还有的对流系统最初是通过气象卫星云图特征加以识别的，如中尺度对流系统(MCS)。MCS 在气象卫星红外云图上看上去是相对独立的一块有组织的中尺度对流云团，该云团在红外云图上的特征如满足一定的条件则被称为中尺度对流复合体(MCC)。MCC 是 20 世纪 80 年代初从增强显示卫星云图分析中识别出来的一种 α 中尺度系统。它是由诸如塔状积云、对流群(线)或 β 中尺度飑线等组合起来的对流复合体。MCC 最突出的特征是有一个范围很广、持续时间很长、近于圆形的砧状云罩。

Maddox(1980)以云顶亮温 $TBB \leqslant -32$℃或 $TBB \leqslant -52$℃等值线包围的区域来识别 MCC，并对美国 10 个 MCC 进行合成分析，认为成熟的 MCC 具有以下特征：

①在对流层下层(尤其在 700 hPa 附近)有从四面八方进入系统的相对入流；在对流层中层，相对气流很弱；在对流层上层相对气流向系统周围辐散，下风方辐散强于上风方；

②最强的 β 中尺度对流云通常出现在系统移动的右后象限，有时呈线状平行于系统移向排列，大面积的轻微降水和阵雨通常出现在强对流区的左边；

③MCC 出现在强暖平流区及低空偏南气流最大值前沿明显的辐合区中；

④MCC 在浅边界层中和对流层上层是冷核，而贯穿于对流层中层大部分是暖核。

MCC 生命期长达 6 h 以上，$TBB \leqslant -52$℃的面积大于 50000 km^2，水平尺度大至上千千米，其云顶亮温可达-72℃以下，表明其内部云塔很高，常可达到十余千米以上。MCS 虽然也有圆形的冷云罩，但其冷云罩 $TBB \leqslant -52$℃的面积小于 50000 km^2，或达到这一范围但圆形结构维持的时间未能达到 MCC 的生命期。

2003 年 6 月 22—23 日，淮河流域到长江中下游地区出现大范围暴雨过程。湖北境内出现大暴雨，黄陂 2 h 雨量达 78.5 mm；安徽境内的浣县瓦房村出现龙卷，持续 2 min。透过卫星红外云图和雷达资料可多方位识别此 MCC 的形态(图 5.11～5.12)。分析图 5.11 发现，MCC 主体部分后方接连不断有小的 β 中尺度、γ 中尺度对流云团并入，而并入的对流云团表现为一个长的对流云带，与 MCC 主体相连；至 22 日 17—18 时(世界时)，MCC 发展到最强盛阶段，红外云图特征表现为一个近似圆形的低亮温区域。此时在 MCC 西侧，虽仍有小的 β 中尺度和 γ 中尺度对流云团在发展东移，但与 MCC 主体已无相连，19 时后，MCC 开始衰减，21 时，MCC 在红外云图上已呈现出较为松散的云系结构。过程中最强对流区位于新并入的对流云团和东面 MCC 主体的西端，而 MCC 主体东部对流逐渐进入衰亡阶段，对流相对较弱。

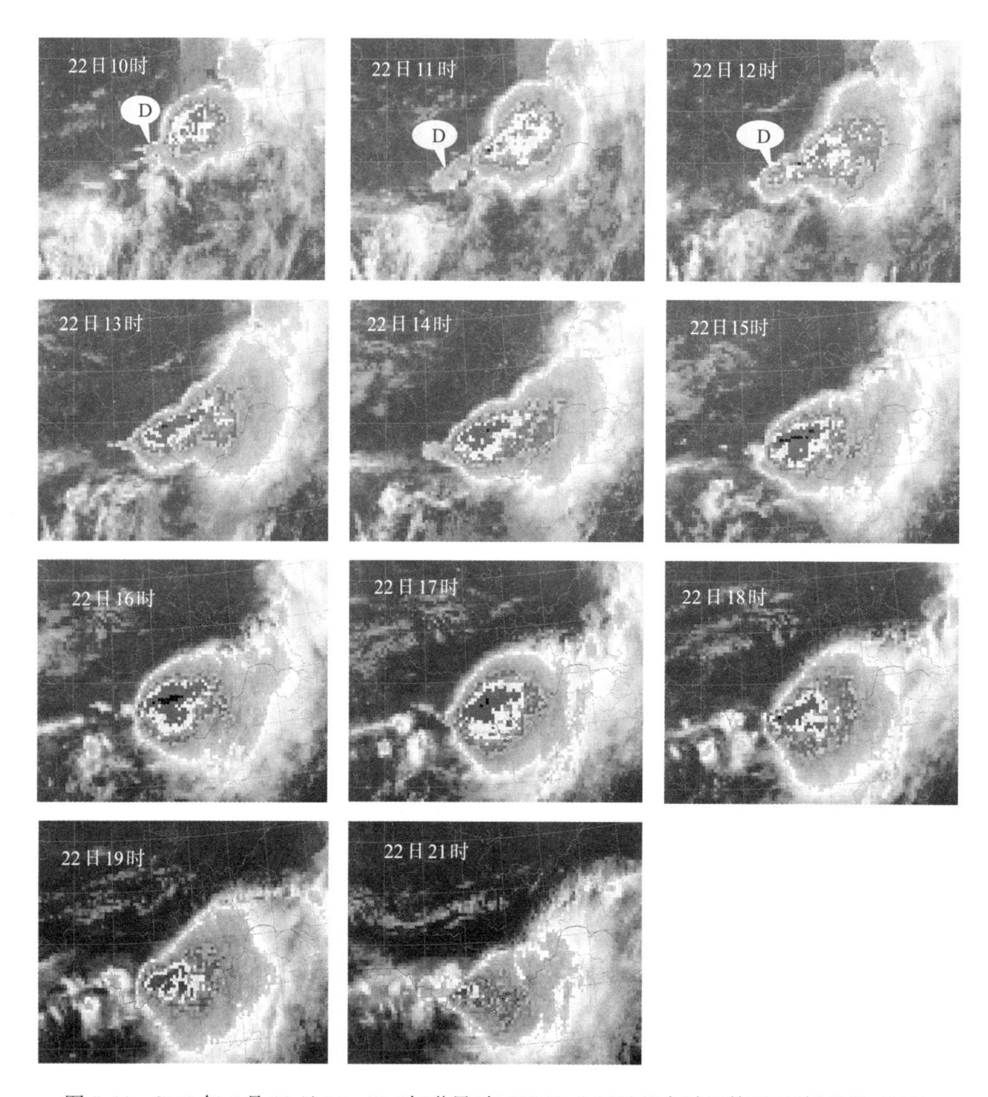

图5.11　2003年6月22日10—21时(世界时)GOES-9卫星逐小时红外云图(姚学祥,2011)

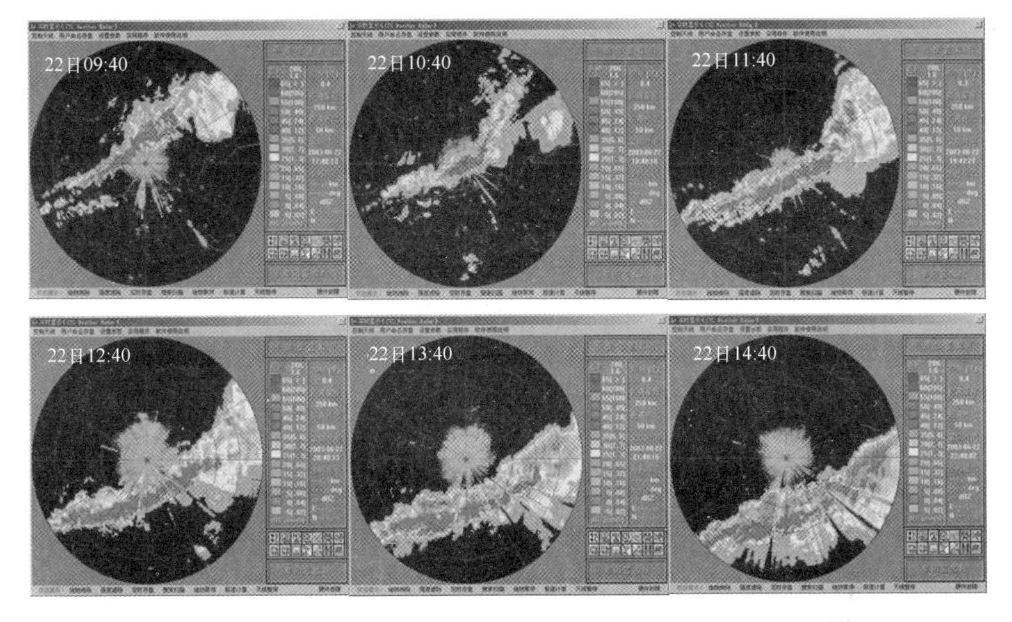

图 5.12　逐小时(世界时)阜阳雷达平面位置显示图(附彩图 5.12)(姚学祥,2011)

对应红外云图的演变,通过阜阳站雷达回波特征分析 MCC 的结构演变(图 5.12)发现,回波呈西南—东北向狭长带状,其强度增加并向东南方向移动,逐步逼近阜阳,回波长度进一步加长。经过阜阳后,回波面积扩大,但回波强度逐渐减弱。

由此可见,在红外云图上观测到的 MCC,在雷达回波上却呈现出多样性的回波形态。这是由于卫星和雷达观测视角不同,卫星从高空向下扫描,首先是对流云团顶部的冷云盖,而雷达扫描的是一带有仰角的圆锥面上的状况。

5.3　强对流天气形成发展条件和预报

气块垂直运动方程为

$$\frac{\mathrm{d}w}{\mathrm{d}t} = g\,\frac{\Delta T}{T} \tag{5.1}$$

式中,ΔT 为气块与环境温度差,T 为环境温度,w 为气块垂直速度。由上式可知,对流运动是由浮力作用造成的。对式(5.1)进行高度积分,可得

$$\Delta\left(\frac{w^2}{2}\right) = -\int_{P_0}^{P} R\Delta T \mathrm{d}\ln P \tag{5.2}$$

式中,等式左边为气块动能增量,右边为静力不稳定能量。式(5.2)说明,对流垂直运动动能是由静力不稳定能量释放转化而来的。因此,强对流天气产生的基本条件包

括不稳定层结条件、水汽条件和抬升触发机制。其中,水汽条件所起的作用不仅在于提供成云致雨的原料,而且它和温度的垂直分布都是影响气层稳定度的重要因子。水汽和不稳定层结是发生对流天气的内因,而抬升条件则是外因。抬升力作用使潜在的大气不稳定能量释放出来。抬升力可来自天气尺度系统的上升运动,也可来自中尺度系统的强上升运动或由地形抬升作用和局地加热不均等造成的上升运动。另外,强雷暴需具有明显的环境风垂直切变($\geqslant 2.5\times10^{-3}\ \mathrm{s}^{-1}$),长生命史的强雷暴还需要高低空急流相配合、低空逆温层、前倾槽结构、高空辐散、中空干冷空气等条件,这些条件往往是产生强对流天气的必要条件。

5.3.1 大气的不稳定性和对流运动

强雷暴或强风暴系统是一种热力对流现象,而对流运动的主要作用是浮力,浮力越强产生的上升运动越强,雷暴垂直发展越高。雷暴产生的充分必要条件是大气层结不稳定、水汽和抬升触发机制。所谓的大气层结状态是指温度和湿度在垂直方向上的分布。层结稳定度则是表征这一影响的趋势和程度。

根据方程

$$\frac{\partial}{\partial t}\left(\frac{\partial\theta_{se}}{\partial p}\right)=\frac{\partial}{\partial p}(-v\cdot\nabla_{h}\theta_{se})-\frac{\partial\omega}{\partial p}\cdot\frac{\partial\theta_{se}}{\partial p}-\omega\frac{\partial^{2}\theta_{se}}{\partial p^{2}} \tag{5.3}$$

可知,θ_{se}(假相当位温)平流随高度的变化,是造成大气不稳定度随时间变化的重要原因之一。因此,可以通过分析上、下两层等压面上的 θ_{se} 平流(或温度平流)来预报未来大气稳定度的变化,也可以用高空风分析图来预报大气稳定度随时间的变化。

不稳定能量的分析还可以通过计算 T-ln$P$ 图上的不稳定能量面积或各种稳定度指标来表示,如沙氏指数 SI、简化沙氏指数 SSI、抬升指标 LI、最有利抬升指标 BLI、气团指标 K、总指数 TT 等。

5.3.2 常见的强对流天气触发机制

(1)天气尺度扰动造成的上升运动

在对流层中,大尺度上升运动的量级虽然只有 1～10 cm/s,但长时间的持续作用会产生可观的抬升作用,这种抬升足以消除一般的低层逆温。虽然天气尺度扰动不足以对触发强对流做出主要贡献,但可以使大气热力结构失稳和增加垂直风切变。系统性上升运动包括锋面、槽线、切变线、低压、低涡等,它们造成的辐合上升运动都比较强,绝大多数对流性天气都是在这些天气系统中产生的。

(2)中尺度天气系统造成的上升运动

近年来的研究发现,产生强对流必需的抬升运动不是主要来自天气尺度扰动,而是中尺度或对流风暴尺度过程。中尺度抬升机制来源于大气中的各种不稳定(如重力波不稳定、对称不稳定），结构不连续（如干线、出流边界、风向和风速辐合线等）。

边界层辐合线在雷暴的生成和演化过程中起重要作用。多数雷暴的触发机制位于地面附近，小部分雷暴的触发机制位于大气边界层之上，通常称为高架雷暴。地面附近的触发多数与边界层辐合线有关，包括与锋面相联系的辐合线、雷暴的出流边界（阵风锋）、海陆风环流形成的辐合线以及地形造成的辐合线等。

图 5.13 所示为 2009 年 6 月 3 日傍晚（北京时，下同）商丘 SB 雷达 0.5°仰角在三个时次的反射率因子图像。在图 5.13a 中，箭头所指为两条晴空窄带回波，代表两条近乎平行的边界层辐合线，此时大气正处于垂直层结不稳定状态，同时低层东面水汽输送明显。30 多分钟后（图 5.13b），沿着辐合线有雷暴生成，将近 20 分钟后（图 5.13c），有更多雷暴沿着上述辐合线生成，并在有利的环境下强度变大，最终与强大的位于西面的强雷暴合并，形成"人"字形结构，在随后的几小时内（图略）一路产生雷暴大风。

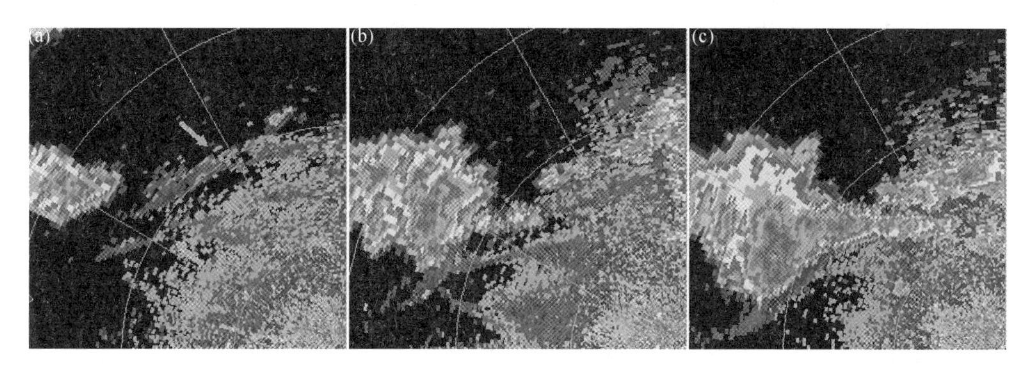

图 5.13　2009 年 6 月 3 日 18:36(a)、19:13(b)和 19:31(c)商丘 SB 雷达 0.5°仰角反射率因子图（附彩图 5.13）

（3）地形作用

地形作用包括由于下垫面起伏不平或冷热不均所引起的机械性强迫运动和热力性强迫运动两类。

山地对气流有明显影响，山地迎风坡的抬升作用很大，所以山地是强对流天气系统的重要源地。一般来说，山区的强对流天气比平原地区多。地形在雷暴的生成和演化过程中也起重要作用。如 2006 年 7 月 9 日夜间，北京香山、门头沟出现了局地性大暴雨，降水范围小，直径仅为 20 km，但雨量集中，香山站 2 h 雨量达 96 mm(21—23 时，北京时，下同)。大暴雨发生前(21:01)，北京多普勒雷达组合反射率因子图上有一条清晰可辨的细条状回波（图 5.14a），北京西部山区与平原地形分界线（图 5.14b）的位置、走向和形状与上述回波基本一致；同时刻，地面自动站测风场显示出一条风场切变线（图 5.14d），这条切变线与上述带状回波及地形分界线亦是一致的。20 min 后（21:20）的雷达组合反射率因子图（图 5.14c）上，回波带更加清晰、密实，说明雷达回波是沿着该辐合切变线发展的。显然，地形作用、地面风场辐合作用共同导致了回波带的生成和发展。

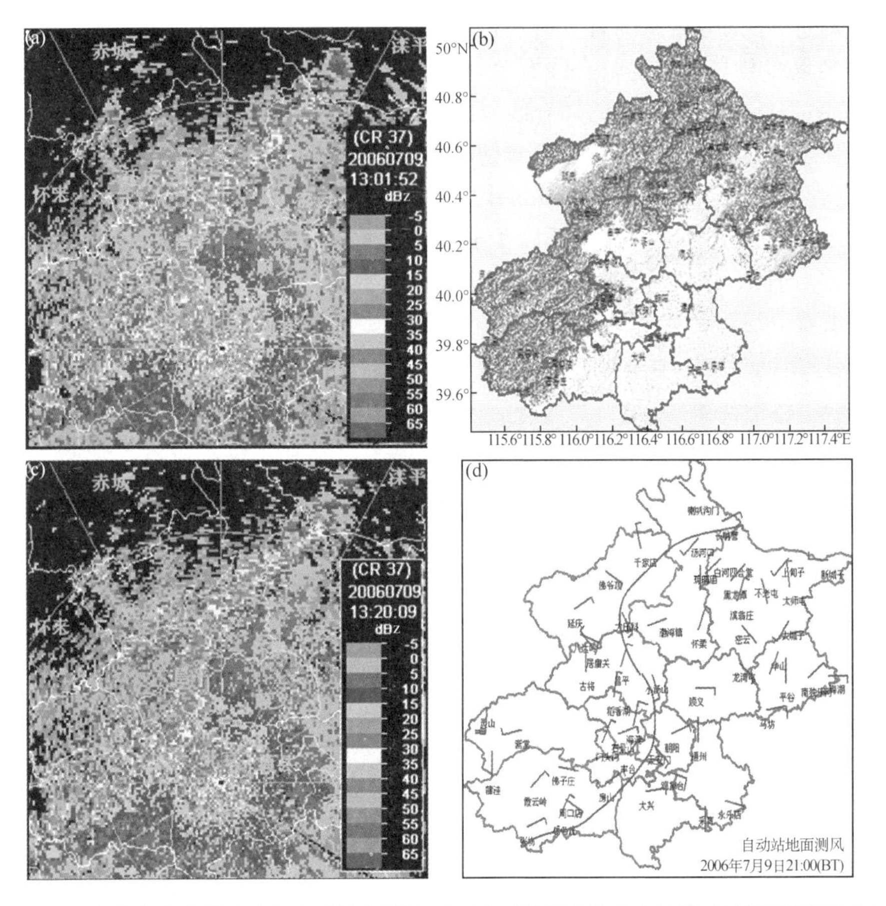

图 5.14　北京南郊多普勒雷达组合反射率因子、地面自动站测风及北京地形对比图(附彩图 5.14)

(a)7 月 9 日 21:01(北京时)南郊多普勒雷达组合反射率因子;(b)北京地形图;(c)7 月 9 日 21:20(北京时)南郊多普勒雷达组合反射率因子;(d)7 月 9 日 21:00(北京时)北京地区自动站地面测风图(图中红色曲线为风场形成的弱的地面辐合线)(郭虎等,2008)

下垫面性质不一，可致地表受热不均，造成局地温差，常常形成小型的垂直环流。如夏季沿海地区因为白天陆地日射增温强，海面日射增温弱，因此，海陆温差使得陆地上空气上升，海面上空气下沉，形成海陆风环流，湖泊与陆地交错分布地区亦如此。另外，受热不均同样可造成山谷风环流、城市热岛环流等。

在不少情况下，可能会有多种地形性环流同时在一个地区存在，产生由地形引起的波动叠加效应，给当地天气带来直接或间接的影响。所以，地形作用常常是综合和复杂的，制作天气预报时需加以细致分析。

5.3.3　强对流天气分析预报

强对流天气的短时临近预报可分为两个方面：一是利用数值预报和探测资料对未来 12 h 内发生强对流天气的可能性做出潜势预报；二是雷暴生成以后对于雷暴演变趋势的临近预报，即对于可能出现的强对流天气如冰雹、雷暴大风、龙卷、短时强降水以及强雷电的临近预报。

5.3.3.1　天气系统分析

强对流天气是否发生离不开大的天气尺度背景环境条件，预报员在分析天气时首先考虑的问题是天气系统。各地发生强对流天气的天气系统具有地域性。

下面将部分省(市)500 hPa 强对流天气分型列于表 5.1(章国材，2011)中。由于各省(市)的分型标准不同，表中数据仅供参考。

表 5.1　部分省(直辖市)强对流天气 500 hPa 天气形势分型(单位:%)

天气型	低槽	冷涡	西北气流	副高边缘	高压(脊)内	热带系统	平直西风	其他	统计年份
吉林	48.7	28.0		16.4				6.8	1991—2007
北京	36.0	14.1	26.6	23.4					2000—2002
山东	50.1	35.4	9.8	3.5				3.1	1985—1997
上海	68.3	7.7		14.4		9.6			1994—2004
江西	50.0		3.2	27.4		19.4			1999—2009
广东	42.2			15.0	6.0	29.9	3.1	3.7	1971—1984

由表 5.1 可知，中国由南到北强对流天气的 500 hPa 影响系统都有低槽型，而且在各型中所占比例最大，反映了中国主要受西风带影响的特征；其次为副高边缘型，中国中东部地区由南到北都受其影响，反映了中国明显的季风特征，盛夏副高的影响可达黑龙江；冷涡和西北气流也是影响中国强对流天气的重要天气系统，但是它们一般只影响江南北部以北的地区，以华北和东北地区受其影响最为明显；热带系统则与冷涡相反，其对强对流天气的直接影响一般只能达到长江以南地区，但是热带低值系统(如台风倒槽及变性后的低压)对强对流天气的间接影响(如水汽输送)可以达到东北地区。

除 500 hPa 天气形势外，对流层低层以及地面的天气形势对强对流天气的发生非常重要。700 hPa、850 hPa 的影响系统有低槽切变线等，尤其是在 500 hPa 西北气流、副高边缘及高压(脊)内等天气形势下，700 hPa、850 hPa 一定存在低值系统，否则不可能产生强对流天气。

地面影响系统有冷锋、准静止锋、暖倒槽、气旋波动等。地面上的中尺度系统常常是强对流天气的触发系统，主要有中尺度辐合线、中尺度风速辐合区、风场上明显的气旋性弯曲处、冷锋等。

天气形势仅提供一个强对流天气发生的背景，各种强对流天气常常具有相似的天气形势，试图依靠天气形势分型来分类识别灾害性天气是不可能的；若依据实况天气图进行天气形势分型，因其时间并非是强对流天气出现的时间，所以，依靠细化天气形势来预报强对流天气的落区更是不可行的。灾害性天气分类识别须依靠物理量诊断，强对流天气的落区预报则须将物理量诊断与数值预报有机结合起来才有可能。

5.3.3.2　环境条件分析

(1)中分析

中分析主要指在常规天气图分析基础上，针对产生中尺度对流性天气的主要条件(如水汽条件、不稳定条件、抬升条件和垂直风切变条件等)，分析各等压面上相关特征系统和特征线，形成中尺度对流性天气发生、发展大气环境场“潜势条件”的综合分析图。

①水汽条件：分析中低层的湿舌、干舌。

②不稳定条件：分析中低层的温度、温度递减率、变温。

③抬升条件：分析中低层切变线(辐合线)、低层干线(露点锋)、高低空急流。

④垂直风切变条件：分析 0～6 km 和 0～1 km 垂直风切变。

中尺度天气图分析的具体内容包括：

925 hPa 分析——风场：边界层急流(最大风带/风速核)、切变线(辐合线)
　　水汽输送：水汽通量散度辐合区

850 hPa 分析——风场：低空急流、切变线(辐合线)、显著流线
　　温度场：暖脊(温度脊)、$T_{850}-T_{500}$大值区
　　湿度场：干线(露点锋)、湿舌、显著湿区($T-T_d\leqslant5$℃)

700 hPa 分析——风场：低空急流、槽线或切变线、显著流线
　　温度场：温度脊(或槽)、24 h 变温、$T_{700}-T_{500}$大值区
　　湿度场：干线(露点锋)、干舌、湿舌、显著湿区($T-T_d\leqslant5$℃)

500 hPa 分析——风场：中空急流、槽线或切变线、显著流线
　　温度场：温度槽、24 h 变温
　　湿度场：干舌
　　高度场：变高

200 hPa 分析——风场：高空急流、急流核、显著流线

地面分析——任何不连续线(锋面、辐合线、露点锋等)
　　三小时变压、高(低)压中心和特征等压线
　　暖舌、湿舌、高能舌
　　重要天气区

（2）探空资料的分析与应用

大气的热力状态和动力过程，以及热力过程中各种物理量的变化等，可通过大气热力学图解来加以描述，常用的主要是温度—对数压力图（T-ln$P$ 图，图5.15）。单站 T-ln$P$ 图是分析本地大气环境热力稳定度、动力稳定度的重要手段。

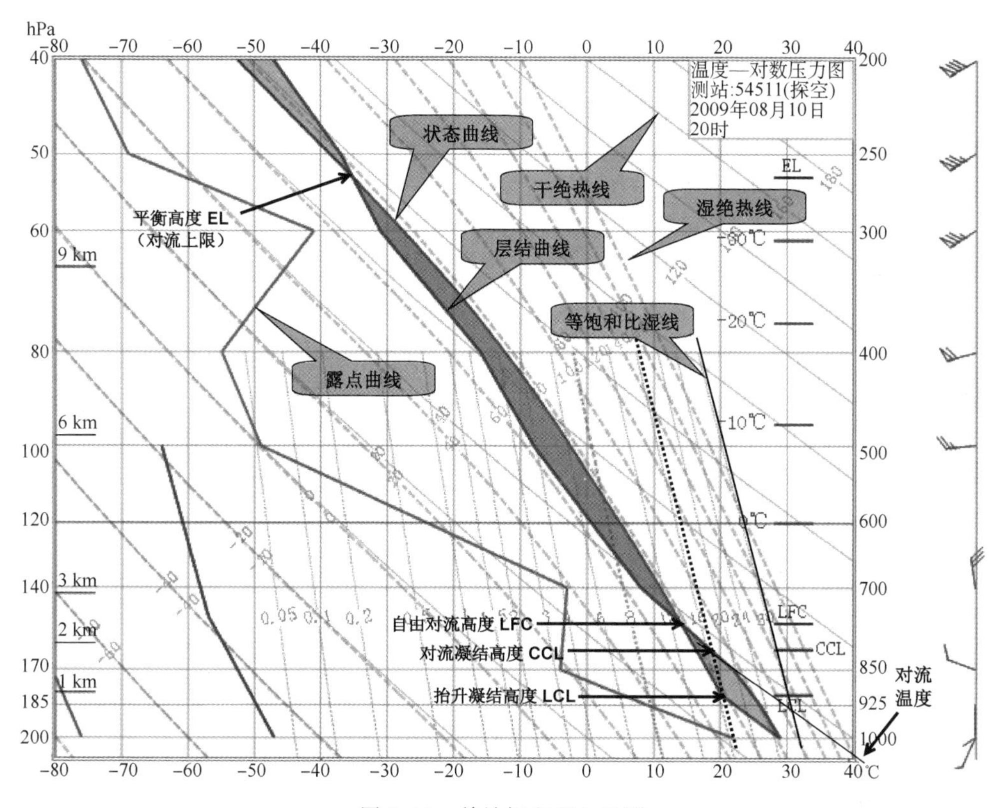

图5.15　单站探空 T-ln$P$ 图

探空 T-ln$P$ 图的参量如下：

①抬升凝结高度（LCL）：未饱和湿空气块干绝热上升到达饱和刚开始凝结的高度称为抬升凝结高度，表示未饱和湿空气在绝热上升过程中由不饱和状态达到饱和状态的高度，其可作为层云云底高度的近似。

②自由对流高度（LFC）：在条件性不稳定气层中，受外力作用，气块由稳定转为不稳定状态的高度，即气块温度与环境温度之差由负值转为正值的高度，它是判断对流现象是否易发生的重要参数。LFC 之下，气块需在外力抬升作用下克服对流抑制能量上升，而 LFC 之上，气块将在正浮力作用下自动上升。

③平衡高度（EL）：在条件性不稳定气层中，通过 LFC 的状态曲线继续向上延伸，并再次和层结曲线相交的点所在的高度即平衡高度，表示对流所能达到的最大高

度，即经验云顶。由于平衡高度以下气块已积累了一定的正能量，所以过了平衡高度，气块还可继续上升，直到能量全部释放，对流结束。

④对流凝结高度(CCL)：地面的未饱和湿空气微团对流绝热上升达到饱和时的高度。

⑤对流温度(Tc)：气块从对流凝结高度沿干绝热线下降，到达地面时所具有的温度即为对流温度。

⑥对流有效位能(CAPE)：CAPE是一个具有明确物理意义的热力不稳定参量，表示自由对流高度与平衡高度之间，气块由正浮力做功而将势能转化为动能的"能量"大小。在T-ln$P$图上，CAPE正比于状态曲线和层结曲线从自由对流高度至平衡高度所围成的正面积区域，单位为J·kg^{-1}。

⑦对流抑制能量(CIN)：此热力不稳定参数的物理意义也非常明确，它与T-ln$P$图上的负面积对应(即自由对流高度以下，层结曲线与状态曲线围成的面积)。CIN是气块获得对流必须超越的能量临界值。事实表明，强对流的发生往往需要一较为合适的CIN值：太大，抑制对流程度大，对流不易发生；太小，不利于不稳定能量在低层积聚，从而使对流不能发展到较强程度。

⑧0℃层高度和－20℃层高度：两者分别是云中冷暖云分界线高度和大水滴的自然冰化区下界，是表示雹云特征的重要参数。0℃层、－20℃层高度随季节、海拔高度、纬度不同而不同：在中国平原地区，降雹时有利的0℃层高度为3～4.5 km(700～600 hPa)，高原地区则稍高(5 km)；－20℃层高度变化较大，一般为5～9 km，最易形成雹云的高度为5.5～7.4 km(500～400 hPa)。

探空资料可代表方圆150 km以内的环境气象要素的垂直分布情况。通过探空T-ln$P$图，可分析大气层结的稳定度、不稳定能量、水汽状况及垂直风切变等。需要注意的是，在预报中除了要注重分析不稳定层结，还要关注低层的稳定层结。在强对流爆发前，中低层常常有逆温层和稳定层存在。一方面，它相当于一个阻挡层(干暖盖)，暂时将低空暖湿层与对流层上部的干冷层分开，抑制对流的发展，同时也使水汽和能量在大气低层储存和积累。一旦逆温层被破坏，低层的能量释放，有利于强对流的发生。

由于探空进行的标准时间是世界时00时和12时(北京时为08时和20时)，而对流活动多发生在下午和傍晚，08时和下午的对流潜势有时相差很大，故在分析不稳定能量时，要注意运用探空图的订正技术。主要做法是假定气块具有估计的午后地面最高温度和露点温度，在大气平流过程不明显时，气块自地面绝热上升的CAPE值对午后和傍晚发生雷暴的可能性具有更好的指示意义。

图5.16比较了上海宝山站2005年9月21日08时和14时(北京时)探空(14时探空是临时的加密探空)的T-ln$P$图，可以看出08时(图5.16a)和14时(图5.16b)的探空CAPE值相差很大。08时探空CAPE值很小(332 J·kg^{-1})，而对流抑制CIN值较大，表示大气的对流不稳定很弱，而14时探空CAPE值非常大(6871 J·kg^{-1})，对

流抑制 CIN 值几乎为 0,表示强烈的对流不稳定。

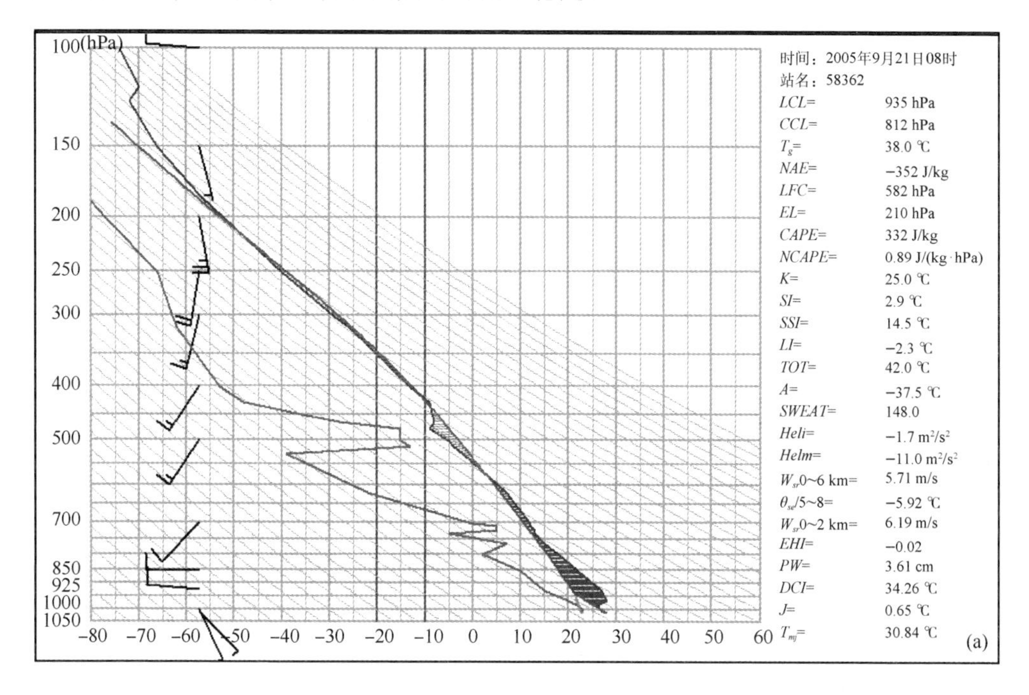

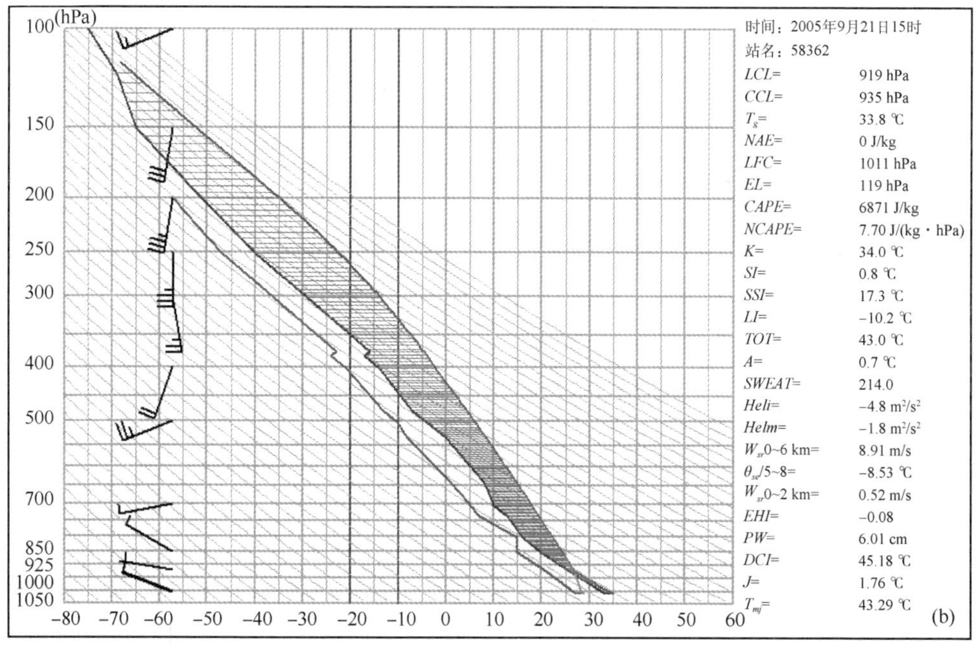

图 5.16　2005 年 9 月 21 日上海宝山探空站 08 时(a)和 15 时(b) T-ln$P$ 图

(3)常用的对流参数及阈值

较强的热力不稳定和适宜的动力环境是强对流发展的基础。在对流活动中,热力不稳定决定了对流发展的强度,而动力作用对触发对流及决定风暴类型起着重要作用。在描述环境条件方面,物理意义明确的热力和动力稳定度参数以其直观性、可操作性等优势成为日常预报业务的重要指标。热力对流参数包括抬升指数(LI)、K指数、总温度指数(TT)、沙氏指数(SI)、对流稳定度指数(IC)、潜在性稳定度指数、对流有效位能(CAPE);动力参数包括 0～6 km 厚度内平均风切变(Shear)、风暴相对环境螺旋度(SREH);强天气威胁指数(SWEAT)是动力和热力的综合指数。这些参数是日常预报业务中用来判断对流天气发生的重要参考指标(表 5.2)。

①对流稳定度指数 IC

$$IC = \theta_{se850} - \theta_{se500}$$

用 IC(单位为℃)表征湿空气的条件性静力稳定度,正值越大越不稳定,这种不稳定的产生与温度和湿度的垂直递减率有关。

②抬升指数 LI

LI(单位为℃)指在 500 hPa 处,环境温度与气块从 1000 hPa 绝热上升至500 hPa处的温度之间的差值。它体现了 500 hPa 处大气不稳定的强弱,负值越大越不稳定。

③潜在性稳定度指数

$$\text{潜在性稳定度指数} = \theta_{se500} - \theta_{se\text{地面}}$$

单位为℃,潜在性稳定度指数≤0 为不稳定的判据,值越小,对流抑制能越小,潜在不稳定性越强。

④K 指数

$$K = (T_{850} - T_{500}) + T_{d850} - (T - T_d)_{700}$$

K 指数(单位为℃)是一个经验指标,它侧重反映对流层中低层温湿分布对稳定度的影响。当对流层中低层“上冷下暖”的结构特征明显或低层高湿时,K 指数的值都可能较大。一般 K 值越大,潜能越大,大气越不稳定。

⑤总温度指数 TT

$$TT = T_{850} + T_{d850} - 2T_{500}$$

它是与空气块总能量相当的温度,单位为℃,量级为 10^1。其值越大,大气中的总能量越大。

⑥沙氏指数 SI

$$SI = T_{500} - T_s$$

式中,T_{500} 为 500 hPa 上的实际温度;T_s 为气块从 850 hPa 等压面上先沿干绝热线上升到达凝结高度后,再沿湿绝热线抬升至 500 hPa 时的温度。SI 可定性地判断850～500 hPa 是否存在热力不稳定层结,它不能反映对流层底层的热力状况,所以受日变化的影响相对较小。理论上,SI 负值越大,越有利于不稳定。

⑦对流有效位能 CAPE

CAPE 越大,对流发展的高度越高,即对流越强烈。

⑧垂直风切变

指水平风(包括大小和方向)随高度的变化,比较常用的两个参数是深层垂直风切变(6 km 高度和地面之间风矢量之差的绝对值)和低层垂直风切变(1 km 高度和地面之间风矢量之差的绝对值)。统计分析表明,垂直风切变矢量大小和方向的变化会极大地影响对流性风暴的组织、结构和演变。一般而言,在一定的热力不稳定层结条件下,垂直风切变的增强将导致风暴进一步加强和发展(图 5.17)。其主要原因在于:

在切变环境下能够使上升气流倾斜,这就使得上升气流中形成的降水质点能够脱离上升气流,而不会因拖曳作用减弱上升气流的浮力。

可以增强中层干冷空气的吸入,加强风暴中的下沉气流和低层冷空气外流,再通过强迫抬升使得流入的暖湿气流更强烈地上升,从而加强对流。

表 5.2　发生强对流天气的参考指标(易笑园等,2010)

K 指数≥30	抬升指数 $LI \leqslant -3$
沙氏指数 $SI \leqslant -1$	$\theta_{e700} \geqslant 325$
对流有效位能 $CAPE \geqslant 400$	潜在性稳定度指数≤0
对流稳定度指数 $IC \geqslant 0$	风切变(250 hPa—850 hPa)≥(2.5~4.5)×10^{-3} s^{-1}
$T_{850}-T_{500} \geqslant 25$	风切变 $Shear \geqslant 30$
总温度指数 $TT \geqslant 50$	$T_{850}-T_{d850} \leqslant 4$℃
风暴相对环境螺旋度 $SREH \geqslant 70$	强天气威胁指数 $SWEAT \approx 300$

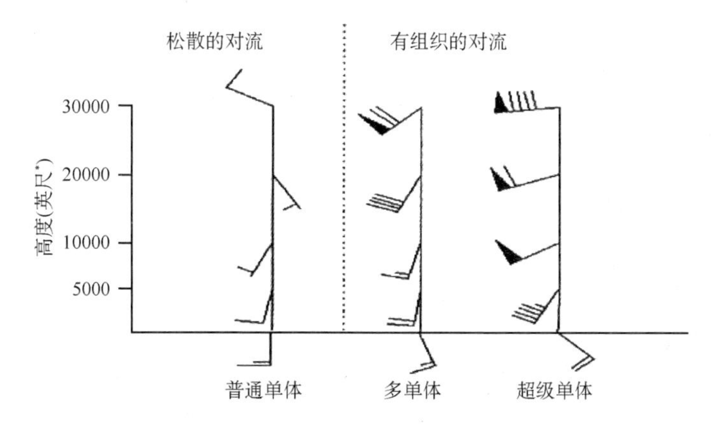

图 5.17　垂直风切变及其对对流风暴组织与结构的影响(Dixon et al. ,1993)

* 1 英尺≈0.3 米,余同。

风暴相对环境螺旋度(SREH)和强天气威胁指数(SWEAT)的计算公式分别为

$$SREH = \int_0^{3\ \mathrm{km}} \boldsymbol{k} \cdot (\boldsymbol{v} - \boldsymbol{c}) \times \frac{\partial \boldsymbol{v}}{\partial z} \mathrm{d}z$$

式中，$\boldsymbol{v}$ 为风速，$\boldsymbol{c}$ 为风暴移速。

$$SWEAT = [12T_{d850} + 20(T_{850} + T_{d850}) - 2T_{500} - 49] + 2V_{850} + V_{500} + 125(S + 0.2)$$

式中，$125(S+0.2)$为切变项，$S=\mathrm{Sin}$(500 hPa 的风向－850 hPa 的风向)。SWEAT 值越大，发生龙卷或强雷暴的可能性越大。

不同地区在应用上述参数时存在差异。如江西，当 $30 \leqslant K \leqslant 35$ 时，出现零散雷雨；当 $35 \leqslant K \leqslant 37$ 时，大冰雹出现概率较大。北方的强对流天气与南方有所不同，K 指数的数值略有下调(许爱华等，2006)。北京地区出现雷暴的稳定度参数为 $SI \leqslant -1.0$(蔡晓云等，2005)。

2007 年 7 月 18 日 13 时至 19 日 06 时(北京时)，山东自北向南先后出现历史罕见的大范围强降水天气，并伴有雷电及短时大风。济南市区的强降水主要集中在 17—19 时，市政府站 2 h 降水量达 162.5 mm。济南龟山气象站测得的最大降水量为 153.1 mm。在没有 14 时探空资料的情况下，分析济南暴雨发生前(18 日 08 时)探空资料(图 5.18)，K 指数为 42℃，沙氏指数 SI 为－2.41℃，抬升指数 LI 为－4.87℃，对流有效位能 CAPE 为 2729 J · kg^{-1}，强天气威胁指数 SWEAT 为 396，热力、动力及综合参数

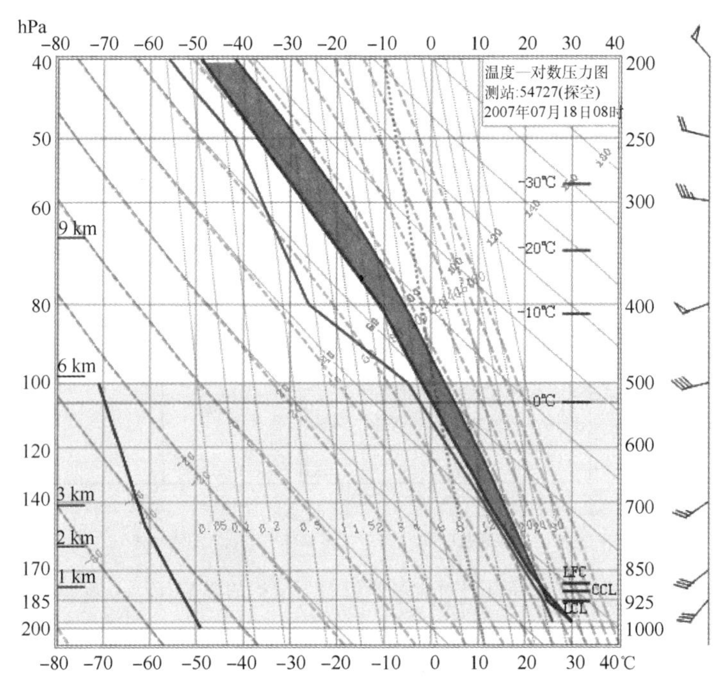

图 5.18　2007 年 7 月 18 日 08 时济南(站号 54727)探空图

中有多项表明，当天的环境条件非常有利于强对流天气的发生，并可通过层结资料得到逆温高度等详细资料，由风场随高度的变化可以获得冷暖平流和垂直风切变的信息。

(4)中尺度数值预报分析

中尺度数值预报分析主要是对中尺度数值预报产品进行分析，包括高低空形势场、物理量场、T-ln$P$ 图，以及风场、温度场、降水等预报产品。分析方法和要点与分析常规资料一致。

上述分析内容并非一成不变，不同地理条件、不同影响系统、不同天气类型所分析的重点以及具体内容都会有所不同。预报人员需要综合分析，结合本地预报经验，进行灾害性天气落区的潜势预报。

5.3.3.3　中尺度系统分析

中尺度系统在卫星云图、雷达回波以及地面图上的表现形式各有不同。

卫星云图上，中尺度系统主要表现为中尺度对流云团、中尺度对流系统(MCS)、中尺度对流复合体(MCC)等。不同通道的卫星云图，其分析的重点有所不同。可见光云图注重分析云的类型、积云初生以及上冲云顶的位置；红外云图注重分析云顶亮温和亮温最大梯度区；水汽云图注重分析干湿分界线以及与高空急流对应的干区。

雷达回波上，中尺度系统主要表现为雷暴单体、超级风暴、飑线、阵风锋等，在雷达反射率因子图和速度图上着重捕捉分析这些系统的主要特征。

地面图上，中尺度系统主要有中尺度辐合线、干线、中低压、中高压(雷暴高压)等。

此外，分析闪电资料中单位时间内闪电的频数变化和正、负地闪密集区，对中尺度系统演变阶段的评估和强天气爆发的临近预报亦有一定指示意义。

5.3.3.4　强对流天气预报

我国开展强天气分析预报业务相对较晚，国家气象中心 2009 年 3 月成立了“强天气预报中心”，主要进行强天气的监测和潜势预报。目前，一方面运用常规观测资料和中尺度数值预报分析其发生的可能性，进行潜势预报；另一方面运用非常规的自动站加密观测资料、危险天气报告、雷达和卫星等资料进行中尺度系统的监测和预报预警，及时捕捉其信号，及早发布灾害天气预警信号(图 5.19)。

(1)强对流天气潜势预报

中尺度强对流天气系统是在一个有利的大尺度环流背景下发生发展起来的，所以，要对未来 12 h 后强对流天气是否出现以及出现的可能性有多大进行预报，必须对有利于强对流天气的环流背景有清楚的认识。如东北冷涡和华北冷涡对华北、黄淮、江淮地区强对流的影响；蒙古高压脊前横槽对华北地区降雹的作用；在副高的边缘由于水汽条件充足且层结常常不够稳定亦容易出现强对流天气等。2009 年国家气象中心开展了天气系统的中分析，正是基于这个目标，对业务中有效识别强对流天气的天气类型和经验模型非常有效。

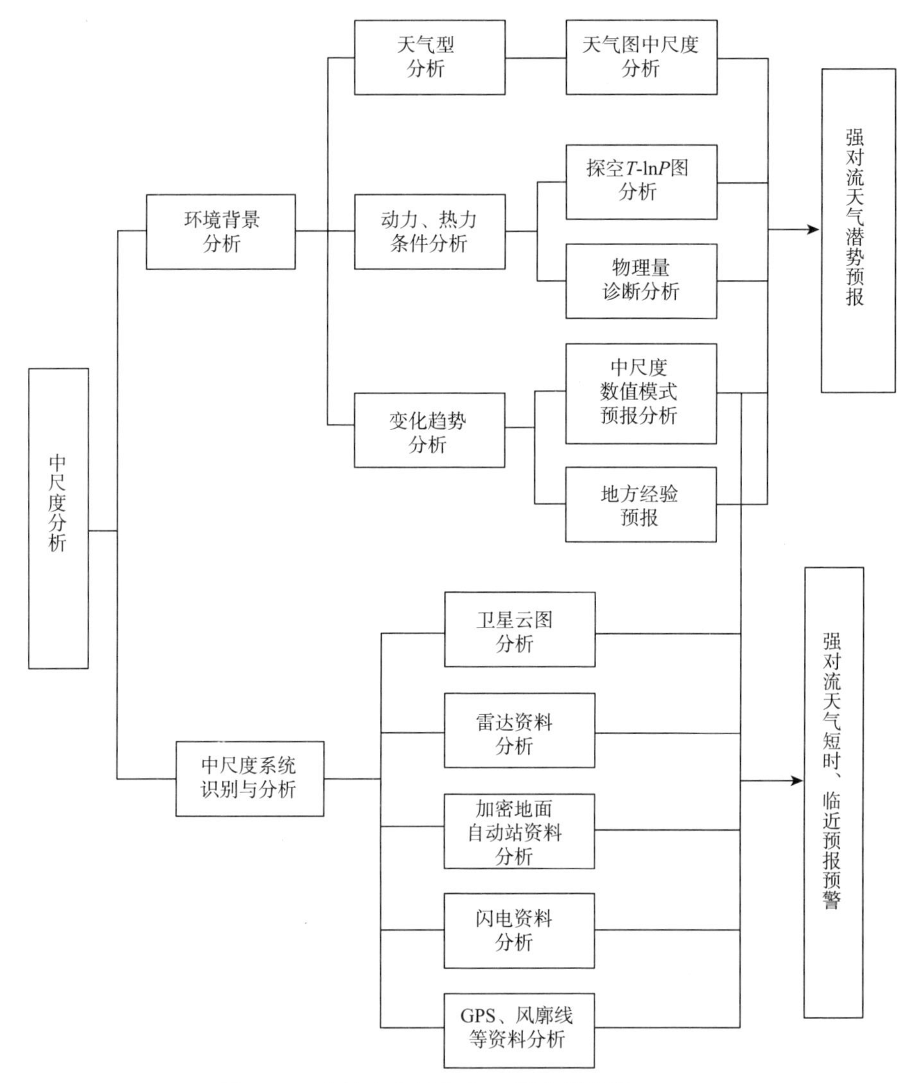

图 5.19　中尺度分析方法示意图(姚学祥，2011)

在有利的环流背景条件下，首先需要关注对流性天气的三个基本条件：水汽、不稳定层结和抬升机制。水汽条件对于冰雹和短时强降水的发生发展十分重要，雷暴大风天气也需要低层有较好的水汽条件；不稳定层结条件主要通过各种实况和预报物理量指数进行判断（实况常使用高空探测的温度—对数压力图），如 K 指数、

CAPE、SI、850 hPa 和 500 hPa 温差等，同时还需要注意高低层冷暖平流的配置；抬升机制主要是指包括地形抬升、锋面抬升、露点锋抬升、海陆风辐合抬升、局地热力抬升等各种能够将水汽从底层抬升至自由对流高度的动力、热力条件。

在判断天气形势有利于产生对流天气后，再判断有无强对流发生发展的有利条件，包括逆温层、前倾槽、低层辐合高层辐散、高低空急流等。

对对流天气和强对流天气进行落区分析判定后，可根据各种强对流天气的不同之处，继续判断强对流天气的类型，如冰雹天气的 0℃层和－20℃层高度、短时强降水天气的多层水汽辐合条件、雷暴大风天气的中层相对干层的存在、垂直风切变所在层次等，做出分类型的强对流天气预报。

(2)强对流天气临近预报

临近预报是在潜势预报的基础上，利用雷达、卫星和自动站等资料进行的以外推方法为主的预报预警。预报员在利用雷达、卫星、风廓线、自动站这些资料进行临近预警时，常常用到如下经验和方法。

①强冰雹天气雷达探测和预警的主要指标是高悬的强回波，通常要求 50 dBz 以上的强回波扩展到－20℃等温线以上，同时 0℃层高度一般在 4 km 左右，原则上不超过 5 km，－20℃层高度在 7.5 km 附近或以下，有利于冰雹生长。在中等以上的垂直风切变条件下，除了高悬的强回波，典型的雹暴还呈现出低层强的反射率因子梯度、入流缺口、弱回波区和中高层回波悬垂，在超级单体风暴情况下还有界弱回波区。除了以上因子，雷暴的旋转、三体散射、风暴顶强辐散和垂直液态含水量(VIL)的相对大值也是强冰雹预警的辅助指标。

②雷暴大风大多数情况下是由对流风暴内的强下沉气流造成的，对流层中层存在明显干层，对流层中下层的温度直减率较大且越接近干绝热直减率则越有利于雷暴大风形成。区域性的雷暴大风通常出现在中等强度以上的垂直风切变环境中，导致雷暴大风的系统可以是飑线、弓形回波的多单体风暴和超级单体风暴，在雷达上的预警指标主要是弓形回波、中层径向辐合和中气旋，而小范围的下击暴流引发的雷暴大风在雷达上也有前兆，反射率因子核心不断下降，且云底以上突然出现径向速度辐合。

③短时强降水主要取决于雨强和降水持续时间，雨强可根据低层的反射率因子判断。通常将对流性降水系统划分为大陆强对流型和热带降水型，前者回波的强反射率因子扩展的高度较高，后者强反射率因子主要集中在低层。短时强降水的 0℃层高度在 5000 m 左右，高于冰雹发生时的 0℃层高度。降水持续时间则根据单体的生命周期、所处环境位置和移动方向进行判断，如回波单体排列的列车效应是短时强降水的重要判据。

④对于龙卷，除了有利超级单体风暴发生的条件外，有利于 F2 级以上强龙卷发生的特殊环境条件是强烈的 0～1 km 的垂直风切变和低的抬升凝结高度，而在雷达

上的预警指标是在径向速度图上识别出强中气旋或底高不超过 1 km 的中等强度中气旋，若同时伴有龙卷涡旋特征，可发布龙卷预警。

⑤雷暴生成的临近预报在层结稳定度和水汽条件满足的情况下，主要考虑边界层辐合线抬升和中尺度地形抬升。雷暴倾向于在边界层辐合线附近生成，在两条辐合线相交的区域生成的概率最高。雷暴生成后，有利于上升气流垂直发展的低层垂直风切变将促进雷暴的维持和发展，雷暴合并一般会导致雷暴增强发展，若雷暴距离其出流边界或其他类型的辐合线的距离一直保持不变，则倾向于维持或发展，若逐渐远离则趋于消散。

总之，中国地形地貌条件复杂多变，不同区域、不同季节的强对流天气差异明显，预报强对流天气首先需分析本地的强对流天气时空分布特征；其次，充分了解不同季节造成强对流天气的主要影响系统及其配置，在潜势预报基础上，重点关注是否具备强对流天气的触发机制；在分析有利的热力、动力条件基础上，抓住不同类型强对流天气的主要影响因子和明显特征，结合雷达、卫星及自动站资料的分析，进行强对流天气临近预报。

5.4　强对流天气过程实例分析

下面以 2009 年 6 月 3—4 日黄淮地区强飑线天气过程（孙虎林等，2011）为例，展开具体分析。

5.4.1　强对流天气形成背景及环境条件分析

2009 年 6 月 3—4 日，一次罕见的强飑线天气过程袭击了我国黄淮地区，先后影响了河南、山东、安徽和江苏，出现了雷暴大风、短时强降水和冰雹等强对流天气，造成了非常严重的人员伤亡和经济损失，其中仅河南因灾死亡人数就达 24 人。此次强飑线天气过程生命史长达 11 h，系统移速快，影响范围广。产生严重灾害的主要原因是地面瞬时大风强、出现范围广，过程期间河南、安徽、山东、江苏四省共有 50 多个地面自动站次瞬时大风超过 20 m/s。河南商丘的永城市 3 日 22:42（北京时）测得瞬时风速达 29 m/s，是该地 1957 年有气象记录以来的最大值，安徽蚌埠市固镇 3 日 22—23 时最大瞬时风速达 31 m/s。

5.4.1.1　实况天气图分析

2009 年春末夏初，东北冷涡比较活跃，本次强飑线过程发生前，东北冷涡西南部高空槽后强西北气流带来的冷空气为大气对流不稳定的产生提供了有利的天气尺度条件。从 6 月 3 日 08 时 500 hPa 形势场（图 5.20）可以看出，中高纬度为两槽一脊形势，巴尔喀什湖附近有高空槽缓慢东移，高压脊位于贝加尔湖附近，切断冷涡中心位于东北地区北部，位置少动，东北冷涡比较强，其中心位势高度小于 544 dagpm 且温度≤−20℃，其后部有短横槽位于内蒙古中部，不断引导涡后冷空气南下，横槽北部为明显的冷平流，冷涡西南侧高空槽后地区为风速达 20 m/s 左右的强西北气流，这股强西北气流引导中层干冷空气从中高纬度南下至我国黄淮地区（图 5.21a），为此次飑线发生发展提供了有利的热力、动力条件。700 hPa 形势场与 500 hPa 相似，在陕西西部到四川北部有一风切变辐合区，山西南部、河南大部分地区呈反气旋环流形势，河北中部至内蒙古中部存在冷平流，河南上空为西伸的暖脊控制，有暖平流。而从 6 月 3 日 08 时 850 hPa 形势场（图 5.21b）可以看出，我国西北至黄淮一带为≥16℃的暖区，特别是河南和湖北存在温度≥20℃、温度露点差≥20℃的强干暖区，在陕西西部、山西中部到河北与河南交界处有弱低涡切变存在，河北及以北地区位于冷槽中，显著湿区位置偏南，在江南中部到华南地区，中层入侵的干冷空气叠加在低层暖空气上（图 5.22），使得我国西北至黄淮一带 850 hPa 与 500 hPa 的温度差≥30℃，表明此大范围地区内大气上冷下暖的结构非常明显，有利于形成热力不稳定条件（图 5.20），并且高空风速较大，造成风的垂直切变较大，利于深厚对流的形成。地面图上（图略），河套地区有一暖低压，该低压东南部控制黄淮地区，午后近地面晴空辐射增温，河南大部地区午后气温上升到 36℃，非常有利于大气不稳定能量的积聚。

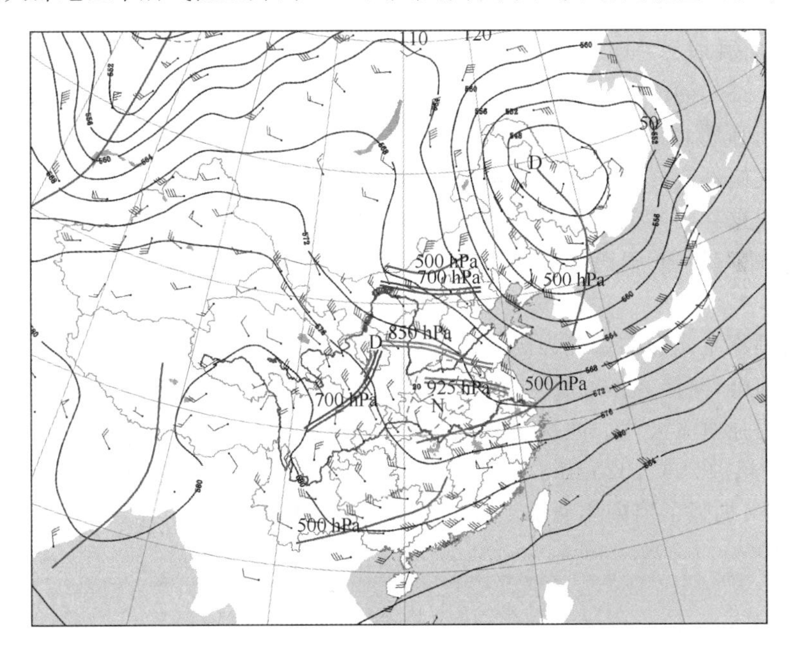

图 5.20　2009 年 6 月 3 日 08 时高空环流综合分析图

（500 hPa 图叠加低层切变线（双实线）、850 hPa 暖脊）

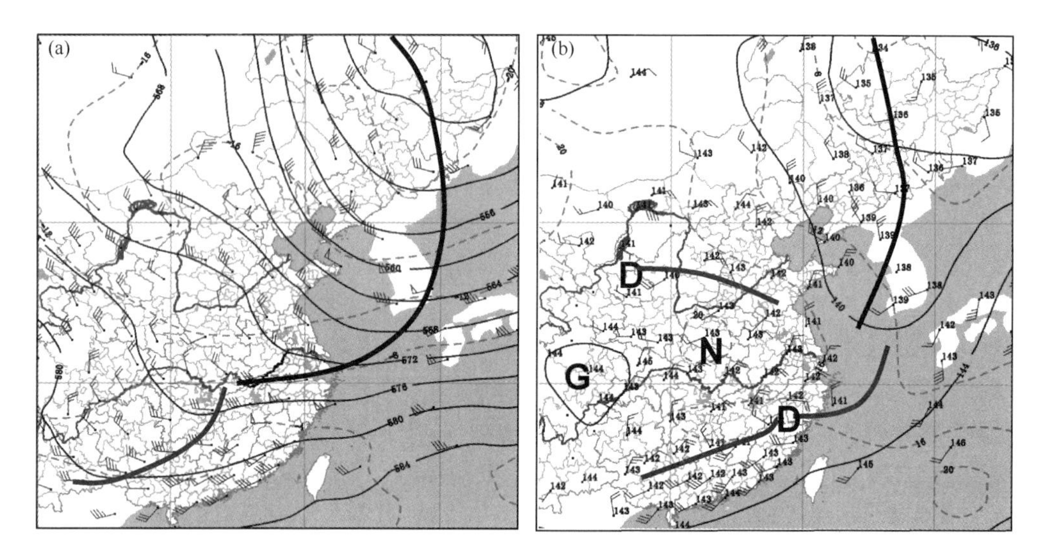

图 5.21　2009 年 6 月 3 日 08 时 500 hPa(a)和 850 hPa(b)等压面图

(图中黑实线为等高线(单位:dagpm),虚线为等温线(单位:℃),粗实线为槽线或切变线)

3 日 20 时(图略),500 hPa 中高纬度仍为两槽一脊形势,切断冷涡中心位置少动,强度略有减弱,08 时的短波槽南移至山西中南部,冷空气跟随南下,在河北中南部有一个－16℃的冷中心;700 hPa 上 08 时在陕西西部到四川北部的风切变辐合区东移至河南和湖北两省西部,切变线两侧风速均比 08 时明显增大,河南东部和湖北东部为反气旋环流。河南仍位于暖脊之中,西部和中部有明显的暖平流;850 hPa 图上的切变线东移到河南中部至陕西南部,东端位于商丘附近,河南仍受暖脊控制,暖脊比 08 时略有加强,显著湿区位置变化不大,稳定在江南中部到华南地区,北方水汽条件较差。

这次过程主要影响系统为高空冷涡后部的干冷空气,它随短波槽东移南下,低层存在切变辐合,并伴有强的暖空气,但暖空气湿度较小,所以,造成以雷暴大风而非强降水为主的强对流天气。此次过程河南前期升温明显,豫北和豫东 6 月 3 日 08 时 850 hPa 上超过 20℃,925 hPa 上超过 24℃,与此同时,东北冷涡后部横槽引导高层冷空气南下,加强了河南中北部上冷下暖的对流不稳定层结。

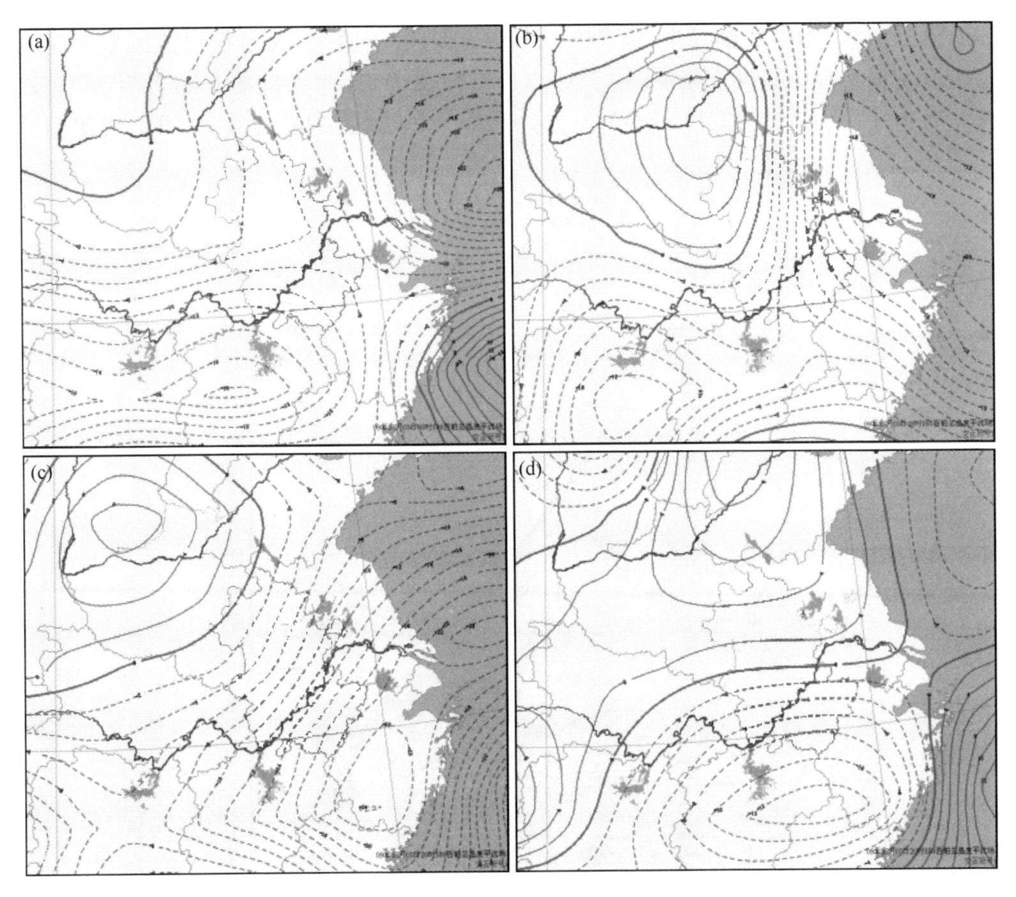

图5.22　6月3日中低层温度平流配置图

(a)08时500 hPa;(b)08时850 hPa;(c)20时500 hPa;(d)20时850 hPa

(图中实线为正值,虚线为负值,粗实线为零线)

5.4.1.2　环境条件分析

本次强飑线过程发生前,黄淮地区近地面晴空辐射增温对大气不稳定能量的积累有重要作用。以6月3日08时郑州站(图5.23)探空资料为例,925 hPa以下的近地面层存在辐射逆温层,925～500 hPa的温度垂直递减率为7.9 ℃/km,此时大气对流抑制能量(CIN)非常大,达1181.6 J/kg,这使得对流活动受到抑制,也使得能量能够在层得到积累。在此后的几个小时内,由于太阳晴空辐射增温的影响,近地面层不断增暖导致逆温层逐渐消失,CIN逐渐减小,同时大气的对流不稳定性得到增强。再分析离雷暴大风发生地最近的徐州探空资料发现(图5.24),08时徐州站除沙氏指数$SI=-2.8$℃、$T_{850}-T_{500}=33$℃之外,其他物理量,如对流有效位能(CAPE)、

SWEAT 指数、K 指数都很小，但 925～850 hPa 存在干暖盖，为形成对流风暴所需能量积累及爆发释放提供重要条件。从表 5.3 可知，3 日 20 时徐州站 K 指数为 38℃、沙氏指数为 -10.02℃、$\Delta\theta_{se850-500}=22$℃，$T_{850}-T_{500}=34$℃，$CAPE=734.4$ J/kg，表明测站

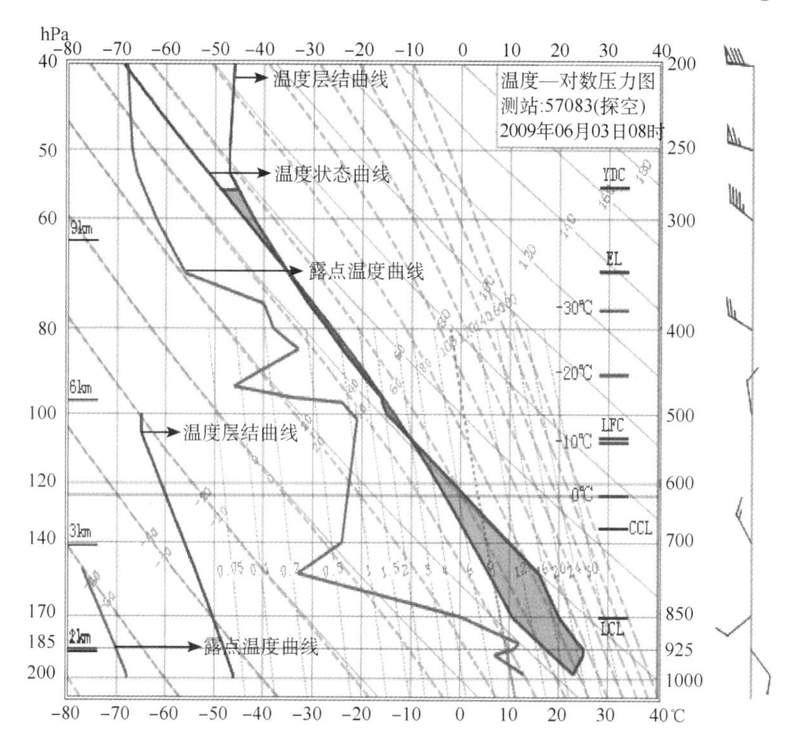

图 5.23　2009 年 6 月 3 日 08 时郑州站探空图

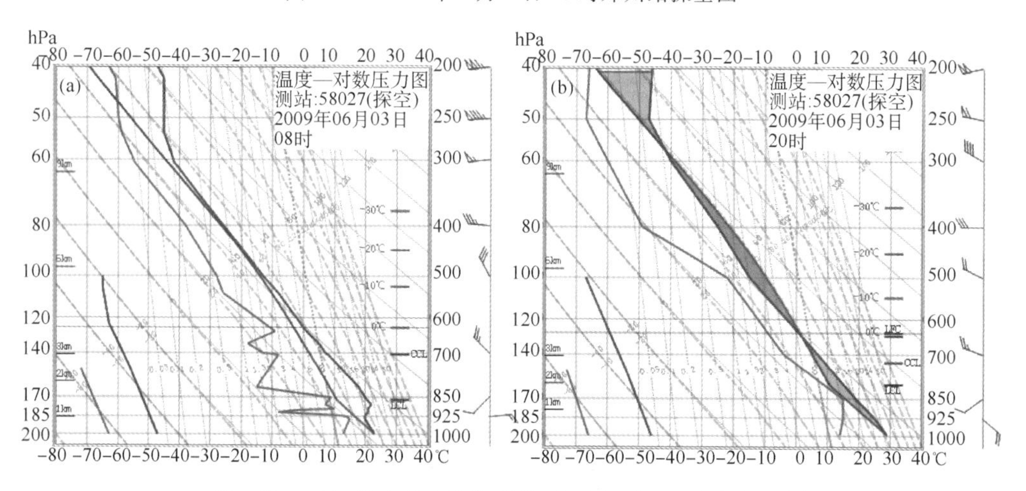

图 5.24　2009 年 6 月 3 日徐州站 08 时(a)和 20 时(b)探空图

上空附近有较强的不稳定能量。同时，中低层风为顺时针旋转、400 hPa以上风呈逆时针旋转，说明低层有暖平流、高层有冷平流，上述特征均有利于强对流天气的发生发展，但CAPE较小，不利于产生大冰雹，中低层湿度较小，不利于产生强降水。上述分析可说明强对流的环境条件是在天气系统移近时建立起来的。

表5.3 2009年6月3日20时(括号内为08时数据)阜阳、徐州、郑州三站对流参数

站名	0℃层高度(m)	−20℃层高度(m)	−30℃层高度(m)	CAPE (J/kg)	SWEAT	K (℃)	SI (℃)	$T_{850}-T_{500}$(℃)	$\Delta\theta_{se850-500}$ (℃)
阜阳	4158.2	6698.3	8024.4	1408	17.5	−7	2.88	34(32)	
徐州	4049.1	6636.3	7957.4	734.4	509.2	38	−10.02	34	22
	(3952)	(6613)	(7871)	(0)	(231)	(21)	(−2.8)	(33)	(9.7)
郑州	3406.3	6537.8	8030.8	53.0	224.5	35	−2.22		
	(4143)	(6516)	(7742)	(100.1)	(39.4)	(1)	(0.4)		

5.4.1.3 抬升触发条件分析

此次强飑线过程中，对流层中低层风场的辐合及3日白天山西地区地面雷暴高压前端出流为大气不稳定能量的释放提供了触发条件。在08时850 hPa形势场(图5.21b)、925 hPa形势场(图略)上，该区域存在一个尺度很小的热低压，低压周围风场呈明显的气旋性切变，中低层风场的辐合有利于在黄土高原和河南地区产生上升运动，触发不稳定能量释放，产生中尺度对流云团。本次飑线过程出现前由于中低层风场的辐合上升运动，产生了由局地热对流引发的零散雷暴，山西地区在14时左右已经出现比较强的中尺度对流系统，地面气压场上出现了比较明显的雷暴高压，14—17时，华北和黄淮地区的气温都升至30℃以上，河南北部达到了35℃，近地面层温度升高，加剧了气层的不稳定度。17时，河南北部出现近似东西向的干线和弱的风辐合线(图5.25)，辐合线南移与干线近于重合，山西南部、陕西中部和甘肃南部出现三片雷暴区，呈东北—西南向排列，雷暴区正变压明显，雷暴高压的前端出流和南边的西南气流在河南北部郑州到商丘一线维持中尺度辐合线，边界层风场辐合使得在河南北部触发对流不稳定能量释放，产生中尺度对流云团。此后这些对流云团加强并沿925 hPa边界层辐合线向东移动，19:50左右在河南东北部出现明显的弓状雷达回波，随后观测到阵风锋(图5.26)，对流云团组织成飑线。20时，飑线前沿的风辐合线经过商丘横穿河南，干线北移，到达河北南部，河南北部的湿度明显增大。此时，飑线已进入河南北部地区。由于河南北部低层高温高湿和低压倒槽内的风场辐合有利于对流发展，飑线中的雷暴单体在商丘附近迅猛发展，产生雷暴大风。在地面形成中尺度高压(图略)，中尺度高压向东南方向移动，其前沿的飑锋横扫河南东北部、安徽北部和江苏大部分地区，沿途造成雷暴大风和局地冰雹。

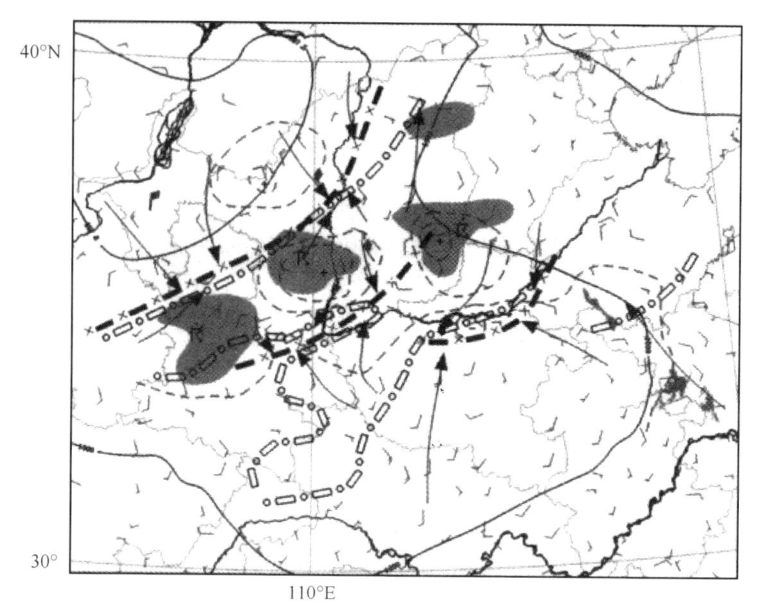

图 5.25　2009 年 6 月 3 日 17 时地面中尺度综合分析(谌芸等,2009)

(图中实线为等压线,虚线为等三小时变压线,粗空心线为干线,细箭头线为流线,粗实心虚线为风辐合线,阴影区域为雷暴出现的区域)

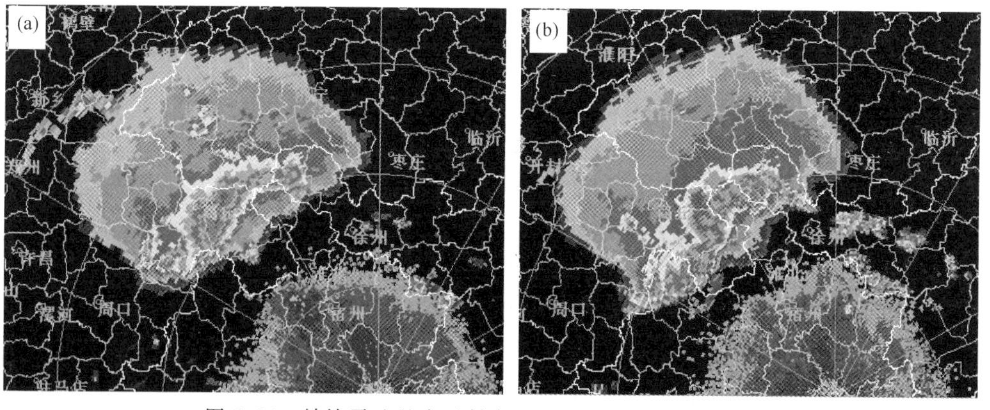

图 5.26　蚌埠雷达基本反射率因子回波图(附彩图 5.26)

(a)9 月 3 日 21 时 43 分;(b)9 月 3 日 22 时 19 分

对流不稳定的大气层结与近地层的辐合线共同作用,导致了此次飑线的形成和雷暴大风的发生发展。

5.4.1.4　垂直风切变条件分析

本次飑线的形成很可能还与较强的垂直风切变密切相关。以往的研究表明,在中尺度对流云团组织成飑线的过程中垂直风切变经常起着重要作用(Droegemeier et al.,1985;杨晓霞等,2007;Yamasaki,2009)。近地面 925 hPa 为东南风,风向随高度呈顺时针旋转,到 500 hPa 时已转变为西北风,对流层中低层风向的垂直切变非常明显。中层的西北风会使得此次过程开始阶段雷暴云从西北向东南移动,所以,前述切变环境可以在雷暴云的前部低空产生辐合,高空产生辐散,有利于新雷暴单体出现,反之,在云的后部则有利于旧雷暴单体减弱,从而使得雷暴云不断向前传播(丁一汇,2005)。飑线过程发生时环境大气低层比较干且温度递减率比较大,大气低层比较干,说明此次过程的环境大气有利于产生较强的下沉气流,从而有利于在地面产生灾害性大风。

5.4.1.5　数值预报产品分析应用

9 月 3 日上午 08 时起报的 T639 数值预报场 14 时、17 时、20 时、23 时,黄淮地区 500 hPa 为槽后西北气流控制,并有冷空气补充南下,850 hPa 为≥20℃的暖温度脊,呈现上冷下暖的不稳定层结结构,河南北部至东北部 850 hPa、925 hPa 有明显的辐合线且加强,相应的散度预报场中低层为辐合区,且降水预报有显示(图略)。

综合分析可见,当日傍晚到夜间,黄淮地区有强对流天气的潜势,而具体落区需根据卫星、雷达、加密自动站等资料进行跟踪分析预报。

5.4.2　中尺度系统的识别和分析

5.4.2.1　雷达回波演变特征

本次强飑线过程中,对流云团在 3 日 18 时左右在河南北部出现,20 时左右在河南东北部发展组织成飑线,此后以 60～70 km/h 的速度快速向东南方向移动,4 日 05 时左右在江苏东部基本消散,整个生命史长约 11 h。

从华北区域雷达拼图可以看出,6 月 3 日 11 时左右,孤立的回波在吕梁山区开始形成,此后回波不断发展加强并向东偏南移动,越过太行山时(14:40 时前后)有一个加强的过程(图 5.27a),并形成东北—西南走向的带状回波,此带状回波向东南方向移动,带状回波在下山过程中略有减弱,18 时左右在其前部(郑州北部的平原地区)激发出新的对流单体(图 5.27b),该单体发展加强并沿黄河河谷东移,19 时位于开封的强回波达 55 dBz,造成该地区的强对流天气(图 5.27c)。与此同时,在北部地区的菏泽附近产生新的对流单体,单体东移加强,3 日 19 时左右两个单体合并加强,形成条形回波带(图 5.27c),并以 50～60 km/h 的速度快速向东南方向移动,20:40 左右到达商丘,21 时左右在商丘境内发展到最强,最强回波强度达到 65 dBz(图

5.27d)。2 h 后(22 时左右)移过商丘,并形成典型的弓状回波(图 5.27e),22:30 时东移减弱,移出河南开始影响安徽和江苏两省的北部(图 5.27f)。

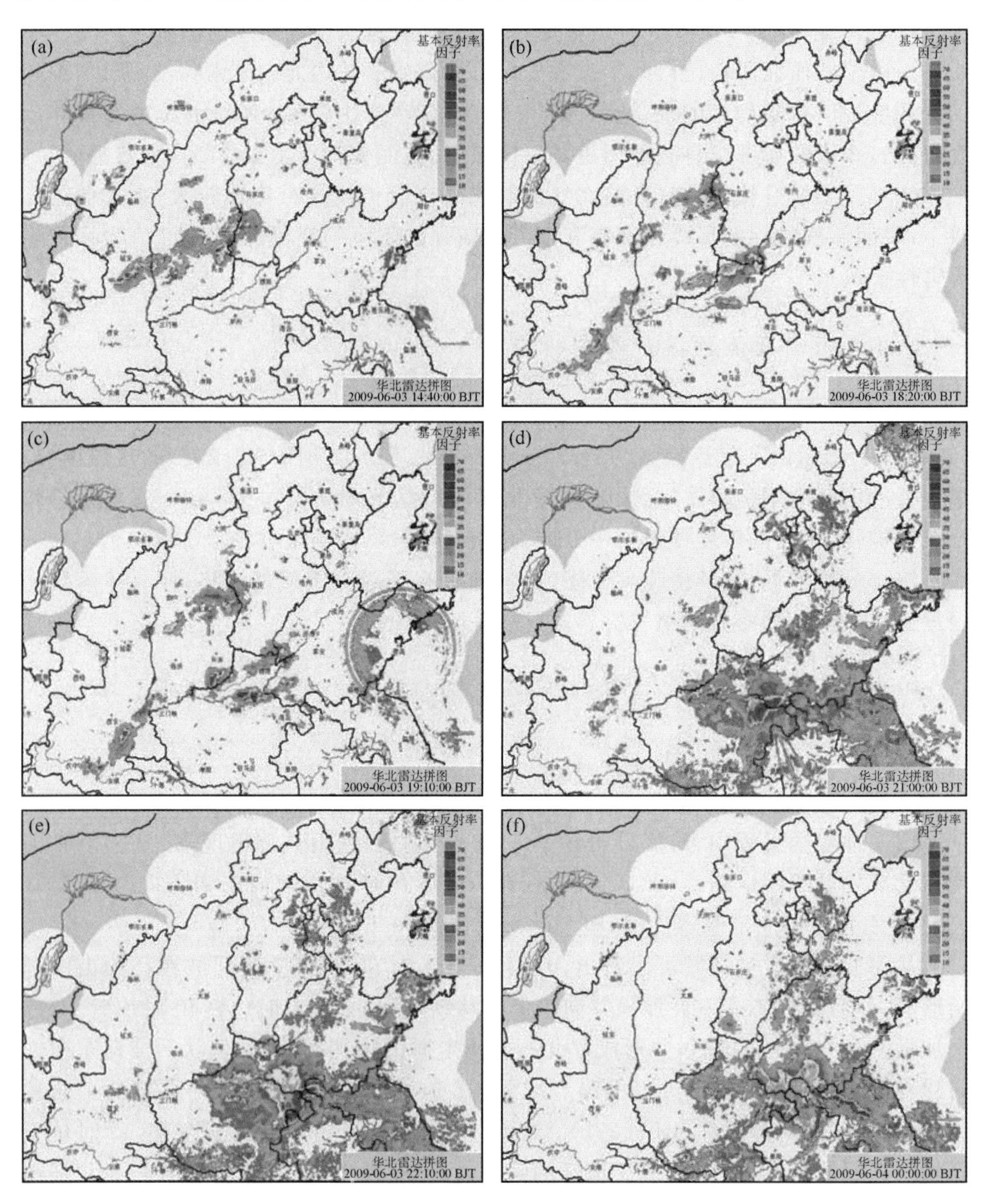

图 5.27　2009 年 6 月 3 日下午至夜间华北区域雷达拼图

(a)14:00;(b)18:20;(c)19:10;(d)21:00;(e)22:10;(f)24:00

对河南商丘雷达资料的分析表明，19 时(图 5.28a,b)在开封的强回波达 55 dBz，回波顶高约 11 km。中尺度对流系统(MCS)中有两个发展比较强盛的对流风暴，右边的更强，且其中又包含了强度更强、尺度更小的强风暴单体，50 dBz 的强回波高度达－20℃层高度之上，正是这些中尺度对流系统造成该地区的强对流天气。21 时(图 5.28c,d)对流云团在商丘发展最强，回波顶高达 12 km 左右，且对流系统中镶嵌多个对流单体($M_{\beta}CS$)，每个对流单体又包含多个 $M_{\gamma}CS$，正是这些中尺度对流系统造成该地区的雷暴大风、冰雹等强对流天气，商丘的宁陵、睢县、永城等地出现 8～10 级、阵风达 11 级的大风。

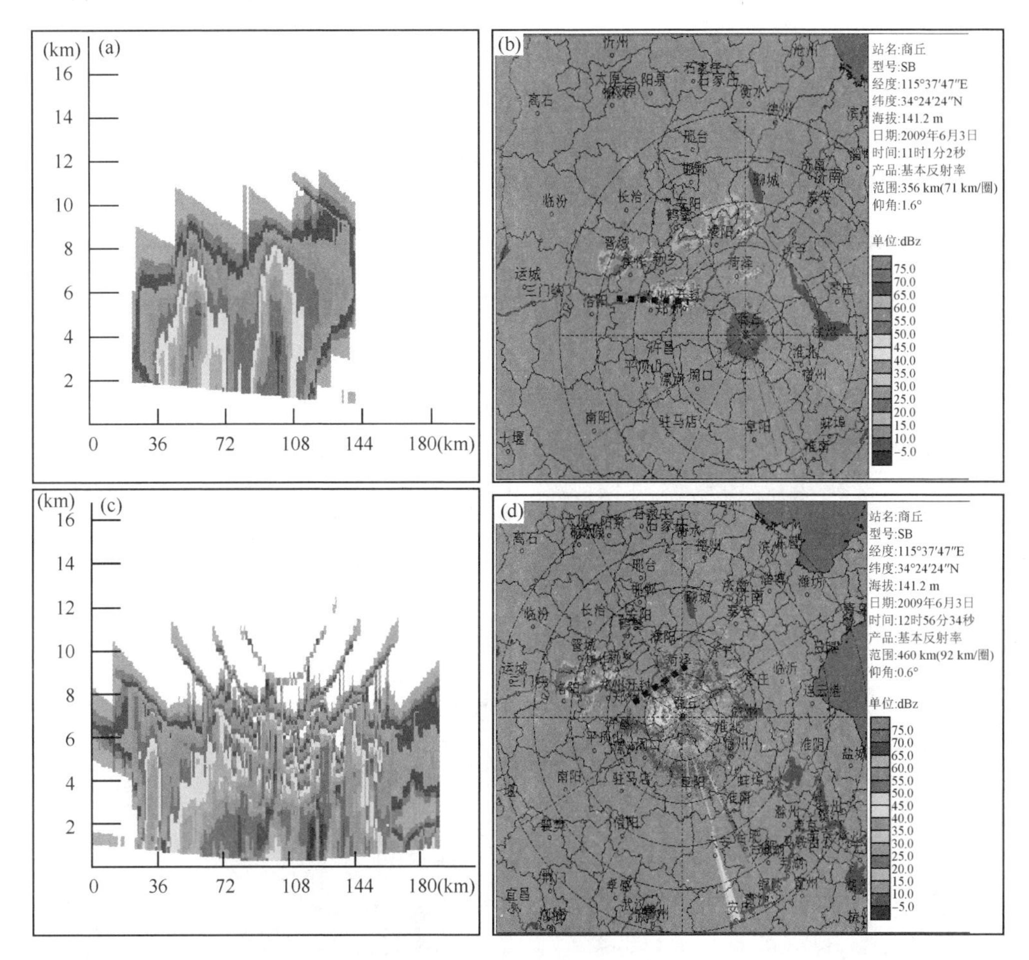

图 5.28　商丘站雷达资料(附彩图 5.28)

(a)沿(b)中黑虚线剖面;(b)3 日 19 时基本反射率;(c)沿(d)中黑虚线剖面;(d)3 日 21 时基本反射率

5.4.2.2　卫星图像分析

静止卫星可见光和红外云图清楚地展示了这次天气过程强对流云团的发生发展

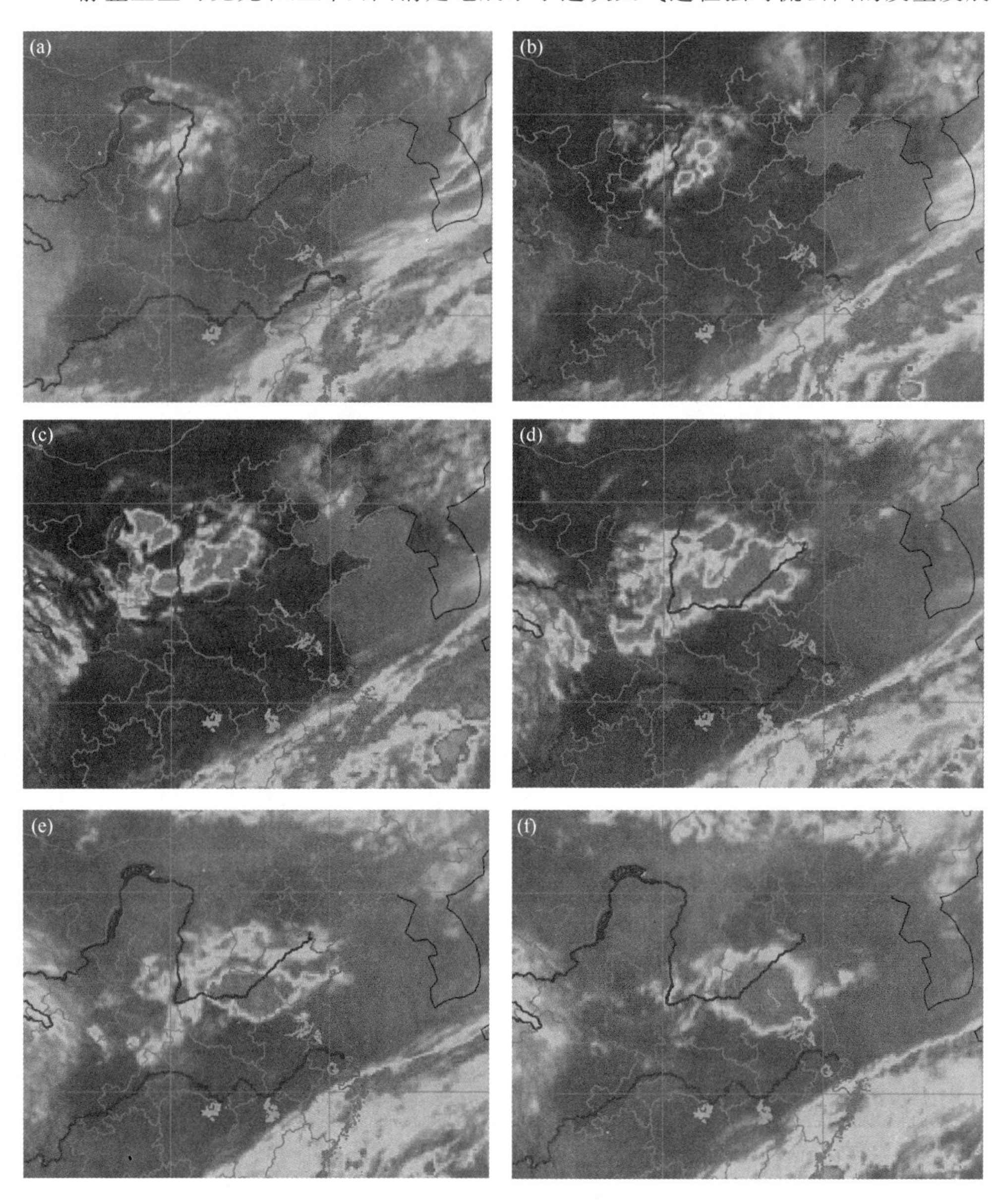

图 5.29　2009 年 6 月 3 日 FY-2C 红外静止卫星云图

(a)08 时;(b)11 时;(c)14 时;(d)18 时;(e)21 时;(f)23 时

和移动情况：上午时段是对流活动最不活跃时段，但 6 月 3 日 08 时的可见光图（图略）和红外云图（图 5.29a）表明，在陕西和山西北部存在一片尺度较小且较为分散的对流云团活跃区，虽然其红外亮温最低仅低于－32℃，并非太低，但从可见光图像来看，这些云团的云顶纹理较为粗糙，显示出对流云的上冲云顶特征。

随着太阳短波辐射的增强和冷空气的向南推进，对流云团逐渐向南移动并加强，至 11 时（图 5.29b）云顶亮温降低加强为三个 β 中尺度对流云团并南移至山西中部，其北侧仍有对流云团不断发展。13 时（图略），对流云团继续向南移动且尺度进一步加大，山西、陕西及其邻近区域有三个对流云团活跃区，云顶亮温低于－42℃。14 时（图 5.29c），部分区域云顶亮温低于－52℃，并且对流云团南侧亮温梯度加大，表明南侧对流活动非常旺盛。18 时（图 5.29d），对流云团南移并逐渐合并，形成两条带状对流云区，对流云团南侧亮温梯度仍然很大，可见光云图上对流云团南侧有清晰的暗影，表明对流活动依然非常旺盛（图略）。21—23 时（图 5.29e，f），北侧的对流云团云顶变得松散，对流活动减弱；南侧的对流云团继续维持，南移至山西南部、河南北部和山东西部，影响河南商丘地区，发展为椭圆状，成为 α 中尺度对流系统，其最低云顶亮温低于－52℃，对流云团南侧亮温梯度非常大，这表明对流云团近于垂直发展。23 时之后，对流云团依然维持并向东南方向移动。4 日 0—1 时，α 中尺度对流系统继续加强，－52℃亮温等值线呈现为“V”形，东南侧呈现钩状，对流活动仍然非常旺盛。02 时，云顶亮温升高，对流云团边缘结构变得比较松散，并继续向东南方向移动。07 时，对流活动进一步减弱，对流云团向东南移入东海区域，但仍然残存部分弱对流云团（图略）。

从水汽云图演变来看，这次过程的对流云团北侧存在一个显著暗区，这表明对流云团的北侧对流中上层有下沉的干冷空气。随着暗区的南移，对流云团也向南移动（图 5.30）。

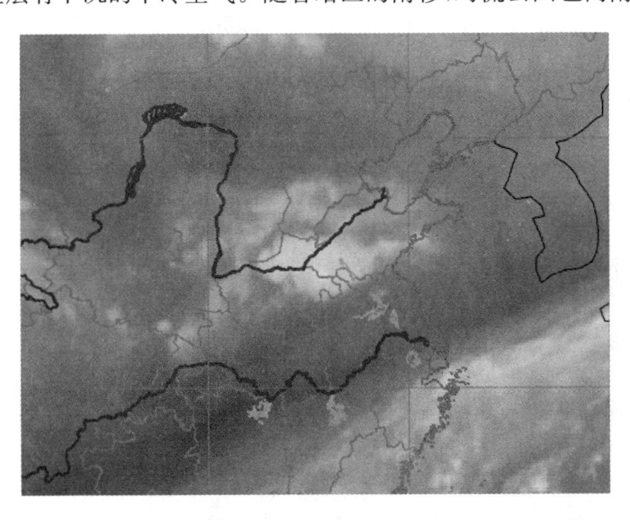

图 5.30　2009 年 6 月 3 日 21 时 FY-2D 水汽静止卫星云图

总之，这次过程对流云团移动快，对流活动非常旺盛，其生成和发展与水汽云图上的暗区密切相关。

5.4.2.3　地面气象要素场特征分析

本次强飑线过程中，系统成熟阶段地面存在明显的雷暴高压、出流边界、尾流低压和飑前中低压等中尺度天气系统，整个飑线系统水平尺度达到中尺度上限。从地面自动站观测到的 4 日 00 时地面气象要素场(图 5.31a)可以看出，海平面气压场存在一个很强的雷暴高压，其中心位于安徽北部，中心气压超过 1005 hPa，1005 hPa 闭合等压线包围区域水平尺度约为 70 km，其在温湿场上对应一个很强的冷湿区，中心温度＜18℃、温度露点差＜3℃，冷湿的雷暴高压与其东南方的暖低压之间的气压梯度接近 5 hPa/50 km、温度梯度接近 6℃/50 km。从雷暴高压中心向外辐散出很强的气流，速度可达 10 m/s，在雷暴高压前方形成水平尺度约 200 km 的阵风锋，其两侧有较强的水平风切变辐合，西北侧为较强的西北风或偏北风，东南侧为较弱的东南风或偏南风。尾流低压位于雷暴高压的西北方，中心气压低于 1000 hPa；飑前中低压位于雷暴高压的东南方，中心气压低于 1001 hPa，飑前中低压和尾流低压之间的距离超过 200 km。

从 3 日 23 时—4 日 00 时地面气象要素变化场(图 5.31b)可以看出，雷暴高压在地面气象要素变化场上对应很强的正变压(＞4 hPa)、负变温(＜－8℃)和正变湿区；雷暴高压后部的尾流低压在地面气象要素变化场上对应负变压(＜－2 hPa)和较弱的正变温区。

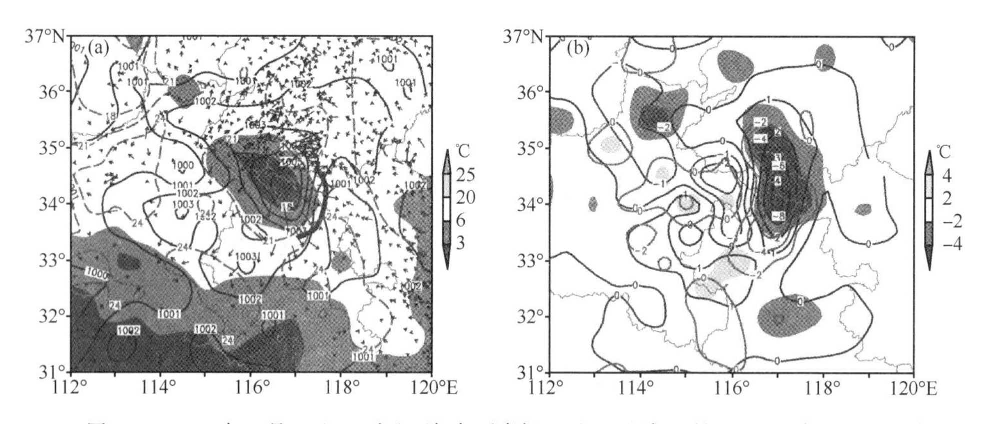

图 5.31　2009 年 6 月 4 日 00 时地面气象要素场(a)和 2009 年 6 月 3 日 23 时—4 日 00 时地面气象要素变化场(b)(孙虎林等，2011)

(黑实线：等压或等变压线(单位：hPa)；红线：等温或等变温线(单位：℃)；彩色阴影：温度露点差或其一小时变化(单位：℃)；黑粗线：阵风锋；箭头：≥1 m/s 的地面站点风场)

由图 5.32 可见，飑线影响亳州、宿州时，测站地面温度迅速下降，同时，从气压的时间序列图上清楚地显示出，在飑线经过时气压陡升，这印证了前述分析。

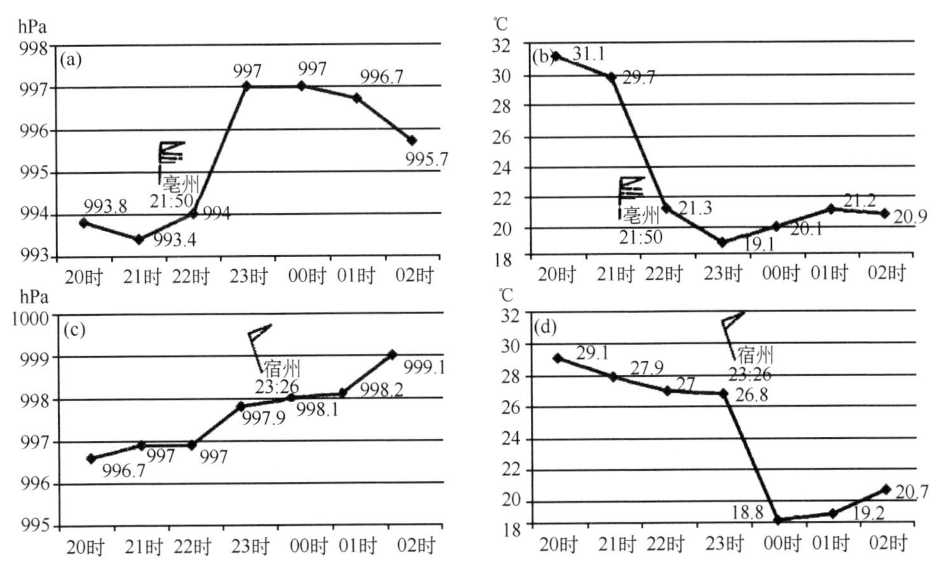

图 5.32　飑线经过亳州、宿州前后测站要素演变图

(a)亳州气压；(b)亳州温度；(c)宿州气压；(d)宿州温度

根据飑线造成的地面瞬时大风(≥20 m/s)、短时强降水(≥10 mm/h)等强对流天气现象的逐小时统计结果(图 5.33)，结合雷达回波拼图，可将此次强飑线的生命史演变过程大致分为如下几个阶段——初生阶段：3 日 18—19 时；增强阶段：3 日 19—22 时；成熟阶段：3 日 22—4 日 02 时；消散阶段：4 日 02—05 时。从图 5.27 可以看出，此飑线系统增强阶段存在一条东北—西南向的对流强回波带，最强回波超过 60 dBz，成熟阶段新出现一条西北—东南向的对流强回波带，飑线系统内的强回波带形状与“人”字十分相似，消散阶段(图略)只有几个孤立的对流单体呈东北—西南向分布；地面雷暴高压和飑前阵风锋在增强阶段开始出现，在成熟阶段达到最强(前者中心气压达到 1007 hPa，后者水平尺度达 200 km)，在消散阶段缓慢减弱。从图 5.33 可以看出：地面最大瞬时风速在增强阶段前期(20—21 时)迅速增大，在增强阶段后期和成熟阶段维持在 29～31 m/s，在成熟阶段末期(01—02 时)迅速减小；出现地面瞬时大风的台站数目在成熟阶段前期(22—23 时)迅速增多，而在成熟阶段末期(01—02 时)迅速减少，出现短时强降水的台站数目和地闪频次在增强阶段迅速增多，在成熟阶段达到最多，在消散阶段迅速减少。

本次强飑线过程中，地面瞬时大风、短时强降水、闪电等强对流天气现象在成熟阶段出现范围最广，尤其是 3 日 23 时—4 日 00 时，这 1 h 内有 23 个地面自动站观测到的瞬时大风≥20 m/s,24 个站降水量≥10 mm/h,闪电定位仪 1 h 内观测到的地闪频次接近 1500 次。

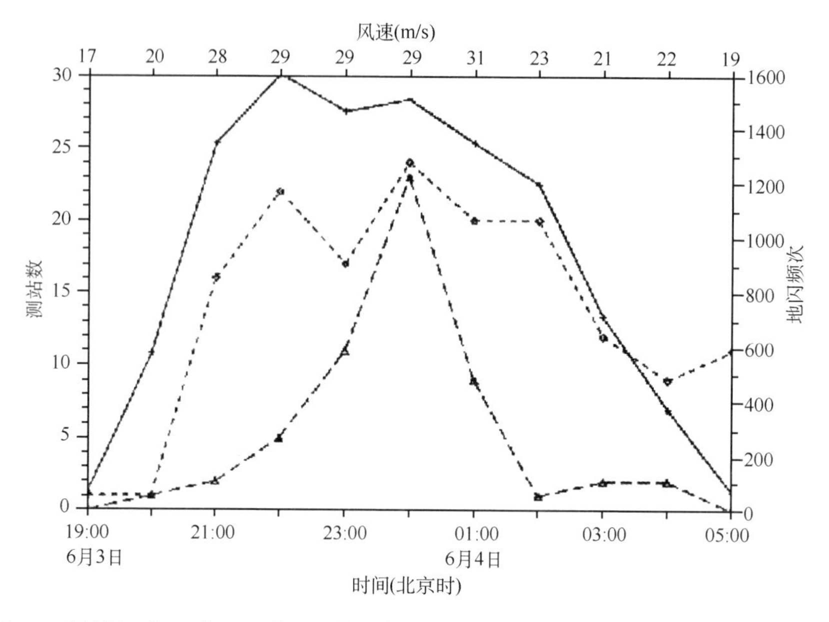

图 5.33　区域(34°～36°N,113°～116°E)内强对流天气现象逐小时演变(孙虎林等,2011)

(图中长虚线为地面瞬时大风≥20 m/s 的站数;短虚线为降水量≥10 mm/h 的站数;实线为地闪频次;上边框数字表示所有自动站观测到的逐小时地面最大瞬时风速)

综上分析,2009 年 6 月 3—4 日我国黄淮地区遭遇的这次生命史长、系统移速快、影响范围广的强飑线天气过程可小结如下。

(1)高空槽后强西北气流带来的冷空气及黄淮地区近地面晴空辐射增温为本次飑线发生前对流不稳定能量的产生和积累提供了有利的大尺度条件,对流层中低层风场的辐合及前期山西地区地面雷暴高压前端出流造成的地面辐合为不稳定能量的释放提供了触发条件,对流单体组织成飑线的过程可能与较强的环境风垂直切变有关。环境大气低层较干,中低层温度直减率比较大,这为地面灾害性大风的出现提供了有利的环境条件。

(2)此次飑线过程生命史约 11 h,其中 6 月 3 日 22 时—4 日 02 时为其成熟阶段,系统水平尺度达到中尺度上限(约 200 km),地面出现明显的雷暴高压、出流边界、尾流低压、飑前中低压等中尺度天气系统。在卫星云图上表现为多个对流云团生成、合并,而雷达回波上为阵风锋和多个对流单体,产生了大面积的大风、冰雹天气。

实习 6　雷雨冰雹天气过程个例分析

1. 实习目的和要求

通过分析雷雨冰雹天气个例，了解强对流天气过程的主要预报着眼点，了解强对流天气发生、发展过程及中尺度系统的特征。

2. 过程概况和形势背景概述

2015 年 4 月 26—28 日，华北南部、黄淮、江淮等地出现一次大范围强对流天气过程。28 日，山东中西部、安徽东部、江苏中南部、上海、浙江北部等地相继出现雷暴大风、冰雹和短时强降水等强对流天气。28 日傍晚至夜间，江苏全省普降中到大雨，多地出现 50 mm/h 以上的强降水，最大小时雨强出现在常州武进，为 96.4 mm/h，全省基本站中有 27 个站出现雷暴大风，其中最大为浦口站和丹阳站 23 m/s；安徽东北部最大风力为 9 级；冰雹主要出现在安徽东部和江苏西部等地局地，南京市六合区、江宁区出现持续 5～26 min 的降雹，直径最大达 50 mm 左右，安徽东部 4 个县市出现冰雹。

2015 年 4 月下旬，亚洲地区处于两槽一脊的环流形势。位于亚洲东部的低压槽不断加深，向南发展，影响我国北方地区。4 月 26 日 12 时开始，受高空槽影响，槽前的河套地区一带开始出现雷暴天气。在高空槽逐渐东移过程中，西北气流不断增强，槽前偏南急流逐渐建立。4 月 27 日，高空槽不断加深，逐渐发展为高空冷涡系统。受强冷涡影响，冷涡后部中高层急流有所增强，中高层的干冷空气侵入和急流的存在有利于不稳定层结的建立和维持，同时与低层形成较强的垂直风切变，在华北、黄淮、江淮一带产生大范围风雹天气。27 日 20 时，500 hPa 位势高度场显示，500 hPa 槽线已经移至江淮、黄淮东部一带，且具备明显的前倾槽结构，槽后的干冷空气叠置于低层的暖湿空气之上，增加了气柱的对流不稳定度。4 月 28 日，高空冷涡迅速南下。28 日 14 时，低压中心已东移进入黄海，冷涡中心以西，干冷空气侵入，江淮、江南北部等地存在明显的干舌。冷涡北部偏东气流为苏皖地区带来一定的水汽，淮河流域对流层低层相对湿度较高，K 指数超过 35℃，为安徽东部、江苏等地短时强降水创造了有利条件。4 月 29 日，低压系统逐渐东移入海，偏北气流逐渐减弱，强对流天气也逐渐消散。

3. 实习内容和资料

(1)分析 2015 年 4 月 28 日 08 时地面图和 925 hPa、850 hPa、500 hPa 图；

(2)分析 2015 年 4 月 28 日 11 时、14 时、17 时地面图；

(3)分析南京、徐州等地 28 日 08 时探空资料及各相关指数(电子文档提供给学生)；

(4)分析相关的卫星云图、雷达图像、数值预报产品等(电子文档提供给学生)。

4. 分析提示和说明

(1)分析环流背景;

(2)分析各层影响系统,制作 4 月 28 日 08 时系统高低空配置图;

(3)分析 4 月 28 日 08 时 500 hPa 温度槽线、850 hPa 温度脊线;分析 850 hPa、925 hPa 水汽分布及输送条件(T_d、$T-T_d$、LLJ)等,制作强对流天气环境条件综合分析图;

(4)分析 25°～40°N,110°～125°E 范围内的 CAPE、K 指数等分布;

(5)分析南京、徐州等地 28 日 08 时探空资料及各相关指数(CAPE、K 指数、SI、垂直风切变、0℃层高度、−20℃层高度等);

(6)分析边界层辐合线;

(7)数值预报场分析。

5. 思考题

(1)分析江苏地区未来 12 h 强对流潜势。

(2)南京地区大气稳定度如何演变? 水汽条件怎么样? 抬升条件是否具备?

(3)4 月 28 日傍晚至夜间,南京地区是否有发生强天气的可能?

参 考 文 献

北京大学地球物理系气象教研室. 1978. 天气分析和预报. 北京:科学出版社.

蔡晓云,宛霞,郭虎. 2005. 非典型强降水超级单体云系探讨//中国气象学会2005年年会论文集.

曹晓岗,张吉,王慧,等. 2009. "080825"上海大暴雨过程综合分析. 气象,**35**(4):51-58.

陈联寿,丁一汇. 1979. 西太平洋台风概论. 北京:科学出版社.

陈联寿,端义宏,宋丽莉,等. 2012. 台风预报及其灾害. 北京:气象出版社.

陈联寿,罗哲贤,李英. 2004. 登陆热带气旋研究的进展. 气象学报,**62**(5):542-549.

陈联寿,孟智勇. 2001. 我国热带气旋研究十年进展. 大气科学,**25**(3):420-432.

陈联寿,徐祥德,罗哲贤,等. 2002. 热带气旋动力学引论. 北京:气象出版社.

陈瑞闪. 2002. 台风. 福州:福建科技出版社.

陈永林,曹晓岗,徐秀芳,等. 2009. "8·25"上海大暴雨与东海气旋的相关分析. 大气科学研究与应用,**26**(1):18-26.

陈中一,高传智,谢倩,等. 2010. 天气学分析. 北京:气象出版社.

谌芸,郑永光,杨晓霞,等. 2009. "090603"冷涡背景下河南安徽强对流天气过程成因初探//第26届中国气象学会年会灾害天气事件的预警、预报及防灾减灾分会场论文集.

程正泉,陈联寿,刘燕,等. 2007. 1960—2003年我国热带气旋降水的时空分布特征. 应用气象学报,**18**(4):427-434.

程正泉,陈联寿,徐祥德,等. 2005. 近10年中国台风暴雨研究进展. 气象. **31**(12):1-9.

丁一汇,张建云. 2009. 气象灾害丛书—暴雨洪涝. 北京:气象出版社.

丁一汇. 2005. 高等天气学. 北京:气象出版社.

方宇凌,夏冠聪,林泽金,等. 2013. 1208号台风"韦森特"异常路径及其对珠江三角南部暴雨影响成因分析. 气象研究与应用,**34**(4):1-8.

郭虎,段丽,杨波,等. 2008. 0679香山局地大暴雨的中小尺度天气分析. 应用气象学报,**19**(3):265-275.

郭圳勉,黄先伦,麦宗天,等. 2015. 台风"韦森特"登陆后暴雨的成因分析. 广东气象,**37**(1):15-18.

何立富,尹洁,陈涛,等. 2006. 0509号台风麦莎的结构与外围暴雨分布特征. 气象,**32**(3):93-100.

胡春梅,余晖,陈佩燕. 2006. 西北太平洋热带气旋强度统计释用预报方法研究. 气象,**32**(8):64-69.

黄忠,林良勋. 2004. 快速西行进入南海台风的统计特征. 气象,**30**(9):14-18.

江吉喜. 1996. 海表温度对台风移动的影响. 热带气象学报,**12**(3):246-251.

江苏省气象局江淮气旋课题组. 1986. 江淮气旋的分析和预报. 气象,4:6-11.

矫梅燕,章国材,曲晓波. 2010. 现代天气业务(上). 北京:气象出版社.

金龙. 2005. 基于遗传—神经网络的热带气旋强度预报方法试验//第五届全国台风及海洋气象专家工作组第三次会议.

孔启亮,孙翠梅,钱鹏,等. 2012年江苏梅汛期一场区域性暴雨的多尺度分析及临近预警//第九届长三角气象科技论坛论文集:1-9.

雷小途,陈联寿.2001.热带气旋的登陆及其与中纬度环流系统相互作用的研究.气象学报,**59**(5):602-615.

李霞,何如意,段朝霞,等.2014.台风“韦森特”路径突变和近海加强的成因分析.热带气象学报,**30**(3):533-540.

李英,陈联寿,张胜军,等.2004.登陆我国热带气旋的统计特征.热带气象学报,**20**(1):14-23.

林良勋,冯业荣,黄忠,等.2006.广东省天气预报技术手册.北京:气象出版社.

林良勋,黄忠,刘燕,等.2005.台风“杜鹃”的特点及成因分析.气象,**31**(8):64-65.

林毅,刘爱鸣,刘鸣.2002.百合台风近海加强成因分析//2002年天气预报技术文集.北京:气象出版社.

刘磊.2013.浅析江淮气旋的特点及预报方法.科技风,24:102-102.

刘一玮,寿绍文,解以扬,等.2011.热力不均匀场对一次冰雹天气影响的诊断分析,高原气象,**30**(1):226-234.

陆汉城,杨国祥.2004.中尺度天气原理和预报.北京:气象出版社.

马明,陶善昌,祝宝友.2004.卫星观测的中国及周边地区闪电密度的气候分布.中国科学D辑:地球科学,**34**(4):298-306.

马学款,张恒德,董杏燕,等.2009.2009年4月17—20日我国中东部强降水成因分析.天气预报技术总结专刊,**1**(3):6-12.

毛绍荣,张东,梁健,等.2003.广东近海台风路径异常的统计特征.应用气象学报,**14**(3):343-355.

钮学新.1992.热带气旋动力学.北京:气象出版社.

秦听,魏立新.2015.中国近海温带气旋的时空变化特征.海洋学报,**37**(1):43-52.

裘国庆,方维模,等,译.1995.全球热带气旋预报指南.北京:气象出版社.

阮征,邵爱梅.2004.雷达站网资料在长江流域暴雨试验中的应用.气象科技,**32**(9):237-24.

沈树勤,于波,张菊芳,等.1996.华东地区热带气旋暴雨气候特征及其落区预报.气象,**22**(2):32-37.

寿绍文,等.2003.中尺度气象学.北京:气象出版社.

寿绍文,励申申,王善华,等.2006.天气学分析(第二版).北京:气象出版社.

寿绍文,励申申,徐建军,等.1997.中国主要天气过程的分析.北京:气象出版社.

寿绍文,励申申,姚秀萍.2009.中尺度气象学.北京:气象出版社.

寿绍文,刘兴中,王善华,等.1993.天气学分析基本方法.北京:气象出版社.

孙虎林,罗亚丽,张人禾,等.2011.2009年6月3—4日黄淮地区强飑线成熟阶段特征分析.大气科学,**35**(1):105-120.

孙继松,戴建华,何立富,等.2014.强对流天气预报的基本原理与技术方法.北京:气象出版社

陶诗言,倪允琪.2001.1998年夏季中国暴雨的形成机理与预报研究.北京:气象出版社.

陶祖钰,谢安.1980.对江淮气旋发生和发展条件的分析.气象,4:10-12.

涂小萍,许映龙.2010.基于ECMWF海平面气压场的热带气旋路径预报效果检验.气象,**36**(3):107-111.

王蔚,朱伟军,端义宏,等.2008.大尺度背景下西北太平洋热带气旋的统计分析.南京气象学院学

报,**31**(2):277-286.

王新敏.2007.东亚北方温带气旋的变化及其对中国北方沙尘暴的影响研究.南京信息工程大学硕士论文.

王艳玲,郭品文.2005.春季北方气旋活动的气候特征及与气温和降水的关系.南京气象学院学报,**28**(3):391-397.

王艳玲,王黎娟.2011.东亚地区北方气旋和南方气旋活动频数的时空特征.气象与环境学报,**27**(6):43-48.

王艳玲,王黎娟.2012.南方气旋活动特征及其对长江流域降水的影响.人民长江,**43**(9):34-36.

王志烈,费亮.1987.台风预报手册.北京:气象出版社.

王遵娅,丁一汇.2006.近53年中国寒潮的变化特征及其可能原因.大气科学,**30**(6):1068-1076.

王遵娅,丁一汇.2008.中国雨季的气候学特征,大气科学,**32**(1):1-13.

魏建苏,刘佳颖,孙燕,等.2013.江淮气旋的气候特征分析.气象科学,**33**(2):196-201.

项素清.2009."2008.4.9"江淮气旋后部大风过程诊断分析.海洋预报,**26**(4):37-43.

谢健标,林良勋,颜文胜,等.2007.广东2005年"3·22"强飑线天气过程分析.应用气象学报,**18**(3):321-329.

徐娟,周春雨,高天赤.2013.梅雨锋江淮气旋发展机制及其与暴雨的关系.科技通报,**29**(5):24-29.

许爱华,詹丰兴,刘晓晖,等.2006.强垂直温度梯度条件下强对流天气分析.气象科技,**34**(4):376-380.

许浩恩,陈海燕,赵璐.2009.浙江影响热带气旋的几个统计特征.浙江气象,**30**(2):4-8.

许健民,方宗义.2008.《卫星水汽图像和位势涡度场在天气分析和预报中的应用》导读.气象,**34**(5):3-8.

杨晓霞,李春虎,杨成芳,等.2007.山东省2006年4月28日飑线天气过程分析.气象,**33**(1):74-80.

杨晓霞,王建国,杨学斌,等.2008.2007年7月18—19日山东省大暴雨天气分析.气象,**34**(4):61-70.

姚建群,戴建华,姚祖庆.2005.一次强飑线的成因及维持和加强机制分析.应用气象学报,**16**(6):746-753.

姚学祥.2011.天气预报技术与方法.北京:气象出版社.

姚叶青,俞小鼎,陈明轩,等.2008.一次典型飑线过程多普勒天气雷达资料分析.高原气象,**27**(2):373-381.

姚叶青,俞小鼎,郝莹,等.2007.两次强龙卷过程的环境背景场和多普勒雷达资料的对比分析.热带气象学报,**23**(5):483-490.

叶子祥.2013.台站台风预报服务方法和思路.北京:气象出版社.

易笑园,李泽椿,陈涛,等.2009.2007年3月3—5日强雨雪过程中的干冷空气活动及其作用.大气科学学报,**32**(2):306-313.

易笑园,李泽椿,李云,等.2010.长生命史冷涡背景下持续强对流天气的环境条件.气象,**38**(1):17-25.

余晖,胡春梅,蒋乐怡.2006.台风强度资料的差异性分析.气象学报,**64**(3):357-363.

俞小鼎.2006.多普勒天气雷达原理与业务应用.北京:气象出版社.

张培昌,杜秉玉,戴铁丕.2001.雷达气象学(第二版).北京:气象出版社.

张颖娴,丁一汇,李巧萍.2012.北半球温带气旋活动和风暴路径的年代际变化.大气科学,**36**(5):912-928.

章国材.2011.强对流天气分析与预报.北京:气象出版社.

郑峰.2005.一次热带风暴外围特大暴雨分析.气象,**31**(4):77-80.

郑浩阳,涂建文,詹棠,等.2014."韦森特"台风的路径和强度分析.广东气象,**36**(1):12-19.

中国气象局.2001.台风业务和服务规定.北京:气象出版社.

中国气象局.2007.中国灾害性天气气候图集.北京:气象出版社.

钟铨,何夏江,董克勤.1988.三层权重订正引导台风预报方案初步应用.气象,**14**(7):3-7.

朱官忠,赵从兰.1998.登陆北上热带气旋的特大暴雨落区探讨.气象,**24**(11):16-23.

朱乾根,林锦瑞,寿绍文,等.2000.天气学原理和方法(第四版).北京:气象出版社.

Chen Lianshou. 1998. Decay after Landfall. WMO/TD,875:1-5.

DeMaria M,Knaff J A,Kaplan J. 2006. On the decay of tropical cyclone winds crossing narrow landmasses. J Appl Meteorol Climatol,45:491-499.

Dixon M,Wiener G. 1993. TITAN:Thunderstorm Identification,Tracking,Analysis,and Nowcasting-A radar-based methodology. J Atmos Ocea Tech,**10**(6),785-797.

Doswell C A. 2001. Severe convective storms. Meteor Monogr 69,AMS,Boston.

Droegemeier K K,Wilhelmson R B. 1985. Three-dimensional numerical modeling of convection produced by interacting thunder storm outflows. Part Ⅱ:Variations in vertical wind shear. J Atmos Sci,**42**(22):2404-2414.

Dvorak V F. 1972. A technique for the analysis and forecasting of tropical cyclone intensities from satellite pictures. NOAA Tech Memo,NESS 36:15.

Dvorak V F. 1975. Tropical cyclone intensity analysis and forecasting from satellite imagery. Mon Wea Rev,**103**:420-462.

Dvorak V F. 1984. Tropical cyclone intensity analysis using satellite data. NOAA Tech Re,NESDIS 11:47.

Elsberry R L. 1994.热带气旋全球观.陈联寿,等,译.北京:气象出版社.

Holland G J. 1980. An analytic model of the wind and pressure profiles in hurricanes. Mon Wea Rev,**108**(8):1212-1218.

Houze R A,Hobbs P V,et al. 1982. Organization and structure of precipitation cloud systems. Advance in Geophysics,**24**:225-315.

Jarvinen B R,Neumann C J. 1979. Statistical forecast of tropical cyclone intensity for the North Atlantic basin. NOAA Tech Meme NWS NHC:10-22.

Kaplan J,DeMaria M. 1995. A simple empirical model for predicting the decay of tropical cyclone winds after landfall. J Appl Meteor,**34**:2499-2512.

Knaff J A, Guard C, Kossin J, et al. 2006. Operational guidance and skill in forecasting structure change. 6th WMO international workshop on tropical cyclones, San Jose, Costa Rica, 160-184.

Lander M A, Holland G J. 1993. On the interaction of tropical-cyclone-scale vortices. I: Observations. Q J R Meteor Soc, **119**(514): 1347-1361.

Maddox R A. 1980. Mesoscale convective complexes. Bull Amer Meteor Soc, **61**(11): 1374-1387.

McDonald J R. 2001. T Theodore Fujita: His contribution to tornado knowledge through damage documentation and the Fujita scale. Bull Amer Meteor Soc, **82**(1): 63-72.

Orlanski L. 1975. A rational subdivision of scales for atmospheric processes. Bull Amer Meteor Soc, **56**(5): 527-530.

Parker M D, Johnson R H. 2000. Organizational modes of mid-latitude meso-scale convective systems. Mon Wea Rev, **128**(10): 3413-3436.

Sadler J S. 1978. Mid-season typhoon development and intensity changes and the upper tropical tropospheric trough. Mon Wea Rev, **106**: 1137-1152.

Sampson C R, Miller R J, Kreitner R A, et al. 1990. Tropical cyclone track objective aids for the microcomputer: PCLM, XTRP, PCHP. Naval Oceanographic and Atmospheric Research Laboratory, **61**: 15.

Yamasaki M. 2009. A study of the mesoscale convective system under vertical shear flow in the latently unstable atmosphere with north south asymmetry. J Meteor Soc Japan, **87**(2): 245-262.

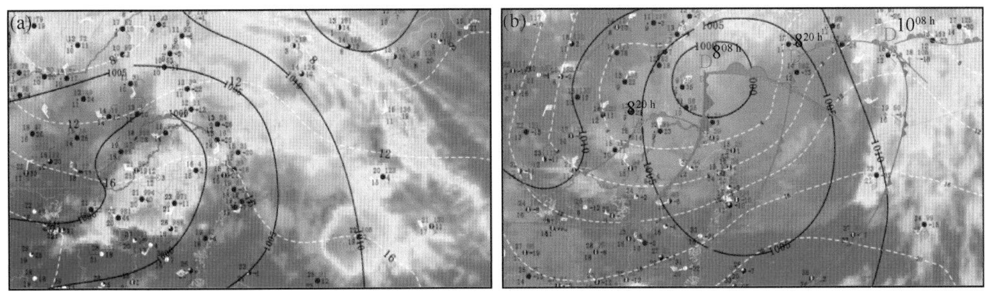

图 1.21　8 日 20 时(a)与 9 日 08 时(b)综合天气图

(图中白色虚线与风矢为 850 hPa 等温线和风场,黑色实线为地面气压场,站点为地面填图)

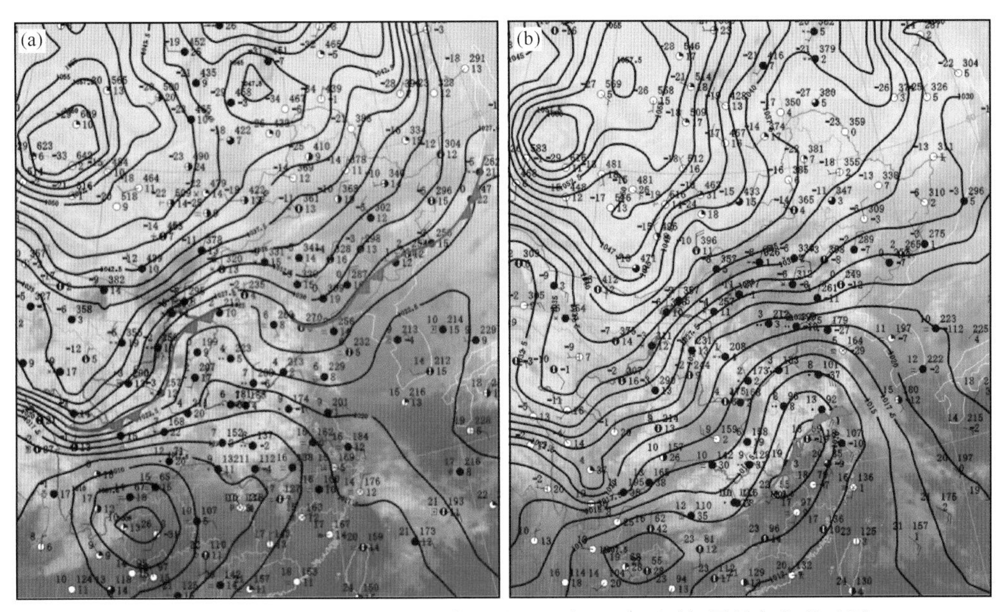

图 1.33　2007 年 3 月 3 日 08 时(a)和 23 时(b)地面天气图叠加红外云图

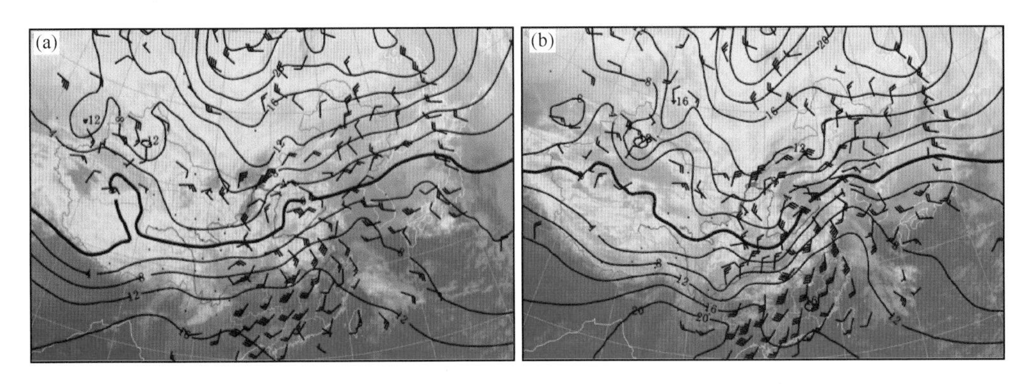

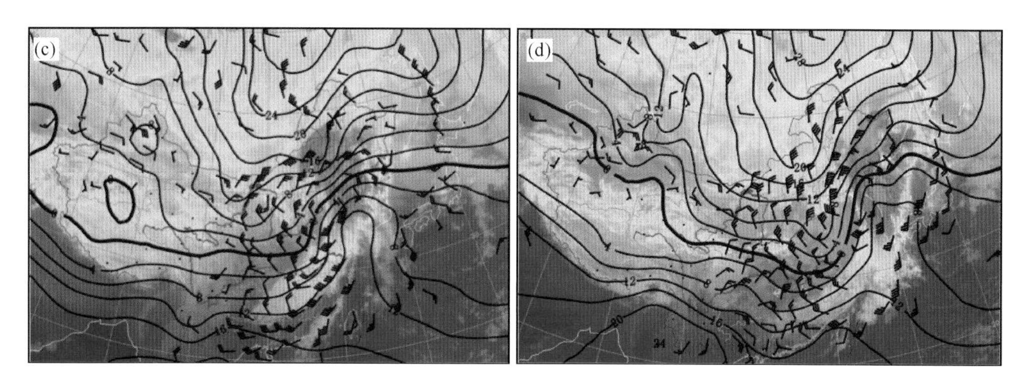

图 1.34　2007 年 3 月 3—4 日 850 hPa 风场、温度场叠加红外云图

(a)3 日 08 时；(b)3 日 20 时；(c)4 日 08 时；(d)4 日 20 时

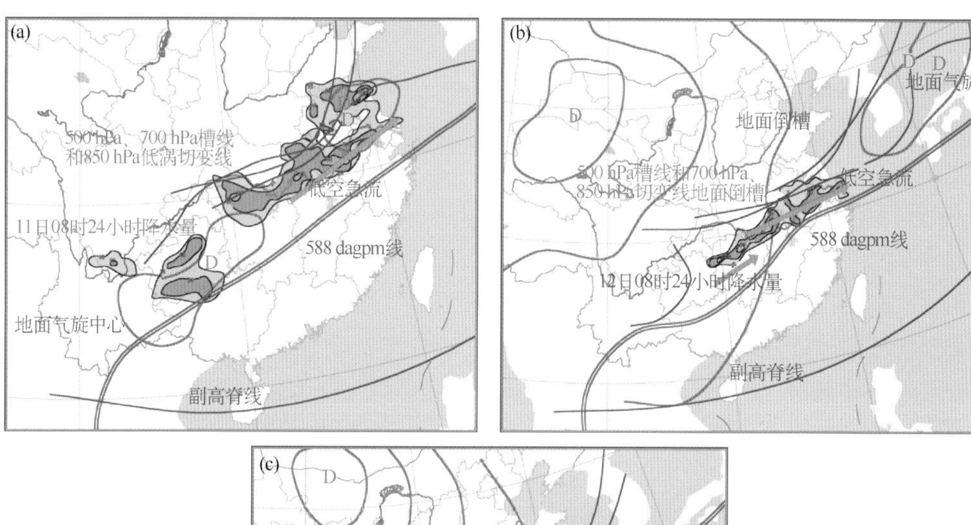

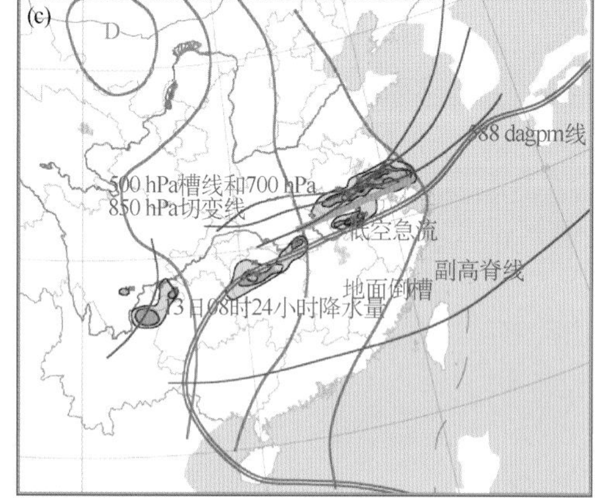

图 3.18　7 月 10 日 20 时(a)、11 日 20 时(b)、12 日 20 时(c)高低空系统和地面降水区配置图

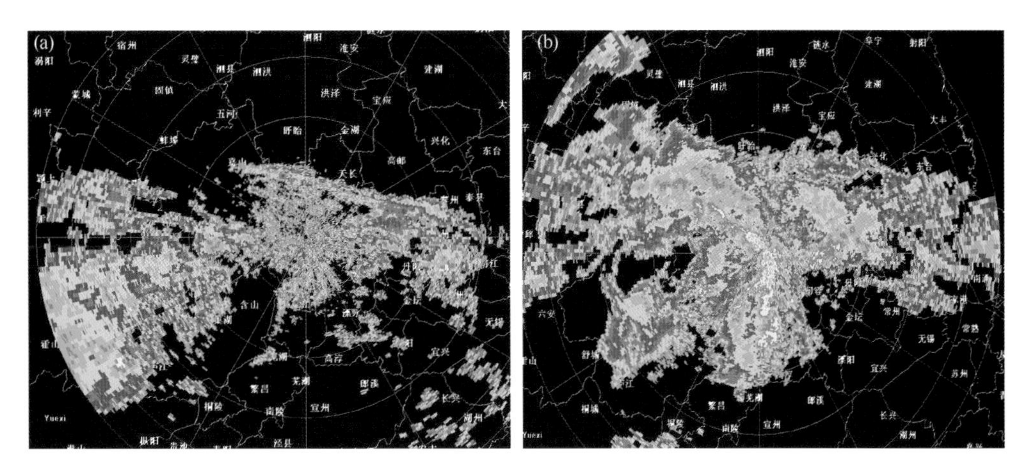

图 3.27　南京站雷达基本反射率因子图

(a)12 日 02 时;(b)12 日 04 时 42 分

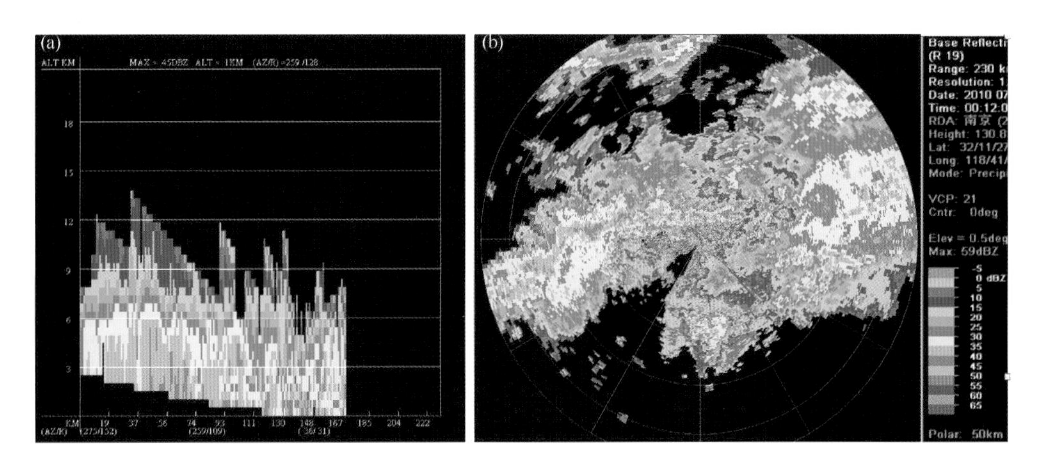

图 3.28　南京站 7 月 12 日 08:12 反射率垂直剖面图(a)和 0.5°仰角反射率因子图(b)

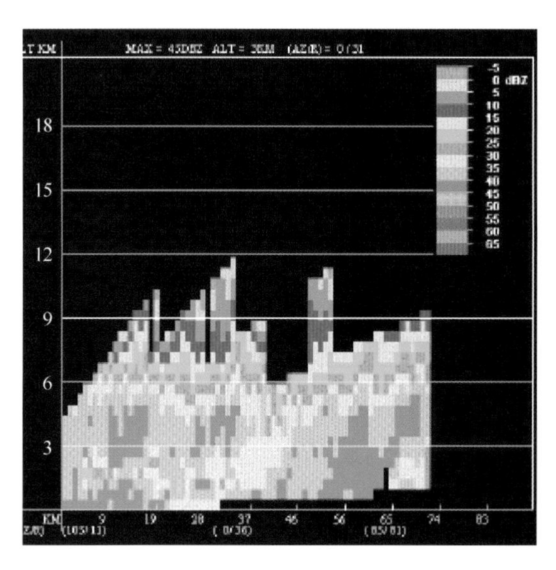

图 3.37 7 月 14 日 08:19 南京站 SB 多普勒雷达反射率因子垂直剖面图

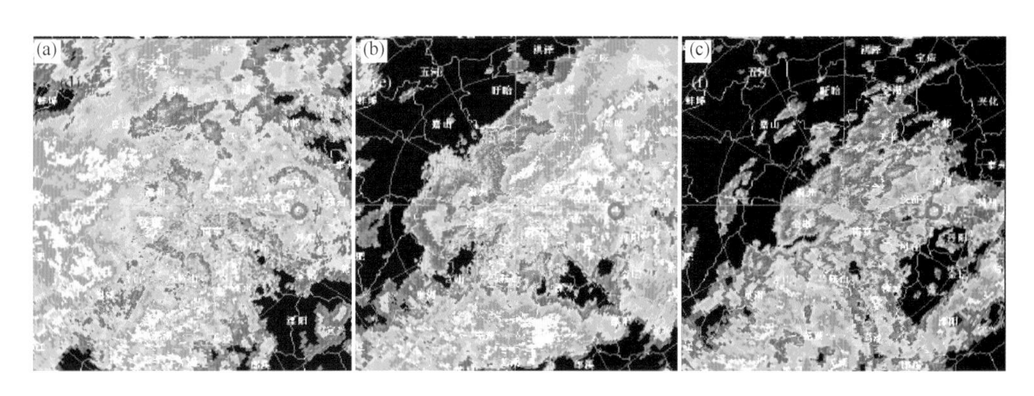

图 3.38 7 月 14 日南京站 SB 多普勒雷达 0.5°仰角反射率因子图

(a)04:03;(b)08:06;(c)11:59

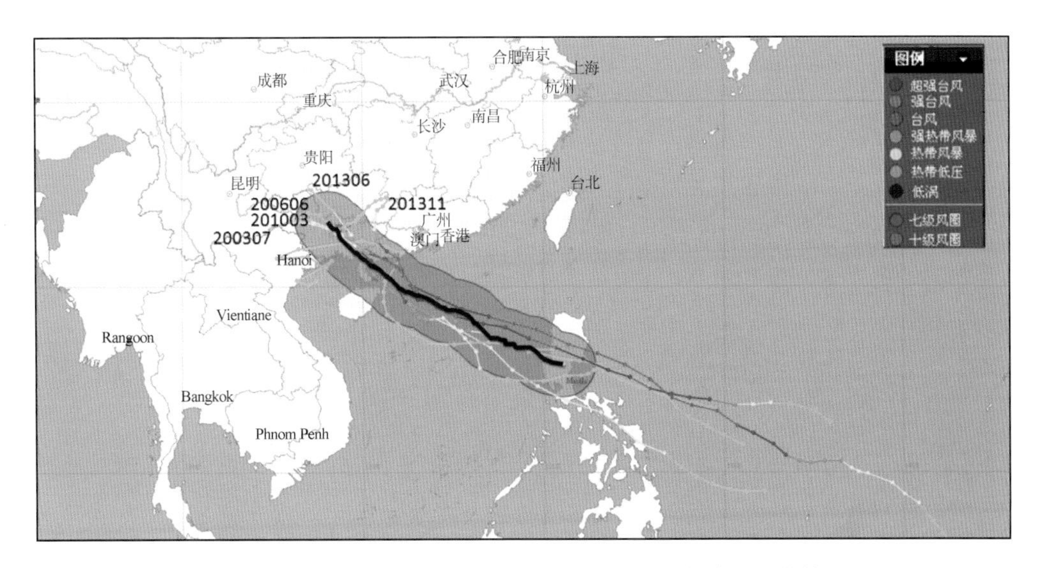

图 4.17　2000 年至今与台风“彩虹”(201522)相似路径查询结果

(图中黑色粗线是彩虹的移动路径,灰色阴影区表示台风中心 200 km 范围)(引自上海台风研究所“西北太平洋热带气旋检索系统”V3.4)

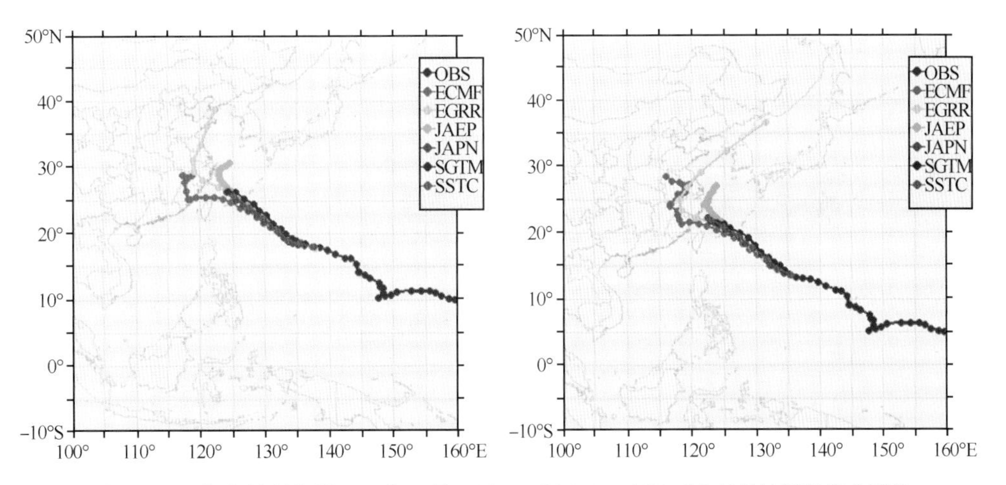

图 4.18　上海台风研究所 2015 年 7 月 7 日 08 时(a)、20 时(b)对台风“灿鸿”的集合预报

(预报时效分别为,ECMWF:144 h;EGRR 英国数值:144 h;JAEP 日本集合:120 h;JAPN 日本数值:90 h;SGTM 基于 GRAPES 建立的台风路径数值预报模式:72 h;SSTC 上海集成:72 h)

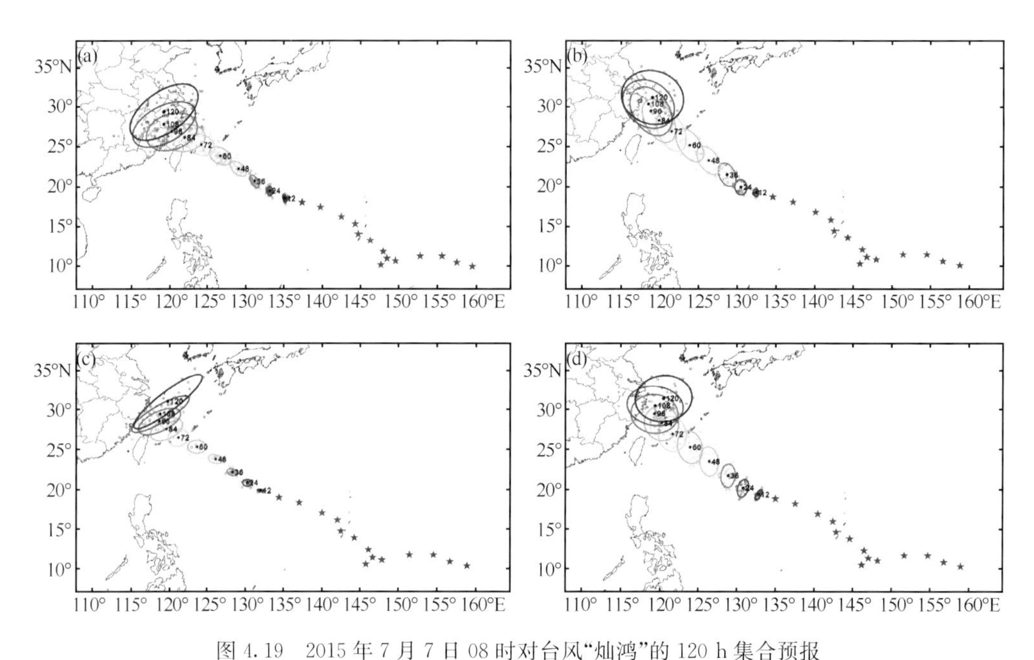

图 4.19　2015 年 7 月 7 日 08 时对台风“灿鸿”的 120 h 集合预报

(a)EC;(b)JMA;(c)NCEP;(d)JMA(由上海台风研究所张喜平提供)(图中数字为 h+n 小时的观察定位,椭圆为 70%概率)

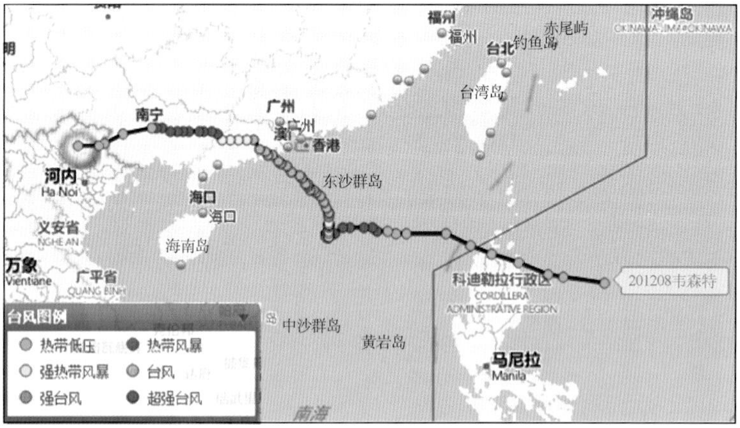

图 4.22　1208 号台风“韦森特”移动路径和强度变化

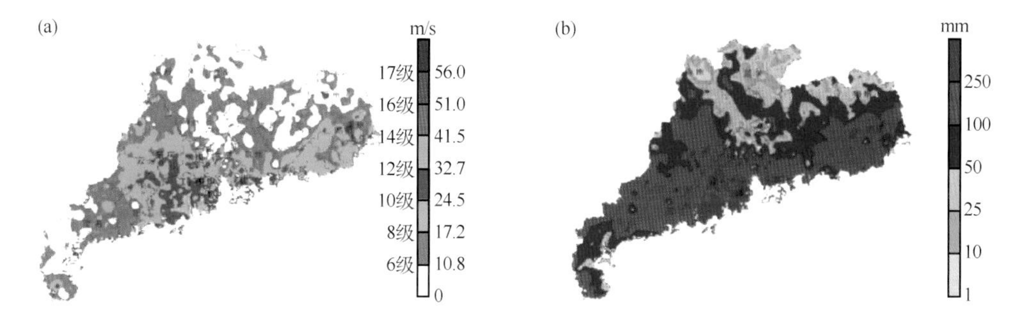

图 4.23　2012 年 7 月 23—27 日广东省最大风速(a)和累计雨量(b)分布图

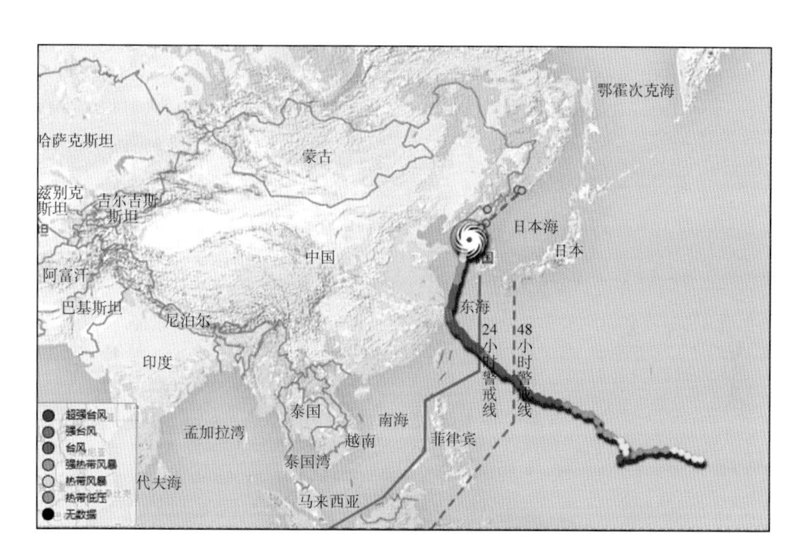

图 4.35　1509 号台风“灿鸿”移动路径和强度变化

(a)

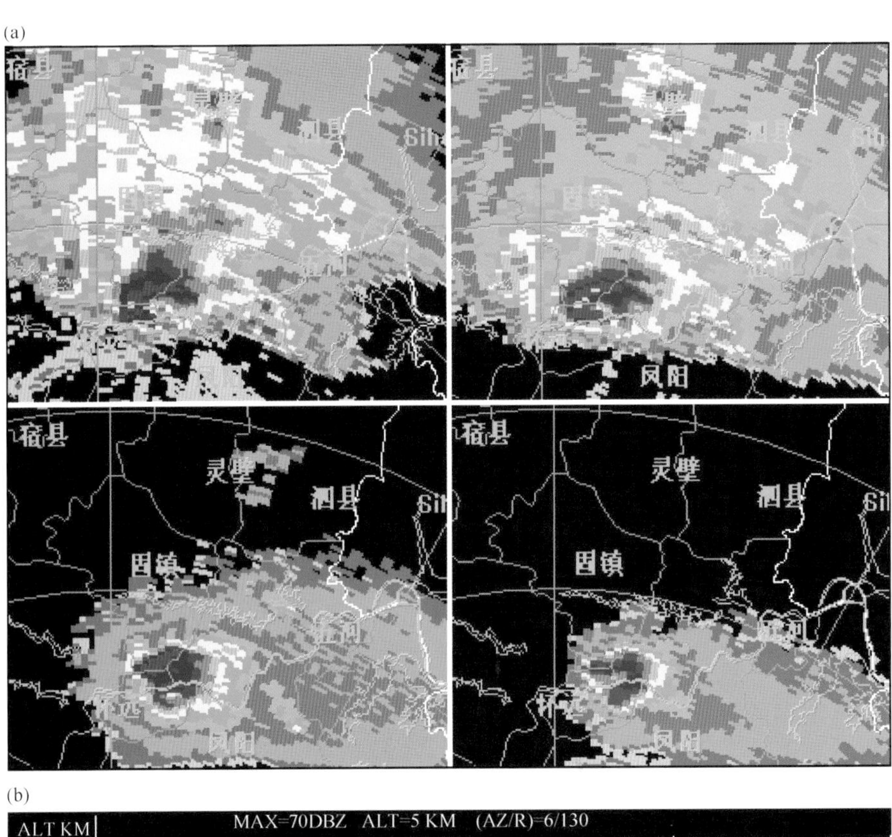

(b)

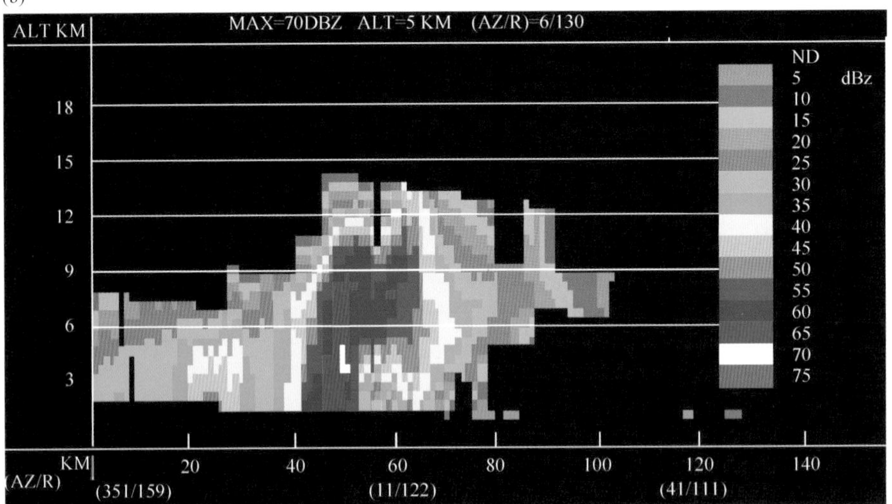

图 5.5 合肥 SA 雷达观测的 2002 年 5 月 27 日发生在安徽的经典超级单体风暴在 16:55(北京时)低、中、高仰角的反射率因子图像(a)和相应的垂直剖面(b)

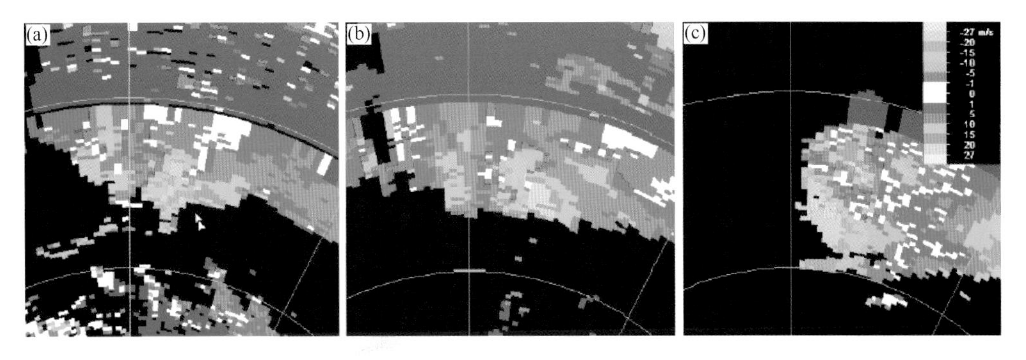

图 5.6　与图 5.5 同时刻的 0.5°(a)、1.5°(b)和 4.3°(c)仰角径向速度图

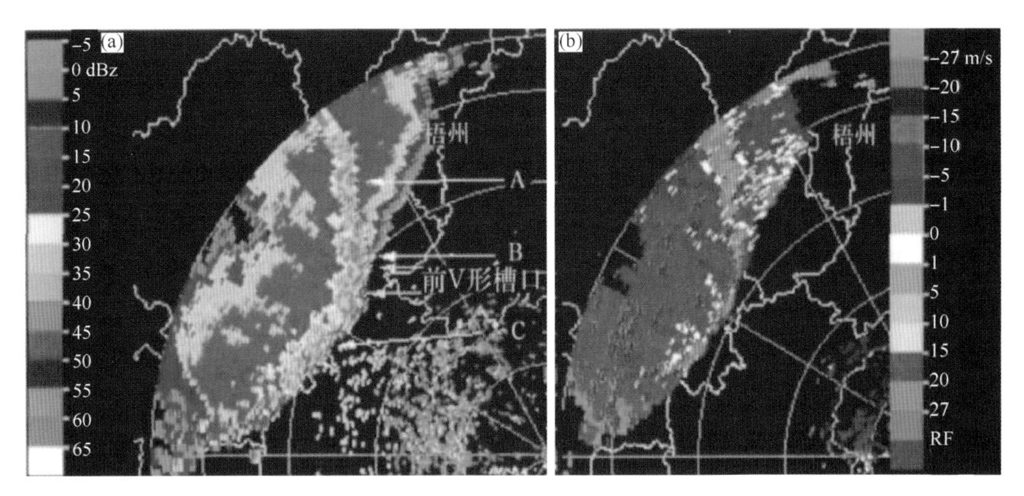

图 5.7　2005 年 3 月 22 日 08:10(北京时)阳江雷达回波图(仰角 1.5°)(谢健标等,2007)

(a)反射率因子;(b)径向速度

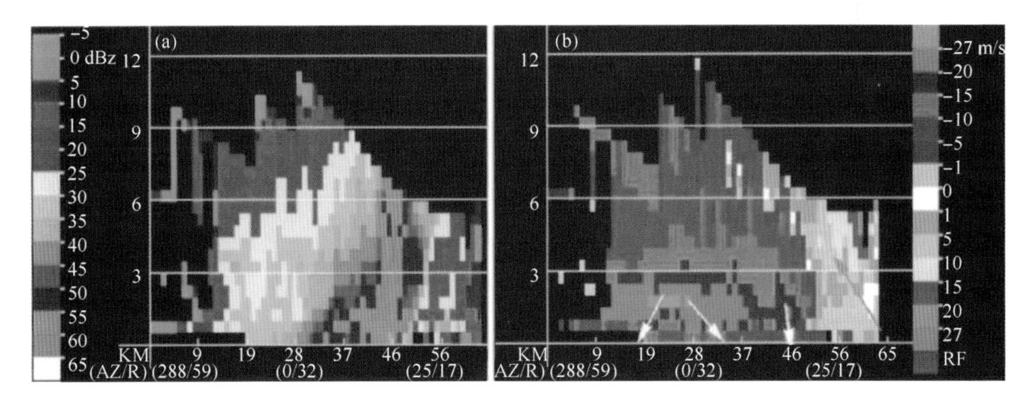

图 5.8　2005 年 3 月 22 日广州雷达回波图(方位角 288°)(谢健标等,2007)

(a)10:57 强度剖面图;(b)11:14 径向速度剖面图(北京时)

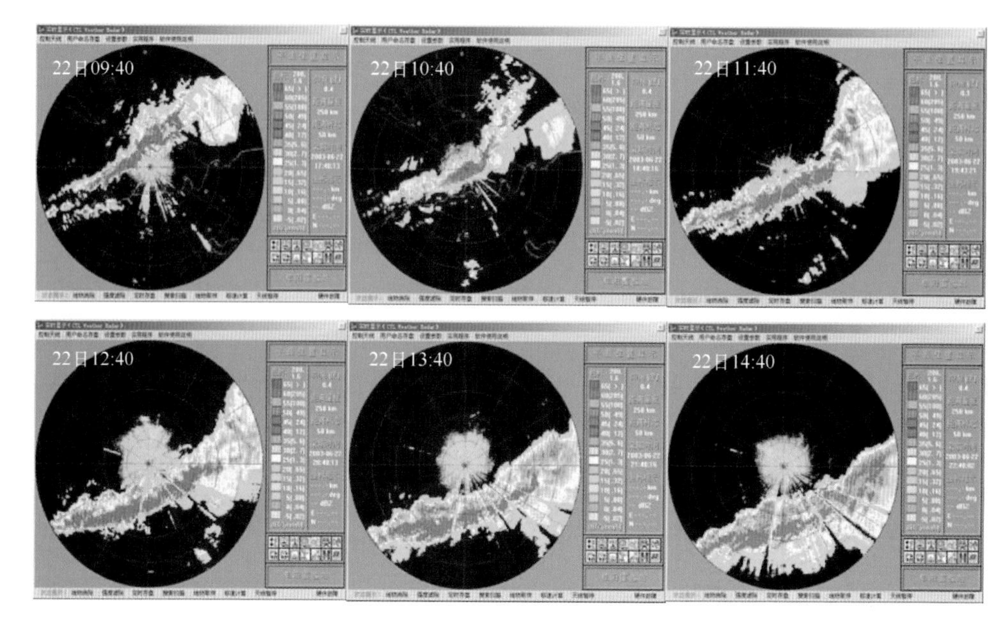

图 5.12　逐小时(世界时)阜阳雷达平面位置显示图(姚学祥,2011)

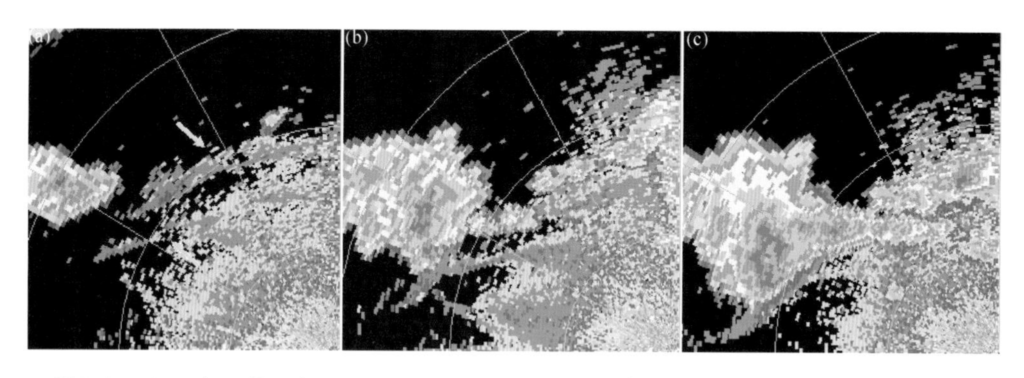

图 5.13　2009 年 6 月 3 日 18:36(a)、19:13(b)和 19:31(c)商丘 SB 雷达 0.5°仰角反射率因子图

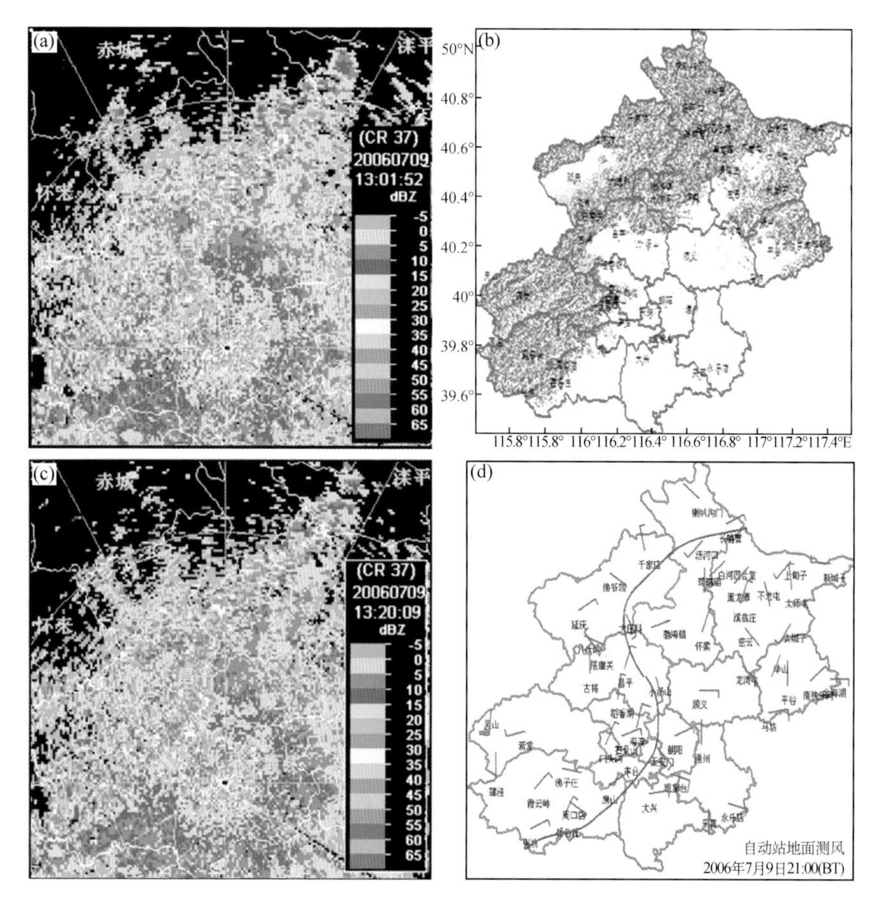

图 5.14　北京南郊多普勒雷达组合反射率因子、地面自动站测风及北京地形对比图

(a)7 月 9 日 21:01(北京时)南郊多普勒雷达组合反射率因子;(b)北京地形图;(c)7 月 9 日 21:20(北京时)南郊多普勒雷达组合反射率因子;(d)7 月 9 日 21:00(北京时)北京地区自动站地面测风图(图中红色曲线为风场形成的弱的地面辐合线)(郭虎等,2008)

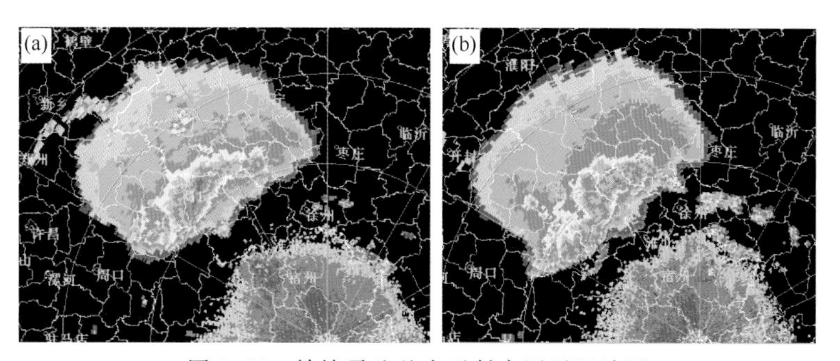

图 5.26　蚌埠雷达基本反射率因子回波图

(a)9 月 3 日 21 时 43 分;(b)9 月 3 日 22 时 19 分

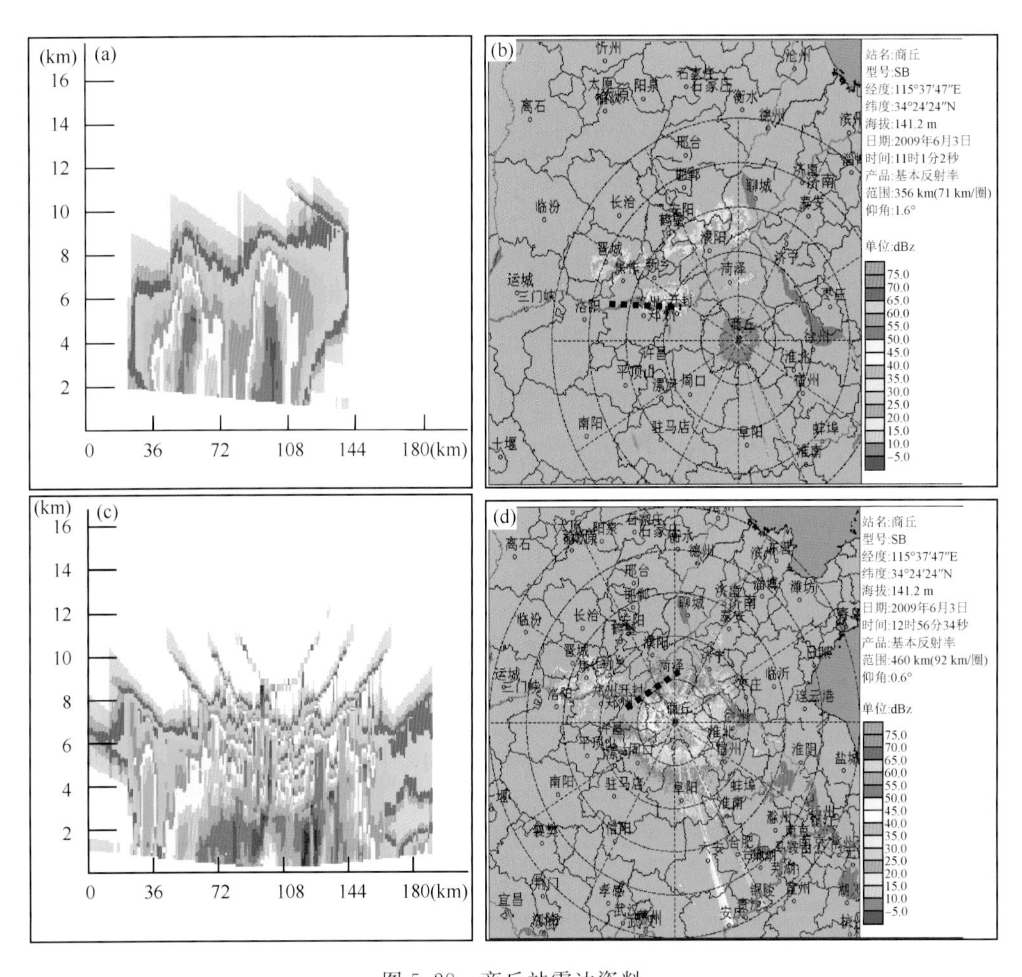

图 5.28　商丘站雷达资料

(a)沿(b)中黑虚线剖面;(b)3 日 19 时基本反射率;(c)沿(d)中黑虚线剖面;(d)3 日 21 时基本反射率